AF368976

BIBLIOTHÈQUE SCIENTIFIQUE CONTEMPORAINE

LES LICHENS

DU MÊME AUTEUR

Les champignons au point de vue biologique, économique et taxonomique, 1892. 1 vol in-16 de 328 pages avec 60 figures. (*Bibliothèque scientifique contemporaine*)............ 3 fr. 50

Flore de France, contenant les descriptions de toutes les espèces indigènes disposées en tableaux analytiques, et illustrée de nombreuses figures représentant les formes typiques de la plupart des genres. 1 vol. in-18 jésus de 700 pages avec figures intercalées dans le texte (*en préparation*).

Cet ouvrage comprendra, disposées selon les règles de la méthode dichotomique, les descriptions de toutes les plantes qui croissent spontanément en France.

Les figures donneront plutôt le faciès général des espèces que des détails de structure, le but étant de fournir, non pas les éléments d'un cours d'anatomie végétale, mais les moyens de trouver les noms des plantes. Elles représenteront au moins une espèce des principaux genres et sous-genres ; le lecteur, mis grâce à elles en possession des noms génériques, arrivera ensuite aisément à la détermination des espèces par la comparaison des descriptions.

LES LICHENS

ÉTUDE

SUR L'ANATOMIE, LA PHYSIOLOGIE
ET LA MORPHOLOGIE
DE L'ORGANISME LICHÉNIQUE

PAR

A. ACLOQUE

AVEC 82 FIGURES INTERCALÉES DANS LE TEXTE

PARIS

LIBRAIRIE J.-B. BAILLIÈRE ET FILS

Rue Hautefeuille, 19, près du Boulevard Saint-Germain.

—

1893

Tous droits réservés.

ORLÉANS, IMPRIMERIE G. MORAND, 47, RUE BANNIER.

PRÉFACE

Si l'on classait les plantes d'après l'élégance
de leurs formes, les lichens seraient certainement relégués au dernier rang de la série végétale.

Ils n'ont point de tiges, point de feuilles, et
leurs thalles n'épanouissent jamais la moindre
fleur ; les plus favorisés de leurs représentants
dressent à peine quelques lobes déchiquetés,
quelques ramifications rabougries, rigides et
nues comme les herbes que l'hiver a desséchées.

Les autres, très nombreux, ceux qui constituent la base de la famille et résument le mieux
ses caractères, consistent en simples expansions
granuleuses, souvent uniformes, quelquefois divisées à la marge, toujours intimement appliquées à la substance qui les porte.

Il faut les examiner de bien près pour deviner la vie dans ces plaques crustacées confondues avec leur substratum, arbre ou rocher, et
semblant inertes comme lui.

Mais, ce premier pas une fois franchi, une fois
la vitalité reconnue aussi puissante dans ces
humbles êtres que dans les plus nobles représentants du règne végétal, que d'enseignements
la physiologie ne peut-elle pas trouver dans la

manifestation de leur activité, l'anatomie dans l'étude de leur structure !

Ils sont autonomes, et ils ont une physionomie tellement spéciale qu'il est presque inutile de les définir pour les isoler ; cependant, l'origine de leurs caractères est double.

Ce ne sont pas des champignons : on ne rencontre guère chez eux de parasites ou de saprophytes, et ils vivent plus longtemps que ces singuliers végétaux, nés de la corruption et plus fugaces qu'elle ; leur existence se déroule lentement dans une évolution progressive qui n'a d'autre limite que la mort de leur arbre ou l'émiettement, par la pluie ou le vent, de leur rocher.

Ce ne sont pas des algues : ils évitent les endroits humides, et ils peuvent supporter sans périr de longues périodes de sécheresse.

Ils tiennent à la fois des uns et des autres ; supposez réunies la vie d'un champignon et la vie d'une algue, non pas, comme on l'a imaginé, par un étrange phénomène de parasitisme, mais par une association normale, combinez cette double activité en une même existence, donnez à toutes deux un but unique, de telle manière que pour l'atteindre en commun elles se complètent mutuellement, et vous arriverez à la conception très simple de la vie des lichens.

Prenant comme point de départ cette union d'un être phyllochloré, d'une algue, et d'un être sans phyllochlore, d'un champignon, qui donnent à l'association, le premier, du carbone, le second, de l'oxygène, nous nous proposons dans ce livre de faire voir comment les lichens s'adaptent aux exigences qui résultent pour eux de leur double affinité, quelles formes ils affectent pour se plier à toutes les nécessités de leur existence, et suivant quel mode chacune de leurs parties se multiplie dans sa condition, tout en étant capable, avec le concours de l'autre, de reproduire l'individu dans son unité normale ; puis, cette large part étant faite à l'anatomie, à la physiologie et à la morphologie, nous montrerons l'importance que pourraient prendre ces petites plantes dans l'économie domestique, dans la médecine, dans l'industrie, grâce à leurs propriétés alimentaires, médicinales et tinctoriales, propriétés qu'on n'utilise pas parce qu'on ne les connaît pas.

De cette manière, notre ouvrage ne s'adressera pas seulement à ceux qui aiment la science pure et théorique, et qui étudient la nature pour elle-même, mais aussi à ceux qui recherchent une application utile des découvertes scientifiques, aux hygiénistes, aux médecins.

Puissions-nous réussir à les intéresser tous à l'étude de ces petits êtres, dédaignés de la plupart des botanistes eux-mêmes, et à montrer combien est injuste l'oubli où on les laisse.

A. ACLOQUE.

Auxi-le-Château, 1ᵉʳ octobre 1892

TABLE DES MATIÈRES

LES LICHENS

CHAPITRE PREMIER

CONDITIONS DE LA VIE DES LICHENS.

La vie des organismes cellulaires. -- Intervention de la
phyllochlore. — Affinités des lichens avec les autres
cryptogames cellulaires. -- Vie des lichens.

La vie des organismes cellulaires. —Il n'est pas
sur la terre de région où les rayons plus ou
moins obliques du soleil ne développent quelque·
être organisé, de milieu que la vie ne fasse sien,
pour s'approprier les circonstances, dompter les
forces qui le composent, et se manifester, grâce
à leur concours, dans des productions aux formes
innombrables.

Ces productions sont d'autant plus nobles et
plus différenciées que les conditions physiques
qui les entourent sont plus en rapport avec les
exigences de leur existence. Vers l'équateur, où
le soleil verse à flots la lumière et la chaleur, où
des orages terribles répandent des torrents d'eau,
la nature vivante, trouvant un puissant stimu-
lant dans la succession de cette sécheresse et de
cette humidité excessives, apparaît dans toute la
luxueuse richesse de sa fécondité : le sol fertile
donne naissance à une exubérante végétation,
composée de gigantesques cryptogames, derniers
représentants de races qui s'éteignent, de plantes
bizarres aux fleurs éclatantes, et d'impénétrables
forêts, dont le mystérieux silence est troublé
seulement par les rugissements des bêtes fauves.

A mesure qu'on s'éloigne de ces contrées privi-
légiées, cette abondance de formes fait place à
des types moins diversifiés et moins parfaits. Les

végétaux ligneux disparaissent peu à peu ; les espèces des pays plus chauds ne fructifient plus ; la faune réduit le nombre de ses représentants.

Sur les terres désolées qui avoisinent les pôles, et où les rayons du soleil n'arrivent qu'affaiblis, l'œil ne découvre plus rien d'organisé ; partout des glaces et des neiges, et cette froide monotonie des régions où les forces physiques semblent travailler seules : à peine de temps à autre quelque mammifère à l'épaisse toison, qui rôde et cherche une nourriture qu'un sol ingrat ne lui prodigue pas.

Et cependant, la vie est là, aussi intense, aussi puissante, aussi bien créatrice que dans les sphères supérieures où ses phénomènes se révèlent d'eux-mêmes et s'imposent ; mais elle se cache, parce que les circonstances qui l'entourent lui sont contraires, et que, ne pouvant les vaincre, elle doit s'en arranger pour ne point disparaître.

Sur ce sol infécond, parmi les neiges, le lichen des rennes dresse ses digitations; ces rochers, exposés aux âpres morsures de la bise, sont couverts d'expansions lépreuses qui vivent, se développent, se multiplient ; cette glace elle-même recèle des germes dont la vitalité endormie se réveillera quand les circonstances deviendront favorables.

A ces conditions, qui sont le résultat spontané des lois de la nature, ajoutez des obstacles particuliers ; créez des milieux, imaginez des stations où seront réunis artificiellement des agents énergiques qui devront avoir pour effet d'anéantir toute existence ; vous ne détruirez pas la vitalité, vous réduirez seulement le nombre de ses représentants et de ses formes. Les cryptes sombres ne sont pas dépourvues d'habitants, et n'a-t-on

pas trouvé des infusoires à des profondeurs où
ne peut arriver aucune clarté ?

Le résultat le plus sensible de la réaction des
circonstances contraires sur les formes vivantes
est de restreindre les dimensions des individus,
et de simplifier leurs éléments. La limite ultime
de cette simplification, au-delà de laquelle la vie
ne se rencontre pas, est la réduction de l'être à
un petit amas plasmique, diffluent, amorphe, sans
enveloppe, privé de toute communication avec
les êtres de même nature, n'ayant de relations
qu'avec le milieu physique qui l'entoure, et ne
manifestant ces relations que par des contractions sarcodiques, dont la résultante peut arriver
à un déplacement de la masse totale par reptation sur le substratum.

L'évolution de la forme et de ses aptitudes végétatives a pour
premier terme
cet état rudi-
mentaire qui,
pris pour point
de départ théo-
rique, n'en existe pas moins réalisé dans la nature, et pour dernier résultat la réunion des éléments cellulaires en tissus (*fig.* 1). Ce résultat
est évidemment complexe, et il se compose, dans
son ensemble, d'une succession de phases correspondant à autant de types, depuis l'expansion
homogène dont toutes les parties sont semblables,
jusqu'à l'animal, jusqu'à la plante qui comprend
dans son organisation plusieurs tissus différents.

Mais toutes ses parties s'enchaînent, et procèdent morphologiquement du petit granule plasmique que nous considérons comme le plus simple des êtres vivants, grâce à des modifications
qui s'ajoutent et se combinent pour créer des

Fig. 1. — Réalisation végétative de l'organisme
cellulaire.

formes. Pour l'expliquer, il suffit de se rendre compte de la formation de son point de départ, en d'autres termes, de la réalisation de l'organisme cellulaire, au-dessus duquel, d'ailleurs, nous ne devons pas nous élever dans cet ouvrage.

La première transformation dans les propriétés du protoplasme qui résulte de son orientation active vers une destination nouvelle est l'apparition de l'aptitude qui lui fait secréter une membrane enveloppante. Que ses granulations restent éparses ou se rassemblent en nucleus, cette modification de l'amas plasmique est capitale, car elle nous conduit à l'élément vivant primordial, à la cellule, base de toute organisation, agent de toute reproduction.

Représentant un individu, c'est-à-dire, libre de toute dépendance, la cellule affecte généralement une forme globuleuse : c'est sous cette forme qu'on se la représente, et qu'on la trouve réalisée dans la nature. Mais les progrès de la vie ne peuvent pas s'arrêter là : il y a des êtres encore unicellulaires, qui, comme s'ils prévoyaient d'instinct la grande tendance qui pousse les cellules à se grouper en tissus, modifient la forme globuleuse pour la mettre d'accord, autant qu'il est en eux, avec cette tendance, s'allongeant en cylindre, se ramifiant, s'étranglant, de telle manière que la cavité originaire, en réalité unique, paraisse double ou triple.

Le point de départ de l'individu pluricellulaire est là. Nous y arrivons à travers une infinité de types, qui ne procèdent pas évidemment en droite ligne les uns des autres, mais qui correspondent tous à une étape dans cette progression très simple. Ces types constituent parfois la base d'évolutions divergentes, résultats de tendances particulières correspondant à des caractères génériques, dans lesquels se fondent les propriétés et par suite les caractères des espèces; mais les séries ainsi créées se relient par des formes intermédiaires et mixtes, et il est toujours facile, tout en précisant le degré de perfection morphologique qu'elles atteignent, de reconnaître les causes qui les ont fait dévier de la direction générale.

Il y a des cellules individualisées qui ne peuvent cependant vivre isolées, et qui ne sauraient manifester complètement leur vitalité sans s'unir à d'autres de même nature, qui, bien que végétant pour leur compte, ont une fonction à remplir dans l'activité générale de la colonie. En d'autres termes, les êtres qui composent cette association ne sont pas des individus au strict sens du mot; ce ne sont pas davantage des organes, et ils correspondent plutôt aux organites des plantes supérieures, qui sont doués des fonctions nutritive et reproductive, et qui cependant ne peuvent s'acquitter de ces fonctions s'ils n'occupent dans l'organisme une place déterminée, invariable pour chacun d'eux.

La dépendance mutuelle est ici nécessaire; mais elle ne suffit pas à confondre en un seul individu les êtres bien distincts qu'elle réunit; il n'y a dans ce mode d'existence qu'un reflet ou mieux une indication de l'organisation pluricellulaire.

Celle-ci est nettement réalisée dès qu'en vertu de ses aptitudes spécifiques une cellule primitivement isolée se segmente, se cloisonne, en un mot se multiplie, sans toutefois se reproduire, c'est-à-dire, sans donner naissance à des êtres semblables capables de se séparer de leur mère pour vivre librement. Les nouvelles vésicules formées au détriment soit de la masse totale de l'utricule primordiale, soit de son nucleus, doivent rester adhérentes à cette utricule, et leur vitalité devenir complémentaire de la sienne.

Il en résulte un tissu rudimentaire, dont les éléments sont solidaires les uns des autres, et dont l'individualité, s'il est limité, sera d'autant plus précise que les propriétés d'une de ses parties seront en plus étroite relation avec les propriétés des autres parties, de telle manière que ses cellules concourent au même but, et que si l'une d'elles vient à périr, la mort de l'être s'ensuive inévitable. La différenciation ici étant à peine sensible, et ne pouvant porter sur les organes, puisqu'ils n'existent pas, mais sur les éléments, il est évident que ces éléments deviennent les analogues des parties distinctes des êtres supérieurs, lesquelles représentent, fondues dans l'harmonie d'une organisation plus complexe, les expansions à plusieurs cellules qui sont ici des individus.

Dès que deux éléments se trouvent en contact intime, ils ne sauraient conserver la forme qu'ils affecteraient s'ils étaient isolés. Il y a de la part des parois contiguës qui se développent symétriquement une mutuelle pression qui a pour effet de rendre planes les surfaces en contact, lesquelles seraient normalement convexes. Si les cellules voisines sont en nombre assez considérable, elles se compriment de toutes parts, et deviennent ainsi plus ou moins régulièrement polyédriques; les cellules superficielles conservent cependant en partie leur forme subglobuleuse, et le tissu se trouve composé de deux sortes d'éléments.

Si nous nous en tenons à cette réalisation très-simple d'un individu pluricellulaire n'ayant d'autre forme que celle qui résulte de son mode d'expansion, lequel dépend beaucoup des circonstances ambiantes, et d'autre limite que celle qui lui est assignée par le nombre d'éléments que l'activité du protoplasme de la cellule primordiale peut produire, il est facile de définir son mode d'existence et les manifestations extérieures qui doivent révéler sa vitalité, car la vie d'un être ainsi constitué est la vie d'une cellule isolée, en tenant compte des modifications très peu importantes qui résultent de l'union intime des parties.

Comment vit la cellule ? Jusqu'au moment où s'éveillent en elle des aptitudes reproductrices, tous les actes physiologiques qu'elle accomplit ont pour but l'accroissement de sa capacité, de son volume, et le renouvellement, molécule à, molécule, de ses éléments.

Ces actes physiologiques sont au nombre de trois : elle respire, elle absorbe, elle assimile. Par la respiration, la cellule fait pénétrer dans sa cavité l'air libre ou l'air dissous dans l'eau, suivant le milieu qu'elle habite ; elle le réduit au fond de son organisme, en vertu d'une aptitude vitale que nous ne pouvons apprécier : quand l'élaboration est faite, elle garde l'élément indispensable à son développement, et rejette l'autre ; le principe fixé est variable selon qu'elle appartient à la série végétale ou à la série animale.

Pour se nourrir, la cellule absorbe directement, du milieu qui les contient avec elle, les particules alimentaires qui passent dans sa sphère d'action, et qui lui sont le plus souvent amenées par le véhicule commun des infiniment petits, l'eau. Le liquide en effet est ici presque indispensable, pour établir une différence de densité entre le plasma interne et le milieu où végète la cellule, et ce n'est qu'en vertu de cette différence que peut se faire l'absorption, qui n'est après tout qu'une action osmotique.

Les êtres exclusivement plasmiques, non munis

d'une enveloppe, s'accroissent en englobant simplement les molécules qui passent à leur portée,
et en les incorporant, sans les modifier, dans leur
substance. Chez la cellule, les phénomènes de la
nutrition doivent être plus complexes, par le seul
fait que dans la progression morphologique la
cellule représente un état plus parfait que la
plasmodie, et que l'activité physiologique est
toujours en relation avec la forme.

Mais, si nous pouvons affirmer que les éléments
absorbés par la cellule, et qui pénètrent à travers
ses parois, ne conservent plus leurs caractères
et leurs propriétés dès qu'ils sont arrivés au sein
de cet organisme, il est impossible de préciser
la loi et le mode qui président à cette transformation, et qui font que les particules minérales
ou organiques se changent en protoplasme ou en
phyllochlore, s'amassent en granulations où ne
se retrouvent plus leurs aptitudes primitives,
mais où apparaissent des tendances nouvelles
qui ont toutes pour moyens d'action les diverses
manifestations de la vitalité, et pour but la fusion
de ces manifestations localisées dans la vie générale de l'individu.

Il n'est pas d'ailleurs nécessaire de remonter
aux causes de l'activité des êtres unicellulaires
pour expliquer, grâce à elle, les fonctions des
organismes contextés.

Ceux de ces organismes qui se composent exclusivement de cellules, seulement modifiées par
la pression qu'elles exercent les unes sur les autres, sont nécessairement homogènes, ce qui a
pour effet de restreindre la forme individuelle,
et surtout de répartir également dans tout l'être
l'activité du principe vital. Il en résulte que toutes les parties de l'appareil végétatif accomplissent séparément les mêmes fonctions, et que de

plus, on peut restreindre ou multiplier arbitrairement les points de division qui séparent ces parties, parce qu'ils sont purement imaginaires; en d'autres termes, qu'on divise par la pensée l'individu en deux ou en cent parties, la résultante de l'action de ces parties, supposée distincte, sera toujours représentée par une valeur constante.

Tous les points de l'organisme ayant même destination, et étant semblables à l'individu tout entier, chaque cellule, qui représente bien la limite au-delà de laquelle l'individu cesse d'être divisible, a les mêmes relations avec ses voisines qu'une cellule isolée avec son milieu.

Les fonctions sont les mêmes : respiration, absorption, assimilation ; seulement, les éléments qui sont la base de ces actes, et qui sont extraits de l'atmosphère ou de l'eau par les cellules superficielles, ne circulent plus, à l'intérieur du tissu, dans leur forme et avec leurs caractères originaires.

Les transformations sont analogues à celles qui se font au sein de l'organisme unicellulaire, mais elles s'opèrent à l'aide d'un appareil plus compliqué. L'introduction des particules étrangères dans le plasma des vésicules de la surface, établit entre ce plasma et celui des utricules internes une différence de densité.

Il en résulte un double courant osmotique : les éléments pris au-dehors, imparfaitement élaborés dans les premières cellules, où ils ne font que passer, sont absorbés par les autres qui s'en nourrissent à leur tour, tout en rejetant par la même voie les molécules épuisées et qui proviennent soit de leur cavité, soit des cavités voisines.

Voilà à grands traits, et dans leur mode d'accomplissement le plus général, les phénomènes

de la vie végétative chez les êtres cellulaires ;
quelles que soient les modifications de détail qu'y
apportent les caractères spécifiques, ils peuvent
se rame-
ner à cette
formule
très sim-
ple. Elle
nous suffi-
ra égale-

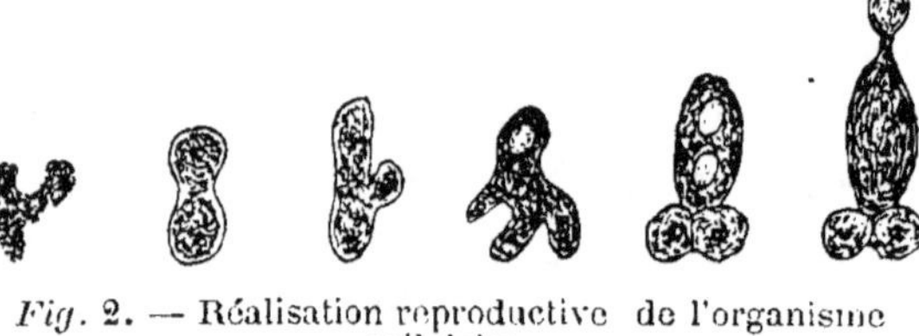

Fig. 2. — Réalisation reproductive de l'organisme
cellulaire.

ment pour expliquer la réalisation reproductive
(fig. 2), en d'autres termes l'acquisition des fonctions de reproduction, et le perfectionnement du
mode suivant lequel ces fonctions s'accomplissent;
ce perfectionnement est évidemment corrélatif
de la complication progressive des formes.

Reprenons notre plasmodie, destinée à devenir
une cellule par la simple adjonction d'une membrane. A un moment de son existence s'éveille
en elle le besoin de se perpétuer dans d'autres êtres
semblables à elle. Comment obéir à cette impulsion ? D'une manière bien simple : en produisant
en un point quelconque, puisque la substance
est amorphe et partout homogène, un prolongement sarcodique, dans lequel passeront toutes
les aptitudes de l'individu créateur, et qui s'en
séparera par l'étranglement de l'isthme étroit
qui l'y rattache.

Nous retrouvons, sans beaucoup de modifications, cette reproduction chez des cellules isolées,
qui émettent un bourgeon bientôt mis en liberté.
Mais le mode de multiplication le plus ordinaire
dans ces organismes est la scission du plasma
interne en deux nucleus autour desquels se rassemblent toutes les granulations huileuses contenues dans la cavité. Ces deux nucleus deviennent
le centre de nouvelles cellules, le point de départ

de nouveaux individus, grâce à la délimitation, par une membrane née spontanément, des aires plasmiques qui les entourent.

Mais ici encore l'individu naît tout formé, et il ne diffère, à aucune époque de son existence, sauf par les dimensions, de celui qui le produit.

Un nouveau progrès nous amène à la formation endogène, en un point de l'organisme, d'une cellule durable, qui représente l'individu futur à l'état de germe, quoiqu'elle ne soit encore qu'une transformation de l'utricule-mère, et qui a besoin de rester quelque temps en repos avant de manifester sa vitalité. Ces conditions étant remplies, la cellule se développe, et de sa membrane déchirée sort un être semblable à celui dont elle provient.

Les spores sont analogues aux cellules durables et en procèdent morphologiquement : seulement, elles ont une évolution particulière : elles ne se produisent pas en un point quelconque de l'individu, mais en des endroits définis, et de plus, elles se forment de toutes pièces au sein du protoplasme. Elles contiennent l'être en principe, mais non en rudiment ; ses éléments y sont, sa forme n'y est pas ; le produit de son évolution sera une différenciation, et non pas un accroissement de parties.

En combinant le mode de reproduction par spores avec la multiplication par bourgeonnement, on arrive à la formation exogène des germes, au sommet de cellules-mères particulières, ou basides ; ces cellules-mères ne se rencontrent guère que chez les champignons. Les spores exogènes tendent, comme les spores endogènes, à se produire en nombre pair, et c'est là une aptitudenormale généralement réalisée, l'aptitude contraire étant très rare, et pour ainsi dire, accidentelle.

Intervention de la phyllochlore. — Ces rapides indications sur la morphologie générale de l'organisme cellulaire, et plus spécialement de l'organisme cellulaire végétal, vont nous servir à établir la réalisation lichénique ; mais, avant d'aborder l'application de notre théorie, il convient d'ajouter à l'étude des formes et des fonctions l'étude de leurs résultats combinés, ou, en d'autres termes, de la constitution interne qui dérive , pour un individu donné, du mode d'accomplissement de ses actes physiologiques.

Il y a deux sortes d'éléments cellulaires qui conduisent à la formation des tissus végétaux. Les uns sont translucides, à parois incolores, à cavité quelquefois remplie d'un pigment spécial, qui n'affecte jamais la teinte verte herbacée Les autres ont besoin pour se développer de l'intervention directe de la lumière ; ils élaborent « ce caméléon végétal qui commence par la couleur verte et passe ensuite par toutes les nuances du prisme, pour arriver au purpurin, et enfin au jaune pur, où se termine la végétation (1). »

Les tissus formés par la réunion des premiers appartiennent à la série fungique ; leurs cellules sont vides ou remplies de protoplasme, et vivent à peu près comme les éléments correspondants des tissus animaux. Elles absorbent l'oxygène de l'air pour rejeter du carbone ; leur odeur est alcaline, souvent spermatique, et se rapproche de l'odeur exhalée par le sarcode ; le produit de leur putréfaction est le même que celui des cadavres animaux, et, après leur mort, ce sont les mêmes larves qui les attaquent.

Les plantes de la série fungique ne manifestent

_____

(1). F. V. RASPAIL. *Nouveau système de physiologie végétale et de botanique*, t. II, p. 6.

leur activité que pendant la nuit ; le retour du jour la suspend ; elles fuient la lumière, et n'emploient le concours de son influence que pendant une partie très courte de leur existence ; la lumière artificielle elle-même leur est funeste, et leur développement est en raison directe de l'obscurité où elles vivent. « Pendant les nuits les plus humides et les moins froides du commencement de l'automne, écrit encore Raspail, on pourrait vérifier, de minute en minute, l'allongement d'une fongosité ; après certaines pluies d'orage, on les voit même soulever brusquement la motte de terre qui les recouvre, et s'élancer dans les airs d'un seul jet, formés de toutes pièces : le peuple, qui ne nous transmet ses expériences que par des proverbes, avait traduit ce phénomène en une comparaison : Ils naissent comme des champignons. »

Cependant, dans les ténèbres qui sont si favorables à la vie végétative des plantes fungiques ou nocturnes, leur appareil reproducteur n'arrive point à son complet développement : l'obscurité est souvent, pour beaucoup d'espèces, l'origine d'une hypertrophie anormale du mycelium et des filaments stériles, qui ne se couronnent pas de spores ; ces mêmes êtres se couvrent au contraire à la lumière d'une riche fructification, mais au détriment du développement des organes de la végétation.

Les plantes fungiques, ou plus généralement les phanérogames et les cryptogames sans phyllochlore, sont toutes parasites ou du moins saprophytes, et ce parasitisme est la conséquence de ce fait qu'elles ne peuvent élaborer elles-mêmes leur nourriture, et qu'elles doivent l'emprunter toute formée à des êtres vivants qu'elles épuisent ou à de la substance organisée morte.

Elles naissent en général sur des parties cachées et plongées dans l'obscurité, sur des racines, des débris ligneux recouverts d'un peu de terre, sur l'humus, les cadavres végétaux ou animaux, parmi les feuilles mortes, et le plus souvent de telle manière que la lumière n'arrive pas à leurs organes végétatifs.

La phyllochlore est l'indice, la base et l'origine de la vie végétale libre. C'est à sa présence qu'est due l'évolution successive des parties qui caractérise les plantes diurnes, et qui consiste dans la formation de toutes pièces, à mesure que l'individu se développe, des organes qui doivent le constituer, tandis que chez les végétaux nocturnes l'accroissement n'est en réalité qu'une différenciation progressive.

Ces végétaux n'ont pas de partie centrale où le principe vital localise pour ainsi dire son activité pour en faire rayonner les manifestations dans tout l'individu : ils n'ont pas d'axe, et l'appareil végétatif n'offre à la fructification qu'un velum protecteur.

Chez les diurnes, au contraire, l'appareil de la nutrition est nettement différencié, et toutes les parties du végétal en dérivent ; le tronc par ses modifications successives engendre les rameaux, les feuilles, les bractées, les fleurs avec leurs verticilles ; et même chez les humbles représentants de la vie qui servent de point de départ à cette réalisation complexe, la physiologie découvre facilement la trace, ou plutôt le rudiment et comme l'indication des organes qui, multipliés, combinés, transformés à travers une longue série d'êtres, constituent les caractères de l'individu végétal le plus parfait : la racine, la tige, les feuilles y sont confondues dans une expansion anatomiquement homogène, mais où la diversité des aptitudes attribuées aux éléments se révèle déjà dans le mode d'accroissement et dans la forme qui en résulte.

Grâce à la présence de la phyllochlore, les plantes qui possèdent dans leurs cellules cet élément énergique peuvent élaborer elles-mêmes, et transformer en principes assimilables les aliments épars dans l'air et surtout dans le substratum nourricier, où leurs racines vont les puiser. Elles peuvent s'affranchir par suite de toute dépendance, et c'est ce qui fait qu'on ne les trouve pas ordinairement sur la matière organisée, morte ou vivante, et qu'elles ne sont pas véritablement parasites, tandis que ce mode de vie et cet habitat sont des conditions d'existence indispensables pour les plantes nocturnes.

Sous l'influence des rayons lumineux, elles accomplissent l'acte phyllochlorien par excellence, qui consiste à fixer le carbone de l'air absorbé et à exhaler de l'oxygène. Cet acte est la base de leur existence, et comme il ne peut se faire que sous l'action de la lumière, elles recherchent la lumière avec une véritable avidité.

Leur vitalité est d'autant plus active que cet indispensable élément leur est accordé avec plus de prodigalité. « Les végétaux herbacés qui croissent à l'ombre dépouillent leur vert intense, se lavent d'une teinte de jaune de plus en plus clair ; leurs jets s'allongent maigres et grêles ; leurs bourgeons axillaires se fanent en naissant ; leurs bourgeons floraux avortent, ou dans leurs enveloppes ou dans leur pistil ; leurs feuilles n'ajoutent rien, en se développant, à la simplicité primitive de leur réseau vasculaire et de leurs contours ; et l'individu que le hasard a fait naître dans le fourré épais d'un bois y perd tellement le cachet de son origine qu'en présence d'un autre individu de la même espèce venu dans les champs, il aurait l'air de constituer une espèce nouvelle; il lui manque son soleil qui féconde et qui colore (1). »

Ces résultats sont plus sensibles si on modifie d'une manière plus complète l'intensité de la lumière, si, en d'autres termes, au lieu de substituer simplement la lumière diffuse et tamisée par un épais feuillage à la radiation directe, on expose aux rayons obliques que le soleil envoie aux régions boréales une plante des contrées équatoriales.

La vie végative persiste, sans presque perdre de son activité, dans cette exposition si peu en rapport avec les conditions normales ; mais l'évolution de l'appareil reproducteur ne va pas au-delà de la formation des fleurs ; l'ovaire avorté ne produit plus de graines, et la multiplication de l'individu, dont les organes sexuels sont ainsi condamnés à la stérilité, ne peut se faire que par des bourgeons axillaires, qui ne reproduisent de l'espèce que les caractères et les propriétés contenus dans l'individu dont ils proviennent.

Malgré des différences physiologiques si importantes, il ne faudrait pas voir un abîme entre les plantes à phyllochlore et les plantes sans matière verte. Le seul point hors de doute est l'importance de cet élément, grâce auquel l'organisme végétal accomplit toute son évolution morphologique. Il est un fait certain, en effet, c'est que, sans phyllochlore, la forme végétale ne s'élèverait probablement pas au-delà de la réalisation déjà parfaite des champignons à basides, et en particulier des agaricinés, dont les organes bien différenciés accomplisent des fonctions distinctes.

(1) RASPAIL, *op. cit.*, t. II, p. 11.

Il y a bien des phanérogames colorées, et par suite parasites ; mais il est impossible, en partant des champignons, qui sont évidemment à la base de la série, puisqu'ils sont exclusivement utriculaires, d'arriver à la réalisation de ces plantes complexes. Les seuls liens qui rattachent aux champignons les plantes supérieures fongueuses (*Balanophora*, *Cytinus*, *Orobanche*, *Lathræa*, *Cuscuta*, *Monotropa*, *Neottia*) sont la différenciation des parties au sein d'un bourgeon primitif, analogue au velum ; la présence d'un pigment coloré ; l'absence de racine distincte, cet organe étant représenté seulement par une base tubéreuse ou des filaments rhizinoïdes.

Ce sont là des caractères qui découlent de l'absence de phyllochlore, et ils n'ont qu'une valeur physiologique ; ils sont d'ailleurs trop généraux pour qu'on puisse voir dans leur enchaînement des transitions quelconques entre les types.

Il est plus rationnel de regarder les phanérogames nocturnes comme des déviations, des types aberrants des séries alliées phyllochlorées, à la forme desquels on est conduit précisément par la forme de ces séries, quoiqu'il y ait dans celles-ci un élément qui a disparu dans les autres, et de penser que de cette disparition est résulté non pas un ensemble de caractères distinctifs, mais simplement une inégalité dans le *modus vivendi*, dans les fonctions et les habitudes.

Voilà déjà réduite l'importance de la distinction qui repose sur l'absence ou sur la présence de la phyllochlore ; elle diminue encore si l'on considère que les deux modes d'existence sont souvent sinon confondus, au moins mélangés sur le même individu, ou, en d'autres termes, qu'il n'y a pas de végétaux exclusivement nocturnes, ni de végétaux exclusivement diurnes.

Les plantes fungiques ont besoin de la lumière pour mûrir leurs graines, et ne voit-on pas, quoique au grand jour, les feuilles se transformer en sépales encore un peu herbacés, puis en pétales colorés, et finalement en étamines et en pistils où ne se trouve plus la moindre granulation de phyllochlore, et qui respirent comme des champignons?

De telle manière qu'une même plante est nocturne à la base et au sommet, diurne en son milieu.

La réunion des deux genres de vie peut même n'être pas seulement l'indice de l'apparition d'une tendance reproductrice, comme il arrive pour le développement des fleurs, mais la caractéristique, le point de départ et la condition *sine quà non* d'une existence.

C'est ce que nous allons faire voir en esquissant le mode de vie des lichens, et nous ne nous sommes tant étendu sur la morphologie de l'organisme cellulaire, et sur les différences physiologiques qui séparent les plantes diurnes des plantes nocturnes, que pour conduire plus facilement le lecteur à l'idée de la réalisation lichénique, résultante très simple de la fusion en une même activité d'un organisme cellulaire phyllochloré et d'un organisme cellulaire sans phyllochlore.

Affinités des Lichens. — Fries définit les lichens : des algues aériennes, vivaces, alternativement en repos et en activité, exogènes, laissant en mourant un stratum lépreux, et se multipliant par des sporidies et des gonidies. Leur forme est constituée par des expansions d'apparence variable, composées de deux sortes d'éléments morphologiquement bien distincts (fig. 3), mais dont les manifestations vitales tendent à un but commun.

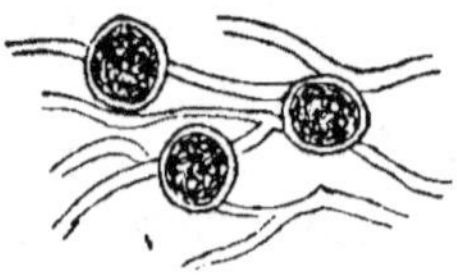

Fig. 3. — Hyphes et gonidies

Ces expansions constituent l'appareil végétatif ;
dans chaque individu, elles forment le thalle.
Une coupe du thalle montre bien distinctes les
cellules dont se compose l'organisme du lichen.

Les unes procèdent des cryptogames nocturnes,
et consistent en menus filaments rameux, quelquefois anastomosés et réunis en un tissu feutré,
à tube étroit rempli de granulations plasmiques
ou d'un pigment coloré, mais jamais de phyllochlore ; on les appelle hyphes ou *lichénohyphes*,
pour les distinguer des éléments correspondants
des champignons.

Les autres procèdent des cryptogames diurnes,
et sont représentées, dans leur forme la plus générale, par des utricules globuleuses phyllochlorées, qui se multiplient par scissiparité, et
qui ne se rattachent aux hyphes par aucun lien
sensible. Elles sont disséminées dans le thalle
ou réunies en un stratum distinct qui occupe ordinairement la partie inférieure de l'épiderme : on
les nomme *gonidies*, quand elles ont une enveloppe
bien visible, et *gonimies* quand cette enveloppe
se réduit à une mince pellicule, facile à dissoudre
par la potasse.

Chacun de ces éléments se reproduit dans sa
forme soit directement, soit par l'intermédiaire
d'un germe défini émanant d'un individu et destiné à devenir l'origine d'un autre individu.

Les cellules vertes se multiplient sur place
par une division de la substance interne qui se
scinde en masses bientôt entourées d'une membrane, et qui, par la répétition des mêmes phénomènes, forment peu à peu la couche gonidiale
du lichen ou vont constituer la partie phyllochlo-
rée d'un autre individu.

Quant aux lichénohyphes, ils subissent avant
de se multiplier une métamorphose progressive

complète, qui les amène à l'un des états que nous avons considérés comme définitifs dans la réalisation reproductive de l'organisme cellulaire. Les utricules allongées qui les constituent perdent d'abord leurs ramifications, se réduisent à un simple tube (paraphyse) rempli de granulations plasmiques stériles. On retrouve quelquefois des traces de l'origine des paraphyses dans des cloisons, des articulations qui étranglent et divisent leur cavité, et même dans des scissions longitudinales qui les font paraitre rameuses.

Parmi les paraphyses, il en est dont le plasma se trouve appelé à un rôle multiplicateur. Leur cavité se dilate, et elles prennent généralement la forme d'une massue ; à l'intérieur, le protoplasme s'épaissit, des nucleus se forment, et chacun d'eux se délimite par une aire plus claire ; une membrane apparaît bientôt à la place de cette aire, et

Fig. 4. — Paraphyses, asques et spores.

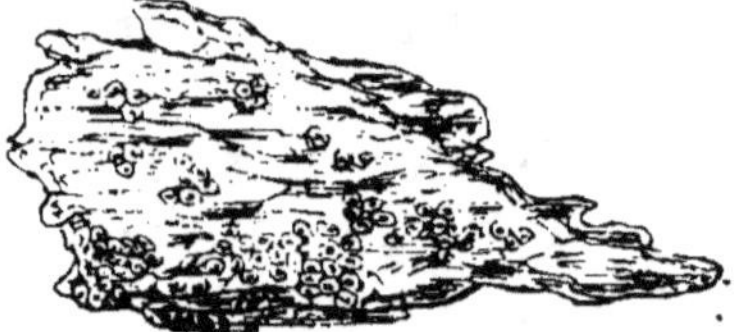

Fig. 5. — *Calicium (cyphelium) tigillare.*

les nucleus deviennent des spores. La cellule-mère qui les a produits prend le nom de thèque ou asque (fig. 4).

Les hyphes de l'appareil végétatif conservent quelquefois dans la totalité de l'individu leur caractère originaire de cellules allongées, sans se réunir en partie en un tissu membraneux servant d'épiderme, et n'offrant en ce cas pour toute modification qu'une division en granules irréguliers. Le thalle constitué par ces éléments prend l'apparence d'une croûte lépreuse ou grenue, homogène à l'œil nu, irrégulièrement étendue et sans limites précises (*fig*. 5).

Mais plus souvent sur les filaments germinatifs, apparaît un stratum d'hyphes courts, polyédriques, étroitement anastomosés, et formant une cuticule généralement colorée par un pigment spécial. Le thalle ainsi cortiqué affecte trois formes qui se déduisent les unes des autres.

La première supériorité de ce thalle sur les expansions lépreuses est d'avoir ordinairement une limite individuelle, entre laquelle est restreint le développe-

Fig. 6. — *Psoroma Lamarckii*

ment de tout le tissu qui provient d'une spore unique; dans son état le plus simple, il s'en dif-

Fig. 7 — .*Parmelia acetabulum*.

férencie par les plus grandes dimensions des lobes thallins, qui se réduisent chez les lichens crustacés à de simples granulations à peine saillantes. On a ainsi le thalle squameux (*fig.* 6), qui tantôt est effiguré seulement à la partie marginale, le centre restant grenu, tantôt est divisé dans toute son étendue.

Que les squames maintenant prennent un plus grand accroissement, deviennent libres les unes des autres, produisent en toutes leurs parties des réceptacles, et nous arrivons au thalle foliacé (*fig.* 7), qui présente trois degrés : des folioles en recouvrement, centrifuges, rayonnantes, disposées en rosette ; une fronde à lobes larges et peu nombreux ; enfin, une expansion plan ou demi cylindrique, laciniée, dressée, à rameaux cespiteux.

C'est de cette dernière forme que procède le thalle caulescent (*fig.* 8), dont les couches corticale et médullaire sont disposées, l'une extérieurement et l'autre intérieurement, en cylindres concentriques. Les rameaux cylindriques qui le constituent portent le plus souvent le nom de podéties ; ils sont simples ou divisés, et quelquefois se dilatent au sommet en entonnoirs, dont le diaphragme et les bords produisent des réceptacles.

Fig. 8. — *Clado-nia furcata.*

Dans la grande majorité des espèces, les hyphes contextés constituent le seul tissu apparent, le stratum gonidial étant intérieur et masqué par la cuticule colorée ; mais les gonidies n'en sont pas moins le centre physiologique du thalle, et leur activité le point de départ de la vitalité de l'individu.

Chaque élément accomplit ses fonctions sui-

vant le mode qui lui est propre, et qui dérive de
son origine, c'est-à-dire, du mode correspondant
chez les organismes exclusivement phyllochlorés
et chez les organismes sans phyllochlore.

Mais la prééminence dans les manifestations
vitales appartient à la couche gonidiale, et il en
doit être ainsi, d'abord parce que l'élaboration
de la phyllochlore indique une activité intense
de la part des cellules qui la produisent, et en
second lieu, parce que, l'introduction des gonidies vertes parmi leurs hyphes incolores constituant précisément la différence essentielle qui
éloigne les lichens des champignons, et par suite
étant leur caractère dominant, puisque les autres
appartiennent à un type déjà réalisé, la vitalité,
qui dépend nécessairement de la forme, doit
en quelque sorte se localiser autour de ces gonidies.

Cette importance physiologique de leurs éléments verts rapproche les lichens des algues.
Prise dans son ensemble, et abstraction faite de
ses relations avec les hyphes qui l'entourent et
des conditions d'existence très spéciales qui résultent pour elle de ce voisinage, toute couche
gonidiale devient l'analogue d'une colonie de
ces cellules végétales qu'on considère comme
des algues.

Pour les gonidies proprement dites, dont la
matière verte est contenue dans une enveloppe
distincte, on a trouvé que les formes qu'elles
affectent correspondent respectivement à une
espèce d'algue, et plusieurs savants ont cru même
devoir conclure de cette ressemblance que la
réalisation lichénique n'est pas simple et une,
mais complexe; en d'autres termes, que les lichens ne sont pas des végétaux autonomes, ayant
des organes solidaires qu'ils développent au sein

de leurs tissus, mais des associations de deux plantes, un champignon et une algue, dans lesquelles le champignon vit en parasite aux dépens de l'algue.

Nous verrons au chapitre suivant jusqu'à quel point cette hypothèse reste dans la vérité. Il suffit que nous constations ici que les organes des lichens ont un fonctionnement trop régulier, que leurs diverses parties s'harmonisent trop bien pour qu'on puisse y voir le résultat d'un parasitisme quelconque.

Cependant, la dépendance mutuelle des deux éléments étant ramenée à sa véritable notion, le concours dans une même activité des gonidies et des hyphes étant considéré comme le fruit naturel d'une disposition normale, et non pas comme le produit d'un accident, un point indiscutable reste établi : l'analogie étroite des premières avec les algues unicellulaires, et des seconds avec les organismes fungiques.

La plupart des gonidies sont globuleuses, et ressemblent aux algues connues sous le nom de *protococcus*. Ces algues consistent en cellules sphériques, généralement vertes, isolées, mais pouvant vivre côte à côte en stratum, augmentant lentement de volume et divisant ensuite leur contenu en zoospores ou se multipliant par scissiparité.

Les gonidies mises en liberté ne se comportent pas autrement. A l'intérieur du thalle, gênées par les hyphes qui les pressent de toutes parts, elles ne se reproduisent que par scission de la masse interne ; mais si on les isole, on voit leur substance verte se diviser en petits amas doués de motilité, et constituant autant de zoospores.

Si donc il faut véritablement attribuer la nature algoïde aux cellules vertes isolées des proto-

coccus, si, en d'autres termes, ces cellules ne sont
pas simplement des gonidies libres, et affectant
une forme spéciale parce qu'elles vivent loin
d'un réseau d'hyphes, si la similitude n'est pas
une identité, on ne saurait mettre en doute les
rapports des algues avec les gonidies, c'est-à-dire,
en réalité, avec les lichens, puisque nous rendons
à ceux-ci l'autonomie dont on a voulu les priver,
et que nous accordons une commune essence à
tous leurs éléments, si différents soient-ils.

Mais c'est surtout chez les espèces gélatineuses à gonimies que la ressemblance est évidente.
Leur thalle est formé d'un mucus gélatineux
amorphe, qui ne végète et n'est bien apparent
que par les temps humides : dans ce mucus courent des hyphes cloisonnés, rameux, qui constituent une trame fondamentale sur laquelle serpentent des chapelets de gonimies, globules verts
privés d'enveloppe distincte et réunis en séries
linéaires.

La présence des hyphes est le seul caractère
qui distingue les lichens gélatineux, appartenant
tous à l'ordre des collémacés, des algues rudimentaires connues sous le nom de nostochinées, qui se rapprochent des oscillariées par leur
forme et leurs fonctions. On trouve ces algues
sur les rochers, les pelouses, les chemins ; dans
les temps secs, elles se réduisent à de minces
lames noirâtres, repliées sur elles-mêmes, enrou-
lées, et n'offrant à l'œil aucun indice d'organisation ; quand l'humidité revient, elles s'étalent
en expansions vertes, gélatineuses.

Dans ces expansions, le microscope fait apercevoir, comme chez les colléma, des aggloméra-
tions moniliformes de cellules vertes, au sein
d'un mucus homogène qu'elles ont secrété ; ces
cellules vertes constituent la partie active de l'in-

dividu, ou mieux de la colonie ; elles sont réunies en séries que séparent çà et là d'autres vésicules plus grandes, stériles, qu'on nomme hétérocystes ; elles sont à une époque de leur existence douées de motilité, quittent spontanément leur chaîne, se déplacent par reptation, dans l'eau, à la surface de leur substratum, et vont plus ou moins loin de leur point d'origine, reproduire, par division de leur substance interne, un nouvel individu.

On n'a pas jusqu'à ce jour aperçu de mouvement chez les gonimies du colléma, et de là on pourrait conclure que l'analogie de ce lichen avec les nostochs se réduit à une simple ressemblance morphologique. Comme on a découvert des zoospores chez d'autres espèces non gélatineuses, il n'est pas possible d'affirmer que la motilité n'appartient pas aux gonimies, par le seul fait qu'on ne l'a jamais vue se manifester : d'ailleurs si, comme nous le pensons, le nostoch, au lieu de constituer un être indépendant, n'est qu'une condition du colléma, il est vraisemblable que le voisinage des hyphes, appelés à vivre de la même vie que les gonidies et à remplir le même rôle, doit amener dans les propriétés de ces organes des transformations importantes, et en particulier rendre inactives celles de leurs aptitudes qui sont devenues inutiles.

Toute la question est là, et se réduit, pour les nostochs comme pour les protococcus, à la notion de leur véritable nature ; car il est bien évident que si les uns et les autres constituent simplement des gonidies vivant en liberté, il est superflu de chercher aux organes correspondants vivant dans les thalles des points de ressemblance avec des pseudoalgues, puisqu'il y aurait entre les deux sortes de productions identité d'essence ;

l'analogie avec les véritables algues serait en ce cas limitée aux attributions physiologiques générales des cellules phyllochlorées.

Cette analogie d'ailleurs est ici très immédiate, puisque les gonidies constituant des cellules isolées se rapprochent plutôt des algues que des autres plantes diurnes où l'association détruit la forme originaire des cellules, et que par suite leur activité physiologique doit être sensiblement la même que celle des algues : conclusion à laquelle nous sommes encore conduits par ce fait que les protococcus et les nostochs, avec lesquels elles ont les plus grandes affinités, ont été et sont encore regardés par de nombreux auteurs comme des algues véritables.

Cependant, pour que l'analogie ne se transforme pas en identité, il faut qu'il y ait des différences sensibles entre la partie algoïde du lichen et les algues. Ces différences existent. « Les algues proprement dites, exposées à l'air, se dessèchent et cessent de vivre ; et quoique certaines manifestations vitales s'y fassent sentir par une nouvelle imbibition d'eau, la plante ne végète pas de nouveau. Les lichens au contraire n'éprouvent aucun trouble pendant la sécheresse de l'été ou de l'hiver ; leur vie est seulement en quelque sorte suspendue, et aussitôt l'humidité revenue, ils se développent de nouveau dans les meilleures conditions de santé. (1) »

La vie des lichens admet donc des arrêts, des interruptions, est intermittente et parfaitement susceptible de s'accommoder des circonstances extérieures, manifestant son activité quand elles sont favorables, et restant à l'état latent quand

____

(1) T.-P. Brisson. *Les lichens doivent-ils cesser de former une classe distincte des autres cryptogames,* p. 33.

elles ne le sont pas. Chez les algues, au contraire, la vitalité s'éteint sans retour dans un milieu défavorable, et il en résulte cette conséquence qu'elle ne peut être active que grâce au concours constant, dans des proportions déterminées et invariables, des éléments qui l'entretiennent.

Ces éléments sont au nombre de deux : la lumière et l'humidité. La plupart des algues ne se développent bien qu'exposées à la radiation directe, à une profondeur médiocre et dans une eau limpide qui laisse arriver jusqu'à elles les rayons lumineux : les eaux corrompues ne nourrissent que des êtres sans phyllochlore. Il y a là une différence physiologique importante entre le mode d'existence des algues et celui des gonidies ; celles-ci, en effet, naissent à l'intérieur du thalle, à l'abri d'une écorce qui les prive de toute communication directe avec l'extérieur, et si dans quelques formes cette écorce est translucide, dans un grand nombre d'autres elle est épaisse et opaque.

Les algues sont en général des plantes aquatiques, submergées, et même pour les espèces émergées, une humidité constante est nécessaire, parce qu'elles ne sauraient former leurs germes sans le concours de l'eau. Les lichens au contraire au lieu de l'eau recherchent l'air, et les points où ils sont le plus abondants sont les cimes des hautes montagnes, où l'air est vif et sec, et où ne se rencontre aucune algue.

Si l'on veut préciser les rapports qui unissent les lichens et les algues, on pourra dire qu'il y a des analogies anatomiques étroites entre le stratum gonidial et le thalle d'une algue dont les cellules conserveraient une certaine indépendance, tout en concourant séparément, par leur activité, à un but commun, la vie de l'individu, et que, de plus, dans les deux classes, l'accomplissement général des fonctions est identique. Toutefois, la similitude ne saurait être absolue, parce qu'elle ne porte que sur une partie de l'organisme des lichens, que ceux-ci ne sont pas exclusivement composés de gonidies, et qu'à l'organe vert est adjoint un organe incolore dont il faut tenir compte.

La réalisation lichénique est complexe : elle procède à la fois, sans ressembler entièrement aux uns ou aux autres, des champignons et des algues, avec cette différence que les modifications des gonidies sont expliquées et rendues nécessaires par leur situation dans les thalles, et que par suite on arrive à leur conception par une simple transformation des aptitudes algiques, tandis que les propriétés des hyphes ne découlent pas d'une modification, puisqu'elles diffèrent entièrement de celles des champignons, mais sont attribuées, sans transition, à un organisme qui, en raison de ses liens morphologiques, paraît incompatible avec elles.

Ces transitions qui n'existent pas dans les actes physiologiques, le *modus vivendi* étant brusquement et radicalement changé, nous les trouvons réalisées dans la forme, et si l'on se borne à cette considération, si l'on fait abstraction en même temps de la respiration phyllochlorienne des gonidies, qui n'a rien à voir avec les caractères extérieurs, il est facile de passer des champignons aux lichens par une suite non interrompue de types.

L'élément qui constitue la base des tissus dans les deux groupes est identique ; il consiste en une cellule allongée, ou hyphe, généralement rameuse et cloisonnée, qui reste isolée ou s'unit à d'autres en un tissu plus ou moins étroitement contexté.

En dehors de cette similitude de composition, les analogies portent sur l'appareil reproducteur, sa structure, le mode de formation des réceptacles, la propagation des spores et leur première évolution.

Les champignons à thèques sont reliés certainement aux champignons à basides par des états intermédiaires, mais ce n'est pas ici le lieu d'établir la transition ; nous ne considérons l'organisme fungique que dans la forme qui se rapproche le plus de la réalisation lichénique, c'est-à-dire, dans la forme ascigère, qui produit ses spores par une évolution endogène dans des cellules-mères mêlées à des utricules stériles.

Cette formation endogène des spores s'opère suivant un mode très-simple, et, en raison de cette simplicité, susceptible de peu de variations. Les hyphes destinés à devenir féconds s'isolent par une cloison, s'allongent en thèques, utricules ovoïdes ou claviformes, renflées au sommet ; quand ces utricules ont atteint les dimensions qu'elles doivent garder, un nucleus se forme à la partie supérieure et le protoplasme s'amasse autour de ce nucleus, au centre duquel se développe bientôt un nucléole doué d'une grande capacité réfringente.

Bientôt un second nucleus apparaît, puis quatre, puis huit, d'autant plus petits qu'ils sont plus nombreux. Le plasma devient le siège d'un travail de partition intime, et se divise en huit segments à peu près égaux, ayant chacun à son centre un nucleus. En même temps naît une fine membrane qui entoure chaque masse plasmique, et délimite les sporidies ; celles-ci se trouvent ainsi constituées, et s'accroissent par une sorte d'absorption du protoplasme ambiant.

Chez les ascomycètes typiques, qui répondent le mieux, par leur consistance charnue, leur port, leur aspect, à l'idée générale qu'on se fait d'un champignon, les asques sont plutôt linéaires que claviformes, et les thécaspores qu'ils renferment sont unisériées, c'est-à-dire, disposées en une seule ligne.

A mesure qu'on s'éloigne de ce type, les dimensions des individus deviennent plus restreintes, le tissu plus sec, ruptile, subéreux, les thèques plus renflées, et à l'intérieur de celles-ci se différencient des spores amassées, non plus en série, mais en glomérule. On arrive ainsi insensiblement à la forme des lichens, dont les éléments élastiques se réunissent en un tissu cartilagineux, et dont les asques très dilatés produisent des spores agglomérées sans ordre.

L'analogie avec les champignons se complète encore par la présence sur le thalle, comme sur le stroma de beaucoup d'ascidés, de réceptacles particuliers, pycnides et spermogonies, celles-ci produisant des spermaties très ténues qu'on considère comme des éléments mâles, celles-là, des stylospores, qui constituent une forme supplémentaire de fructification.

Dans les représentants les plus parfaits des ascomycètes, les asques sont disposés perpendiculairement à la surface du réceptacle, en un tissu plus ou moins dense qu'on nomme hymenium, ou ascymène ; la superficie ascigère offre l'apparence d'une lame diversement repliée, d'un pileus convoluté ou creusé d'alvéoles, ou enfin d'une coupe plus ou moins concave.

Chez les espèces qui se rapprochent davantage des lichens, en particulier chez les pyrénomycétes, les asques se réunissent, à l'intérieur d'un conceptacle particulier ou périthécie, en un nucleus globuleux ou pyriforme, qui s'épand au dehors, dans les sphériacés, par un pore terminal, et chez les érysiphés, grâce à la destruction de l'enveloppe.

Nous retrouvons cette organisation, sans modification appréciable, chez les Verrucaires, lichens très simples composés d'un thalle granuleux et de petites périthécies ostiolées, que les classificateurs placent généralement à la fin de la famille, tandis qu'ils en constituent la base et le point de départ, puisqu'ils la rattachent à celle des champignons.

Supposons maintenant que le nucleus s'étale, que la périthécie s'ouvre par un large orifice, et nous arrivons à la forme de réceptacle la plus commune chez les lichens, l'apothécie. Cette apothécie se compose essentiellement d'un stratum cellulaire concave, dont les bords se relèvent en une marge circulaire proéminente, et dont la partie centrale produit une assise de thèques perpendiculaires, mêlées à des paraphyses et réunies par un mucus gélatineux.

La germination de la spore, chez les champignons comme chez les lichens, donne un tube primordial, qui se cloisonne, se divise en rameaux rapidement anastomosés en un plexus rudimentaire sur lequel se développent les éléments cellulaires, et qui prend le nom de protothalle chez les lichens, de protomycelium chez les champignons.

Dans ses traits principaux, la partie incolore du thalle a, comme on le voit, d'étroites analogies avec l'organisme fungique ; mais il ne s'ensuit pas que les lichens doivent être confondus avec les champignons.

Quoique composé d'éléments très semblables, l'appareil végétatif est loin d'avoir, dans les deux classes, les mêmes tendances. Le mycelium fuit la lumière, et ne se développe bien que dans les ténèbres ; il rampe à l'intérieur de son substratum, et si l'œil prévenu n'allait l'y découvrir, les réceptacles qu'il émet au grand jour, restant isolés et en apparence individualisés, ne sauraient suffire à déceler sa présence. Le thalle au contraire recherche la pleine lumière ; il est en général superficiel, et n'atteint son développement normal qu'exposé aux rayons directs du soleil.

Les champignons, par les temps de pluie, sont presque toujours visqueux ; les lichens restent secs. Les champignons sont très fugaces ; les lichens peuvent vivre des centaines d'années, et être constamment en état de fructification. Le réceptacle des champignons n'est fertile qu'une fois ; l'apothécie peut produire plusieurs fois des thèques.

L'aspect, le port, d'ailleurs, sont très différents. Tandis que les divers hyménophores issus d'un même mycelium apparaissent comme autant d'individus distincts, la réunion des apothécies sur un même thalle apparent démontre à première vue leur origine commune et leur rôle d'organe ou de partie. Enfin, la disposition des spores dans les thèques crée une différence importante entre les lichens et la réalisation fungique typique.

Les rapports des lichens avec les algues et les champignons étant définis, il est inutile de leur chercher des analogies avec les autres cryptogames : ils n'ont de commun avec les fougères, les équisétacées, que la présence d'éléments phyllochlorés.

Cependant, si l'on considère que les mousses procèdent des algues, et ne sont en réalité que des algues terrestres, il devient possible, en prenant ces organismes comme point commun de comparaison, de les rattacher aux lichens.

Dans les cellules d'un grand nombre de muscinées, la phyllochlore se ramasse en globules sphériques, assez petits, adhérents ou du moins contigus aux parois. En admettant, comme nous l'indiquons au chapitre suivant, que dans certains cas, quand les gonidies d'un autre individu font défaut, le thalle en évolution puisse produire des cellules vertes dans un de ses filaments, ne saurait-on imaginer que cette aptitude, ici accidentellement active, soit fixée et partant normale chez les mousses ? Leurs globules de phyllochlore deviendraient dans cette hypothèse les analogues des gonidies, ou mieux des gonimies des lichens, et la genèse de ces globules établirait un lien physiologique entre les mousses et les lichens. L'analogie d'ailleurs ne peut aller plus loin.

Vie des lichens. — A l'inverse des champignons qui sont tous sans exception parasites ou saprophytes, les lichens recherchent de préférence un substratum inorganisé, comme les pierres, les rochers, la terre nue, ou un support sec et lisse, dans lequel leurs fibres ne pénètrent pas, et qui par suite ne les nourrit pas.

L'origine de l'individu est une spore qui forme, par la réunion de ses filaments germinatifs, un plexus primordial ou protothalle, qui souvent disparaît dans les lichens adultes, ou du moins se confond si intimement avec le thalle qu'il devient invisible ; les hyphes se différencient sur le protothalle, et en s'anastomosant constituent le réseau incolore de la médulle et le tissu de la couche corticale, souvent coloré par un endochrome spécial, comme la cuticule des champignons charnus basidés.

Les hyphes végètent, se multiplient, respirent comme un organisme distinct. En temps favorable, ils absorbent mécaniquement, par un simple phénomène osmotique, l'eau contenue dans l'air ; par cette absorption, leur cavité se dilate, et de toutes ces dilatations particulières résulte, pour le thalle, une extension plus appréciable, et souvent un changement de coloration, dû à l'impression simultanée, et, par suite, combinée, de la nuance du pigment épidermique et de celle des gonidies, qui apparaît à travers le tissu des hyphes devenu ainsi demi translucide.

Les lichens n'empruntent rien à leur substratum et tirent leurs aliments de l'air ambiant. Il est facile de s'assurer de la vérité de cette proposition par une expérience très simple.

Si l'on plonge dans l'eau un lichen fruticuleux, on constate, quelle que soit la durée de l'observation, que jamais l'eau ne s'élève dans le thalle au-dessus de la partie submergée. Il n'y a donc pas échange osmotique entre les hyphes inférieurs et les hyphes supérieurs. D'ailleurs, la base du thalle, dans les espèces où on peut la découvrir, est généralement constituée par un empâtement très dense, sans apparence organisée, et où la vitalité paraît si peu active qu'il est évident qu'il n'y a là aucun organe capable d'absorption.

D'où l'on peut conclure que les lichens qui habitent les troncs d'arbres n'y vivent pas en parasites, et par suite ne leur causent d'autre dommage que celui qui résulte de l'interposition d'un corps opaque entre l'écorce et les rayons lumineux.

Si la genèse des hyphes est facile à suivre, il n'en est pas de même de la genèse des gonidies.

Celles-ci apparaissent dans le thalle à une époque où les filaments sont déjà étroitement contextés, et où la couche corticale en voie de formation rend obscurs les phénomènes qui s'opèrent à l'intérieur.

D'après Tulasne, les gonidies se formeraient par groupes ou essaims à l'intérieur de cellules particulières, ou hyphes uniques, développées sur le protothalle ; l'enveloppe de ces cellules, mince et fragile, se déchirerait pour livrer passage aux gonidies primordiales qui, par leur multiplication ultérieure, établiraient peu à peu la couche verte du thalle D'autres observateurs ont cru voir les gonidies provenir une à une des filaments, ceux-ci renflant leur extrémité en une vésicule capable de sécréter intérieurement de la phyllochlore, et se séparant spontanément de l'hyphe producteur.

Des observations opposées, faites par MM. Famintzin, Boranetzky, Schwendener, Bornet, Stahl, tendent à démontrer que les gonidies ne sont en réalité que des algues englobées fortuitement dans le tissu des hyphes, qui vivraient ainsi sur elles en parasites.

Nous admettons volontiers que ces deux systèmes, quoique très divergents, sont vrais en partie, et que les phénomènes vus de part et d'autre sont parfaitement exacts. Mais il nous paraît plus rationnel de ne pas nous en tenir exclusivement à l'une ou à l'autre des conclusions opposées qu'ils proposent, et de réduire le parasitisme à une simple association.

Dans cette hypothèse, la réalisation de chaque lichen individuel suppose la réunion de deux éléments : l'un incolore, produit par la spore, et l'autre vert, fourni par des gonidies issues en même temps que la spore d'un autre individu de la même espèce. Les hyphes s'uniraient simplement aux gonidies, de telle sorte qu'il y aurait seulement juxtaposition de deux tissus élémentaires morphologiquement différents, mais ayant même nature.

Quant aux protothalles dont les filaments ne rencontreraient pas dans leur voisinage des gonidies libres, ils pourraient, en vertu d'une extension de leur vitalité, très naturelle puisqu'ils sont de la même essence que les gonidies, produire des cellules vertes par une formation endogène ou exogène, et c'est en ce cas que se réaliserait le mode d'évolution des gonidies vu par Tulasne.

Quoi qu'il en soit, les gonidies constituent le centre physiologique du thalle, et la base de la vie végétative de l'individu. Seules elles absorbent les aliments, et les transforment en principes assimilables. Elles accomplissent les mêmes fonctions que les feuilles, et donnent de l'oxygène sous l'influence du soleil. L'honneur d'avoir reconnu la respiration phyllochlorienne des gonidies revient à l'illustre de Candolle (1).

Les deux éléments qui constituent les lichens se reproduisent dans leur forme, ce qui revient à dire que les lichens ont deux modes de multiplication.

Les hyphes donnent naissance à des apothécies, qui émettent des spores, ou propagules germinatifs, dont l'évolution est l'origine d'un protothalle. La germination des spores réclame le concours des conditions extérieures qui doivent favoriser ou du moins assurer le développement

____

(1) De CANDOLLE. *Flore française,* 3ᵉ éd.

de l'individu ; dans une exposition incompatible avec ce développement, elle ne va pas au-delà de la production de filaments rudimentaires, et c'est ce qui explique les échecs fréquents des observateurs qui ont voulu suivre l'évolution primordiale du thalle et la différenciation de ses éléments.

Micheli a le premier signalé la reproduction végétative des lichens par les gonidies, qui se comportent comme des gemmes ou des bourgeons, et donnent naissance à un individu sans l'intervention d'aucun état embryonnaire. A ce titre les lichens deviennent des végétaux vivipares.

Toute gonidie, par le fait même que dans le thalle elle est apte à donner naissance à une vésicule semblable à elle, peut être l'origine d'un individu, puisqu'elle conserve cette aptitude lorsqu'une cause quelconque la met en liberté. Seulement, sa multiplication, dans ce cas, peut se faire par deux modes différents : ou bien elle se divise directement en nouvelles gonidies, ou bien, dans son enveloppe devenue l'analogue d'un testa, sa matière verte se partage en masses animées, zoospores phyllochlorées, qui en s'accroissant produisent des gonidies.

Dans un cas comme dans l'autre, le premier état de l'individu ainsi formé consiste évidemment en un stratum exclusivement gonidial, lépreux, et il est même assez difficile d'imaginer comment cet état peut passer à la forme de lichen parfait. En effet, si les observateurs ont quelquefois cru voir des filaments produire des gonidies, on n'a pas, jusqu'à présent, vu de filaments se former de gonidies ; et non seulement cette métamorphose élémentaire ne s'est jamais rencontrée, mais il n'y a même pas d'état intermédiaire, si peu accusé soit-il, qui puisse conduire à sa conception ; les gonidies sont toujours globuleuses ;

aucune ne montre en un point de son enveloppe un processus vide de phyllochlore qui puisse devenir l'origine d'un hyphe.

Faut-il supposer que, dans la reproduction par gonidies, la partie filamenteuse du lichen soit produite par une spore en germination fortuitement engagée dans la couche lépreuse, ou bien admettre que des hyphes d'un autre individu, accidentellement enlevés à cet individu et transportés sur le stratum de gonidies en voie d'évolution, puissent y développer une couche corticale et une couche médullaire?

Les deux hypothèses sont également vraisemblables. Dans le premier cas, on arrive au développement des lichens tel que nous le supposons dans son mode normal ; dans le second, à une formation légèrement déviée de ce mode général, puisque l'adjonction du tissu incolore se fait par l'introduction d'hyphes adultes, et non plus de filaments germinatifs ; mais cette formation paraît très possible, si l'on considère qu'une partie quelconque d'un lichen peut s'individualiser ; l'hypothalle, et surtout sa marge, où la vitalité est plus active, peut reproduire un lichen dont tout le thalle serait enlevé, et Schœrer a obtenu de nouveaux individus des rhizines de l'umbilicaire.

La reproduction par gonidies et la reproduction par spores ne donnent pas évidemment les mêmes résultats. Les spores multiplicat l'espèce, et par suite peuvent donner naissance à des formes aberrantes plus parfaites que le type, et constituant soit de simples accidents, soit l'origine de races fécondes. Les gonidies, au contraire, ne peuvent reproduire de l'espèce que les caractères contenus dans l'individu dont elles proviennent ; en tous cas, elles ne donnent lieu qu'à des modifications individuelles et à des formes dégénérées, jamais à des formes supérieures, comme il arrive pour les phanérogames qu'on propage exclusivement par la reproduction agame.

Si l'on considère l'extrême simplicité du mécanisme fonctionnel qui entretient la vie des lichens, si intimement dépendante des actions physiques, on arrive à cette conclusion que ces plantes ne portent en aucune manière en elles le germe de leur destruction, qui ne peut avoir lieu que sous l'influence des agents extérieurs. Et, de fait, une fois l'individu constitué dans sa forme essentielle, peut-on assigner à ses actes physiologiques un commencement et une fin ? Les mêmes phénomènes se répètent suivant un mode uniforme, et leur enchainement ne peut avoir de limite que par une intervention brusque qui les empêche de se produire.

C'est ce qui assure aux lichens une longévité considérable. M. Nylander estime que quelques espèces peuvent vivre plusieurs siècles; pendant cette longue existence, elles sont constamment en état de fructification, mais leur vitalité n'est active que par intervalles. Par les temps secs, en hiver comme en été, elles suspendent toute manifestation, pour se réveiller quand l'humidité revient. La résistance vitale des lichens est considérable, et Fries en donne pour preuve le retour à la vie active de spécimens de *Physcia ciliaris* conservés plus d'une année à l'état sec.

L'humidité étant indispensable à la vie des lichens, on les voit préférer l'exposition occidentale, parce qu'elle leur procure plus de fraîcheur. Les conditions dont le concours est nécessaire à leur existence sont d'ailleurs assez complexes; elle réclame à la fois de la chaleur, de l'humidité, de la lumière, le tout diversement combiné et avec une intensité variable : la densité de l'air est aussi à considérer.

` Une température basse, quoiqu'on l'ait souvent répété, est loin d'être un stimulant pour la vie des lichens : leur multiplication considérable dans cette circonstance dépend plutôt d'une autre cause, comme l'humidité de l'air. toujours plus sensible dans les contrées froides.

Ils s'accommodent bien de tous les climats : mais ils préfèrent les régions où règne, avec une humidité presque permanente, une température égale : et cela s'explique si l'on considère que la succession plus ou moins rapide des périodes d'activité et des périodes de repos ne peut que nuire au développement de l'individu. et qu'elle ne va pas d'ailleurs sans des altérations dans les tissus. particulièrement lorsque le liquide des cellules. congelé par l'hiver. se trouve brusquement dégelé : dans ce cas, il peut résulter des ruptures de parois. et par suite des perturbations importantes dans la vie générale de l'organisme.

Les lichens recherchent l'air vif et pur : l'atmosphère viciée de nos villes les tue : on n'en rencontre guère dans les grands centres. et ils ne se développent bien que dans les campagnes : mais c'est sur les hautes montagnes qu'ils sont le plus féconds en individus. Dans les pays du nord. dont les conditions climatériques sont très analogues à celles des montagnes, la végétation lichénique atteint un magnifique épanouissement : les Alpes nourrissent de nombreuses espèces : les Pyrénées, peu riches en individus, réunissent un grand nombre d'espèces rares ; les Carpathes n'ont qu'une flore lichénique très pauvre.

Fries résume les préférences des lichens. au

point de vue de la station, dans cette loi générale :
« Les lichens sont plus nombreux en espèces
dans les contrées chaudes, où règne en même
temps une certaine humidité dans l'air, plus nombreux en individus dans les pays que la sécheresse du climat ou l'aridité du sol privent de
toute autre végétation (1). »

Les agents physiques ne sont pas sans influence
sur les formes et les caractères des espèces, au
moins dans leurs traits généraux. Les vents sont
des agents mécaniques qui rendent peu à peu les
thalles lisses, et qui contribuent à fixer à terre
des espèces qu'on ne rencontre d'ordinaire que
sur les troncs d'arbres.

Il est difficile de préciser la nature de l'action
exercée par la chaleur ; mais les résultats de cette
action sont évidents : ainsi on ne rencontre guère,
dans nos climats, d'apothécies à disque discolore de la marge, tandis que ces réceptacles sont
très communs dans les contrées tropicales.

La couleur générale du thalle paraît dépendre
de la même influence, dont on peut également
apprécier les effets suivant l'altitude à laquelle
croissent les individus. Les lichens jaunes sont
fréquents dans la zone tropicale : les lichens
bruns, dans les pays de montagnes ; les lichens grisâtres, dans les régions alpines. Ces trois catégo-
ries d'espèces paraissent d'ailleurs limitées à une
contrée spéciale : les premières se rencontrent
principalement en Amérique ; les secondes, en
Europe ; les dernières, en Asie. Dans nos pays
de plaines, à l'intérieur des terres, la couleur
grise ou gris-verdâtre est la plus commune ; on
rencontre exceptionnellement quelques formes
jaunes ou fauves. Dans les départements mariti-

____

(1) FRIES, *Lichenographia Europæ reformata*, p. LXXXIV.

mes, les espèces sont plus nombreuses et plus diversifiées ; la couleur du thalle, cependant, reste généralement obscure, verdâtre, cendrée, grise ou bleuâtre.

La flore lichénique n'a pas de limites : elle s'étend des pôles à l'équateur, et il n'est pas de sol si ingrat qui n'en nourrisse au moins quelques espèces ; les seules stations qu'ils n'habitent pas sont les eaux, les neiges perpétuelles, les cryptes où ne pénètre jamais le moindre rayon de soleil. Cependant le lichen des Rennes croit encore sous la neige ; quelque espèces peuvent se développer sous l'eau, entre autres *Verrucaria rivulicola* Nyl. (1), qu'on trouve sur les pierres calcaires tendres submergées ; plusieurs formes habitent aussi les rochers maritimes alternativement découverts et submergés.

Les lichens tirant tous leurs éléments de l'air ambiant, et n'empruntant rien à leur substratum, sont en général indifférents sur le choix de leur support. La plupart des espèces se développent bien sur toutes sortes de corps : les écorces d'arbres morts ou vivants, les bois décomposés, le parenchyme des feuilles, les tiges herbacées sèches, les mousses, la terre nue, les pierres les plus dures, les mortiers, les os, le cuir, le verre, le fer.

Cependant les corps très-durs, comme les métaux, ne se couvrent que rarement de thalles parfaits ; le plus souvent on n'y rencontre que des plaques lépreuses composées plutôt de gonidies que d'hyphes, et ce fait doit sans doute être attribué à la résistance de ces corps, dans lesquels les rhizines ne pénètrent que difficilement, et qui par suite n'offrent pas un point d'appui assez fixe.

(1) Cfr. T. P. Brisson, *Lichens du département de la Marne, p. 116.*

Quoique les lichens n'absorbent pas directemen
par leurs fibres rhizoïdes les éléments de leu
substratum, il peut se faire que ces éléments in
fluent sur leurs caractères, et en particulier su
leur coloration ; il y a une relation évidente entre
la présence d'oxydes de fer ou de manganèse
dans une roche et la couleur des lichens qui s'y
développent. Il faut supposer que dans ce cas,
les éléments passent dans l'eau qui séjourne dans
les concavités du thalle et dans son voisinage,
et sont de là absorbés par la superficie ou la
marge.

Il y a des corps qui par leur nature sont incom-
patibles avec toute végétation lichénoïde. On ne
rencontre jamais de lichens sur les parties an-
nuelles des plantes, sur les rochers de récente
formation : on trouve cependant quelques verrucaires sur les tiges sèches des graminées et des
ombeliifères.

Sur les jeunes arbres ou les rameaux encore
tendres, aucun thalle n'arrive à son état normal ;
les imbricaires forment, dans cette station, de
petites expansions à lobes étroits, déchiquetés ;
les physcies, des buissons hispides à ramifications
creusées, canaliculées ; les thalles des espèces
crustacées deviennent minces et presque nuls.

Cependant, tous les lichens ne sont pas indifférents sur le choix de leur substratum. Quelques-uns se rencontrent plus spécialement sur
les roches dures, d'autres sur les calcaires fria-
bles, d'autres sur les écorces, d'autres sur le bois
nu, d'autres sur la terre. *Biatora decipiens* ne
se rencontre guère que sur un sol calcaire ; *Placodium candicans* sur les calcaires tendres :
Lecidea geographica sur les quartz, les grès,
le granit ; *Bæomyces roseus* sur la terre sili-
ceuse ; *Psoroma hypnorum* et *Normandina*

jungermanniæ sur les mousses mortes ou vivantes ; *Strigula Babingtonii* sur les feuilles vivaces du laurier, du buis : *Endocarpon fluviatile* sur les bords des rivières ; *Verrucaria inundata* dans l'eau douce : *V. consequens* sur les balanes vivantes : *V. fluctigena* également dans la mer.

Plusieurs espèces habitent des arbres particuliers, et sont inconnues dans les régions où ces arbres ne se rencontrent pas. Pour quelques-unes la station fait partie des caractères spécifiques, et on avait même établi de nombreuses espèces sur cette considération. Il est aujourd'hui reconnu que dans la grande majorité des cas la nature du substratum ne peut donner naissance qu'à des variétés, jamais à des types : pour les formes qui habitent les écorces, la direction générale des fibres de ces écorces constitue une cause importante de variation ; l'*opegrapha cerasi* de de Candolle, rattaché au *graphis scripta* Ach., ne doit qu'à cette cause la disposition de ses apothécies en séries parallèles transversales.

Fries reconnaît trois classes principales d'habitats : les arbres, les rochers, la terre ; la seconde est plutôt mixte, et sert de transition. Les lichens sont le plus souvent exclusivement corticoles ou exclusivement saxicoles ; cependant, M. Nylander a trouvé *calicium trachelinum*, espèce éminemment corticole, sur les rochers de grès de la forêt de Fontainebleau. Les lichens saxicoles deviennent plus rarement corticoles.

Les habitats sont ordinairement constants, pour un même type, dans une même région, les conditions de lumière, de chaleur et d'humidité restant invariables : ils changent quelquefois avec l'altitude. Ainsi, certaines parmélies, absolument corticoles dans les plaines, deviennent saxicoles sur les collines, et finalement humigènes sur les sommets élevés.

La géographie lichénique générale est difficile à établir, d'abord parce qu'un grand nombre de contrées sont encore insuffisamment explorées, et que, les lichens étant les plus cosmopolites des végétaux, il est malaisé d'indiquer les espèces qui caractérisent une région, puisqu'on les retrouve sous un climat très différent.

Voici, pour l'Europe, les indications fournies par Fries :

Dans la région australe ou méditerranéenne, on rencontre comme formes spéciales : *Evernia villosa, E. intricata, Ramalina pusilla, Cladonia endiviæfolia.*

Dans la région maritime : *Ramalina scopulorum, Parmelia Borreri, aquila, plumbea, rubiginosa, cartilaginea, erythrocarpia, carneolutea, Verrucaria maura.*

Dans la région montagneuse ou orientale, des *parmelia* et des *lecidea* grisâtres, *Parmelia cinerea, incurva, ventosa, Peltigera arctica, Cetraria odontella.*

Dans la région alpine : *Evernia ochroleuca, Peltigera crocea, Parmelia physodes, encausta, chlorophana.*

De ce qu'un grand nombre de lichens peuvent vivre sous des climats très différents, il ne s'ensuit pas nécessairement que leurs représentants atteignent partout le même degré de développement.

De même qu'à l'ombre d'un bois, ils n'arrivent pas à l'état parfait qui les caractérise lorsqu'ils sont exposés à la pleine lumière, ils subissent, en passant d'une contrée à une autre, c'est-à-dire, en réalité, d'un genre de vie à un autre, des modifications qui ne sont pas assez importantes pour rendre l'espèce méconnaissable, mais qui nécessitent une transformation dans les aptitudes physiologiques des individus.

Leur vitalité très résistante s'adapte bien à tous les milieux, mais, en raison même de la diversité de ces milieux, la nature de leurs rapports avec l'organisme qui y vit doit varier.

Cette variation porte surtout sur l'appareil reproducteur, comme il arrive pour les autres plantes phanérogames ou cryptogames qu'on veut acclimater dans un pays éloigné de leur lieu d'origine ; et elle a en général pour effet de supprimer la multiplication par spores ; la propagation de l'individu se fait alors uniquement par les gonidies, et elle n'en est pas ordinairement moins active.

Des espèces très communes, comme *Parmelia perlata* et *P. perforata*, n'ont jamais fructifié en France. *Amphiloma lanuginosum* n'a jamais, en aucun pays, été trouvé fertile. Faut-il supposer que son lieu d'origine, où se trouvent réunies toutes les conditions nécessaires à son complet développement, soit à ce point restreint qu'il ait jusqu'à ce jour échappé à toutes les investigations, ou faut-il considérer les individus de cette espèce comme les représentants d'une antique race autrefois féconde, mais aujourd'hui réduite, par la transformation des conditions de la vie sur la terre, à la multiplication exclusivement végétative ?

CHAPITRE II

ALGUES, CHAMPIGNONS ET LICHENS

Origine de la théorie schwendénérienne. — Relations des gonidies et des hyphes. — Les gonidies ne sont pas des algues. — Les hyphes ne sont pas des champignons. — Synthèse des lichens. — Conséquences singulières de l'hypothèse du parasitisme des hyphes sur les gonidies. — Le parasitisme et la constance des formes. — Hypothèse intermédiaire.

Origine de la théorie Schwendénérienne. — Il est certaines idées qui, bizarres pour quiconque n'est pas initié à leur genèse, deviennent vraisemblables dès qu'on accepte le principe qui leur a donné naissance, et qui ont ce singulier sort de ne pouvoir être ni démontrées ni renversées. Leurs adversaires comme leurs défenseurs entassent arguments sur arguments, sans qu'il se fasse une seule conversion ; la lutte, qui ne se termine jamais, profite cependant à la science en provoquant des découvertes qui sont parfois des merveilles de sagacité, et qui, faites dans le but d'appuyer une thèse, viennent utilement grossir la somme de nos connaissances, quel que soit d'ailleurs le succès de cette thèse.

Telle est la célèbre théorie de Darwin. De tous les savants qui l'ont abordée, aucun ne l'a prouvée, aucun ne l'a réfutée. Elle reste à l'état d'hypothèse, et il n'en est pas moins vrai que la plupart des progrès faits dans l'étude des sciences naturelles depuis son apparition tournent autour d'elle comme autour d'un centre. Elle est venue donner une nouvelle vie à toutes les branches de l'histoire de la nature. Sous son impulsion, on a creusé les entrailles de la Terre pour y retrouver, à l'aide des vestiges organisés des siècles disparus, la succession des dépôts sédimentaires, et l'apparition progressive des formes vivantes ; à la zoologie, à la botanique qui dégénéraient en sciences de mots, elle a montré de nouveaux horizons, un but plus large, plus élevé, et du conflit des deux idées opposées, aussi ardemment défendues, sont sortis d'immenses travaux.

Telle est encore, mais dans des proportions beaucoup plus modestes et avec une portée moindre, cette hypothèse hardie du professeur Schwendener, qui est venue troubler la quiétude des lichénologues, et jeter parmi eux le désaccord. S'appuyant sur diverses considérations dont nous montrerons plus loin la valeur réelle, ce savant arrive à conclure que les lichens n'ont pas de véritable autonomie, qu'ils ne constituent pas une réalisation distincte procédant des champignons et des algues, mais un composé, ou, suivant le terme aujourd'hui usité, une association de deux êtres dont l'un, un champignon, vit en parasite aux dépens de l'autre, une algue.

Dès son apparition, cette hypothèse, qui heurtait de front toutes les idées reçues jusque-là, fut combattue ou appuyée par des cryptogamistes également distingués, qui apportèrent, pour la défense de leur opinion, le produit fécond de leurs nombreuses observations. Mais la question s'épuisa assez rapidement, et après les savants qui s'étaient, par leurs travaux personnels, fait une conviction, vinrent des lichénologues moins compétents qui, jugeant par autrui, n'eurent d'autre opinion que celle de leurs maîtres préférés.

Aujourd'hui, bien que la question soit loin d'être tranchée, et bien que les arguments qu'on a opposés n'aient jamais été sérieusement réfutés, beaucoup de naturalistes, surtout de ceux

qui étudient la nature dans les livres, affectent
de la regarder comme résolue. L'hypothèse
schwendénérienne n'a en sa faveur que son ori-
ginalité ; mais cette idée d'un parasitisme anormal qui donne une vigueur plus grande au parasite et à sa victime est bien propre à plaire
aux amateurs d'idées neuves. Les idées neuves,
le savant consciencieux ne les adopte qu'après un
mûr examen et un méticuleux contrôle.

Partant de ce principe, nous développerons
les divers arguments qui ont été produits pour
et contre la théorie des algolichens ; nous nous
garderons bien de conclure rigoureusement, persuadé que la connaissance de la vérité est au
dessus de nos moyens d'observation ; mais, avec
les ressources que la science expérimentale et
les faits établis mettent à notre disposition,
nous tâcherons de faire partager au lecteur
nos préférences pour l'*homœogonidisme* (1), et
de lui faire comprendre la supériorité d'une conclusion logiquement tirée des phénomènes sur
une théorie hasardée d'après des analogies hypo-
thétiques.

Au point de vue anatomique, la réalisation
lichénique suppose, comme nous l'avons dit, la
réunion de deux éléments d'apparence très distincte. Les uns consistent en utricules plus ou
moins allongées, correspondant aux éléments
constitutifs de la masse des champignons, et
qu'on nomme hyphes. Ils forment une couche
d'épaisseur variable. à la partie inférieure de
laquelle sont généralement des utricules plus
allongées, mélangées avec d'autres cellules le

(1) *Homœogonidisme* (ὅμοιος) gonidies de la même nature que les hyphes, par opposition à l'*hétérogonidisme*
(ἕτερος), gonidies différentes des hyphes.

plus souvent sphériques, et remplies de granulations phyllochloriennes.

Ces cellules, qu'on appelle gonidies, rappellent par leur forme plusieurs êtres unicellulaires, qu'on range parmi les algues, et, possédant la matière verte à l'exclusion des éléments auxquels elles sont associées, sont les seules parties du végétal qui fixent le carbone pour exhaler de l'oxygène. De telle sorte que la couche gonidique paraît avoir une existence propre, et quoique entièrement privée de tout rapport direct avec l'extérieur, semble posséder une vitalité distincte que ne diminue pas sa végétation au sein d'un autre organisme vivant. L'individu serait alors représenté, ou bien par chaque cellule-mère prise isolément avec son aptitude à produire un nombre plus ou moins grand de cellules-filles, ou bien par l'ensemble des cellules-mères et de leurs produits contenus dans un même thalle.

Le reste du végétal, par sa composition, sa nature et ses fonctions, se rapproche des champignons. Les aptitudes vitales sont les mêmes que celles des plantes sans matière verte, ou nocturnes, qui, n'élaborant pas elles-mêmes les éléments nécessaires à leur existence, les empruntent tout formés à d'autres végétaux sur lesquels elles doivent se développer en parasites. Par leur respiration propre, les hyphes absorbent, comme tous les êtres vivants dont les cellules ne produisent pas de phyllochlore, de l'oxygène pour rejeter du carbone.

Il y a de plus, pour chacune de ces deux parties du lichen, un mode spécial de reproduction. Les gonidies se multiplient par segmentation de leur contenu en petites masses qui s'individualisent par la formation d'une enveloppe pour devenir à leur tour l'origine d'autres éléments semblables. Quant aux hyphes, ils émettent en des points divers du tissu constitué par leur réunion des réceptacles analogues, dans leur forme générale, aux périthécies des pyrénomycètes, et à l'intérieur desquels se différencient, pour apparaitre le plus souvent au-dehors, des cellules allongées, ou asques, remplies de germes ou spores.

Considérant, ce que nous admettons avec lui, et ce qu'aucun lichénologue ne cherche à lui contester, qu'il y a entre les gonidies et les hyphes des différences physiologiques très-importantes, les premières se comportant comme les algues, ou du moins comme toute cellule d'un organe herbacé, et les seconds comme toute cellule d'un organe coloré ; que ceux-ci par conséquent doivent emprunter à un élément étranger la nourriture qu'ils ne sauraient élaborer ; que, d'un autre côté, les relations réciproques des filaments et des gonidies sont peu nettement établies, M. Schwendener (1) formule ainsi sa théorie :

« Le résultat de mes recherches est que ces productions ne sont nullement des plantes simples ni des êtres individualisés dans le sens ordinaire du mot. Ils forment plutôt des colonies de centaines et de milliers d'individus, dont un seul agit en maître, pendant que les autres, en perpétuel esclavage, pourvoient à leur nourriture et à celle de leur maître. Celui-ci est un champignon de l'ordre des ascomycètes, un parasite habitué à vivre du travail des autres ; ses esclaves sont des algues vertes qu'il a cherchées autour de lui, dont il s'est emparé, et que grâce

(1) SCHWENDENER. *Die Algentypen der Lichenen-Gonidien.* (1869).

à sa puissance il tient à sa merci. Il les entoure, comme une araignée enlace sa proie, d'un réseau filamenteux dont les mailles étroites se réunissent bientôt en un tissu impénétrable. Mais, contrairement à l'araignée qui épuise sa proie et la tue, le champignon communique aux algues prises dans son filet une plus grande activité et un plus rapide accroissement. »

Cette conception, neuve surtout par ce fait qu'elle était ainsi généralisée et nettement dégagée des liens de l'hypothèse, grâce à une transformation de phénomènes particuliers, d'ailleurs contestés, en loi physiologique, n'était cependant pas le premier document qui fût produit sur la question, et peut-être faut-il attribuer son origine à deux remarques exprimées antérieurement à son apparition, et qui ont pu l'inspirer.

La première est une observation de M. Nylander, disant (1) que si les gonimies étaient dans les différentes céphalodies des lichens des algues parasites, on devrait considérer toutes les gonidies des lichens comme de semblables parasites, puisqu'au point de vue anatomique elles ne diffèrent en aucune façon.

Cette observation a pu suggérer la pensée d'une application plus générale de la question, mais elle n'en saurait être le véritable point de départ, pour cette triple raison que l'auteur est un des plus déterminés adversaires de la théorie schwendénérienne ; que, loin d'admettre la nature algoïde pour les gonimies, il démontre au contraire qu'elles procèdent des hyphes; et qu'il conclut de là que les autres gonidies appartiennent bien au thalle des lichens, et ne doivent pas être considérées comme un organe étranger.

(1) NYLANDER. *Lichenes Lapponiæ orientalis.* (1866).

La seconde observation est due à M. de Bary (1), et, étant donné que cet auteur est partisan des nouvelles idées, qu'il considère comme très-vraisemblables, sinon comme démontrées, on peut la regarder comme la réelle origine, ou tout au moins comme la première indication de l'hypothèse de M. Schwendener. Celui-ci, développant l'idée à sa façon, s'efforça de séduire en sa faveur à la fois la raison par d'ingénieuses expériences, et l'imagination par une présentation poétique et pittoresque, et de l'élever ainsi au rang de vérité biologique : et, après tout, comme elle ne dépasse guère en singularité certains faits aujourd'hui acquis, peut-être l'aurait-on acceptée, si les inexorables lois de la physiologie n'avaient fait surgir des difficultés que les moins sceptiques des homœogonidistes ne regardent pas encore comme résolues.

Discutant quelques espèces de Collémacés, lichens à thalle gélatineux, M. de Bary avance cette alternative : ou bien ces lichens sont des conditions d'êtres dimorphes, dont les deux états sont représentés, le premier, par des formes moins complexes, rangées parmi les Algues comme des productions autonomes sous les noms de Nostochinées et de Chroococcacées, le second, par des expansions lichénoïdes ayant une évolution moins rudimentaire, et produisant des fruits hétérogènes ; ou bien ces algues constituent véritablement des individus distincts, indépendants, pouvant vivre et se reproduire sans s'associer à des êtres étrangers, mais prenant la forme de Collémacés, lorsque le hasard les fait se développer au voisinage de certains Asco-

(1) A. DE BARY. *Morphologie und Physiologie der Pilze, Flechten und Myxomyceten*, 1866.

mycètes parasites qui envoient leurs ramifications
myceliennes dans les thalles en évolution.

Voilà l'idée mère de la théorie, et sa représen-
tation à l'état d'hypothèse. Elle part d'un principe peu en rapport avec la marche ordinaire
des phénomènes naturels, mais sa conception est
simple. Née par voie d'induction, elle progresse
même avant qu'aucun fait interprété pour ou contre elle vienne la confirmer ou l'infirmer. Cependant, avant de la communiquer au monde savant,
son auteur cherche des arguments pour l'appuyer.

La nature d'algue des gonidies lui parait
démontrée par des observations de MM. Famintzin et Boranetzky (1), qui, étudiant la vie
indépendante des cellules vertes des lichens,
les voient ou croient les voir se comporter comme
des algues unicellulaires, les unes passant, par
leur mise en liberté, à un état de repos après
lequel leur vitalité se réveille et avec elle leur
aptitude reproductrice, les autres transformant
leur matière verte en zoospores.

Après son apparition, la théorie de M. Schwendener, assez ardemment attaquée, est défen-
due par des savants distingués qui mettent à
son service leur expérience et leurs observations.
MM. Max Reess et Bornet tentent séparément
la synthèse des lichens, en fournissant aux
hyphes, pour satisfaire les tendances de leur
parasitisme supposé, un substratum formé d'algues vertes ; M. Treub défend la thèse à la fois
par des arguments négatifs, en s'efforçant de
démontrer que jamais les hyphes ne produisent

(1) BORANETZKY. *Recherches sur la vie indépendante des
gonidies des Lichens* (Botan. Zeitung. 1868). — A. FA-
MINTZIN et J. BORANETZKY. *Sur le changement des gonidies
des lichens en zoospores.* (Ann. Sc. nat., Botan.
5ᵉ série., t. VIII, 137.)

de gonidies, et par des arguments positifs, en répétant les essais synthétiques de M. Bornet.

Nous allons étudier les différentes observations qui ont été faites, et nous montrerons jusqu'à quel point sont acceptables les conclusions tirées des phénomènes par les hétérogonidistes.

Relations des Gonidies et des Hyphes. — Le premier point à élucider dans la question est la véritable relation des gonidies et des hyphes, c'est-à-dire, en réalité, l'évolution respective de ces deux organes qui, considérés dans leur forme la plus parfaite, paraissent bien distincts, et que, cependant, par des éléments intermédiaires qui forment le passage, on peut considérer comme deux résultats un peu divergents d'un même mode de développement, qui se scinde à un moment donné. De cette évolution respective partant du même principe, naît évidemment une dépendance physiologique, et c'est sur la nature de cette dépendance que roule la discussion. Les faits d'ailleurs, comme on va le voir, permettent une conclusion, sinon rigoureuse, au moins très-voisine de la vérité, et les opinions ne sauraient différer que sur quelques détails secondaires.

Que la théorie schwendénérienne l'admette nettement ou cherche un biais pour le contester, il est hors de doute que la nature algoïde des gonidies supposerait logiquement deux conditions : l'indépendance absolue des gonidies, et la préexistence de ces gonidies aux filaments myceliens qui devraient s'y développer en parasites.

Si l'on coupe une tranche d'un thalle adulte, on trouve ordinairement les gonidies sous la forme de cellules plus ou moins sphériques, rassemblées en couche, mais libres, isolées, et sans adhérence visible avec les hyphes : on ne saurait voir de connexion intime dans la simple juxtaposition des éléments, ni même dans leur réunion en une masse individualisée, grâce à l'interposition d'un mucus gélatineux qui imprègne les tissus; une agrégation aussi superficielle ne prouve en aucune façon que l'un des organes procède de l'autre.

Si l'on s'en tient à un fait établi, consécutif à une opération qu'on n'a pas vue et dérivant d'une cause que l'on ne connaît pas, et si l'on tire de ce fait la conclusion qui en découle sans tenir compte des éléments étrangers qui peuvent la modifier; si, en d'autres termes, on ne cherche les relations des gonidies et des hyphes qu'après leur développement, la théorie des algolichens devient possible et vraisemblable.

Mais ce procédé n'est rien moins que rationnel; car, de ce qu'une gonidie ne tient plus à un hyphe, une spore à une baside, un grain de pollen à une anthère, on ne saurait conclure que ces trois sortes de cellules constituent autant d'entités distinctes, et que la gonidie ne provient pas de l'hyphe, la spore de la baside, le pollen du théca de l'anthère. Il faut pour se prononcer en toute connaissance de cause suivre le développement, la différenciation des parties, l'enchaînement des organes qui se succèdent naturellement, et faire la part des conditions nouvelles qui attendent tout organe terminal après son entière formation, et qui en font, s'il vient à s'isoler, non pas précisément un individu, mais un tout capable d'accomplir ses fonctions sans rester en relation avec son support naturel.

Pour certains observateurs, quoique les gonidies se montrent généralement libres, le rapport de ces organes avec les hyphes apparaît plus intime.

D'après M. Arcangeli, les gonidies à l'état adulte conserveraient des traces indiscutables d'adhérence avec les hyphes. En imprégnant d'une solution de potasse une préparation de *Sticta pulmonacea*, il a retiré des gonidies plus ou moins développées, partant plus ou moins avancées en âge, qui adhéraient à un filament du thalle suivant un mode constant; dans tous les cas observés, la gonidie s'est trouvée insérée à angle droit sur l'hyphe, et les plus récentes avaient des dimensions peu différentes de celles du filament lui-même, de telle manière qu'elles n'étaient reconnaissables qu'à leur matière verte.

Dans *Alectoria jubata*, les rapports des hyphes et des gonidies sont tels que celles-ci paraissent terminales, déterminées par un étranglement spontané; produites, selon toute probabilité, par les hyphes, elles se multiplient par scission interne, de telle sorte qu'à proprement parler il n'y a d'originairement formée que la gonidie-mère.

Il convient ici de faire remarquer que les hétérogonidistes, bien que repoussant en principe toute relation générique entre hyphes et gonidies, admettent de fait entre ces organes des rapports très-étroits. Dans les expériences synthétiques qui ont été faites, en effet, ils ont vu les filaments protothalliens, premiers résultats de la vitalité de la spore, entourer et même pénétrer les algues mises à dessein dans leur voisinage.

On ne saurait imaginer de contact plus intime que cette pénétration d'un organe par un autre, et il nous semble que, si véritablement une algue sert de substratum à un champignon parasite, les rapports qu'a créés le simple rapprochement de ces deux êtres doivent persister après leur réunion, après la fusion de leurs existences jusque-là distinctes. Nous ne pensons pas que les gonidies soient des algues, et nous ne chercherons pas à tirer parti de cette argumentation qui pourrait servir également aux deux idées; mais il n'en est pas moins singulier que, si nous pouvons démontrer que les gonidies ne sont pas des algues, il restera établi, d'après les expériences invoquées par les partisans de l'hypothèse opposée, qu'il y a entre les gonidies et les hyphes des relations très étroites. Il convient d'ajouter que ces relations n'apparaissent guère aussi intimes dans la grande majorité des cas, et que sous le microscope les gonidies se montrent parfaitement isolées, libres de toute attache entre elles comme avec les hyphes, tandis que ceux-ci restent unis en tissu. D'ailleurs M. Nylander, partisan convaincu de l'homœogonidisme, refuse de voir aucune connexion directe entre les deux organes.

Etant établi que le premier état du lichen consiste en un protothalle filamenteux sur lequel les hyphes prennent naissance, quelle est la véritable origine des gonidies? Arguant de ce fait qu'il a suivi la germination de plusieurs lichens sans jamais voir les filaments développer des gonidies, M. Treub affirme qu'il n'y a aucune relation d'évolution entre ces organes et les premières cellules parenchymateuses.

Il est difficile d'admettre, en physiologie, les preuves négatives : car il nous semble que, de ce qu'un phénomène ne se produit pas sous les yeux d'un observateur, on ne saurait conclure que ce phénomène est irréalisable et impossible. Peut-être serait-il plus utile pour la science de rechercher les causes qui empêchent les phénomènes de se produire dans nos laboratoires. Nous ne pouvons pas réunir, sur le porte-objet d'un microscope, toutes les conditions nécessaires au développement d'un être vivant, pas plus que nous ne pouvons transporter sur notre table de travail la nature avec ses lois, ses ressources, ses moyens d'adaptation, ses exigences. Si vous voulez faire une expérience concluante, faites germer les spores de votre lichen, en réunissant autour du berceau de ce petit être toutes les conditions de caloricité, d'humidité, d'exposition qui l'amènent à sa forme parfaite lorsqu'il évolue spontanément, et si véritablement alors des cellules parenchymateuses ne naissent pas les gonidies, il faudra leur attribuer la nature algoïde. Pour plusieurs savants, aujourd'hui, la question paraît hors de doute. La sagacité de Tulasne a cru voir, sur les filaments provenant des spores en germination, se former des cellules du parenchyme des glomérules de gonidies qui, mises en liberté, se sont multipliées. Il est vrai que cet auteur a établi des relations directes entre les gonidies et les filaments médullaires, et même a attribué à ceux-ci la faculté de produire les gonidies. M. Nylander a rétabli la véritable interprétation des faits observés, et regarde comme certain que les gonidies proviennent des cellules corticales.

Pour concilier ces faits avec sa théorie, M. Schwendener suppose que les cellules vertes vues par Tulasne ont pu s'introduire de l'extérieur Le microscope expose à bien des illusions ; mais il ne faut pas s'obstiner à vouloir faire suivre aux phénomènes une marche contraire à leur enchaînement habituel. La nature obéit à une grande loi, celle de la moindre action, c'est-à-dire qu'elle cherche toujours à produire ses manifestations par les moyens les plus simples ; dans ces conditions, il est un fait certain, c'est qu'elle ne peut suivre une route plus directe dans la formation des gonidies que de les faire naître de cellules appartenant déjà à l'être dont elles vont constituer une partie intégrante.

Le mode de production des gonidies que nous sommes amenés à concevoir comme le plus simple se trouve, d'après Tulasne, réalisé dans la nature : ce savant affirme que les cellules vertes des lichens se forment par groupes dans des vésicules particulières développées sur les filaments protothalliens (*fig.* 9) ; ces vésicules se brisent, et les es-

Fig. 9. — Développement des gonidies de *Lecanora cinerea*. α, filaments germinatifs ; β, hyphes uniques ; γ, essaims de gonidies.

saims de gonidies sont mis en liberté : chaque gonidie devient une cellule-mère qui se multiplie par division pour constituer la couche gonidiale du thalle.

Les vésicules primordiales qui donneraient naissance aux gonidies sont appelées par M. de Krempelhuber *hyphes uniques*, et ce savant pense que le principal obstacle qui empêche de voir clairement leur évolution et son résultat réside dans ce fait que les gonidies ne se produisent pas sur les premiers filaments du protothalle, mais seulement quand les hyphes thallins sont déjà très enchevêtrés. La partie incolore du thalle se développerait ainsi, après la germination de la spore, en stratum suffisamment contexté pour que les gonidies puissent en émaner, ce qui n'aurait lieu qu'assez tard.

Une question importante est celle de l'apparition de la phyllochlore dans les gonidies, car il
est évident que leur nature étrangère ne peut
reposer que sur la présence de cet élément, qu'on
ne retrouve pas dans les hyphes, et que si elles
étaient incolores ou seulement colorées, comme
les cellules corticales, par un pigment, l'hypothèse schwendénérienne n'aurait plus sa raison
d'être. M. Th. Fries (1) affirme avoir vu les ex·
trémités des courts hyphes du thalle se dilater
terminalement, et sécréter à l'intérieur la phyllochlore, qui fait des vésicules ainsi formées autant de gonidies. La séparation d'avec l'hyphe
producteur se fait suivant différents modes.

D'après M. Frank, dans la variolaire commune,
les gonidies se formeraient directement des hyphes, à la partie inférieure de la zône corticale,
en des points distants les uns des autres et séparés par des hyphes contextés, dont le réseau serré
oppose un obstacle infranchissable à l'introduction d'un organisme étranger ; les cellules gonidiales étudiées par cet observateur présentaient,
sous le rapport de la coloration, toutes les phases intermédiaires depuis l'état incolore jusqu'à
la coloration franchement verte ; la forme restant la même pour ces différentes phases, on est
autorisé à conclure que la production de la phyllochlore est intérieure.

C'est aussi l'avis de M. Caruel, qui a vu les hyphes des colléma se transformer en gonidies par
la production de cloisons internes et d'étranglements, chaque article se remplissant de matière
verte. Les gonidies acquièrent leurs caractères
morphologiques par l'évolution de certains éléments incolores du thalle au-delà de la forme pre-

(1) Th. Fries. *Lichenographia Scandinavica*, 1871.

mière qu'ils conservent en partie, et que les autres hyphes ne modifient pas : quant à leurs caractères physiologiques, ils sont le résultat d'une secrétion interne des parois, et non pas de l'ingérence dans un organisme vivant d'un autre qui vivrait à ses dépens en parasite.

Les gonidies ne sont pas des algues. — Les analogies qui ont pu servir de point de départ à cette opinion que les gonidies sont des algues sont de deux ordres, et reposent sur des rapports de formes et sur des rapports de fonctions. Les premières consistent en une ressemblance très-sensible d'un grand nombre de gonidies avec certaines productions cellulaires qui vivent isolément ou en colonies, et qu'on range dans la classe des algues, parmi les protococcacées et les schizophycées. Le principal argument fourni en faveur de cette thèse est la similitude frappante qui existe entre les gonidies du *Xanthoria parietina* et les individus isolés du *Protococcus viridis*, similitude que M. Bornet (1) transforme en identité absolue.

Quant aux analogies physiologiques, que nous sommes loin de contester, on les trouve dans le mode de reproduction, sans intervention d'élément sexué, par une simple division de la substance interne dont les masses s'isolent et deviennent de nouvelles entités, dans la présence de la phyllochlore, et dans les actes qui dérivent nécessairement de l'introduction dans l'organisme de cet élément important, autour duquel gravitent tous les phénomènes de la vitalité dans les plantes diurnes.

(1) BORNET. *Recherches sur les gonidies des lichens* (in Ann. sc. nat., 5ᵉ sér., t. XVII, pp. 45-110.)

Avant de montrer la fragilité de ces ressemblances invoquées comme base d'attributions spécifiques, il convient de faire remarquer que la nature d'algues indépendantes attribuée à ces êtres unicellulaires est loin d'être démontrée, et que leur essence véritable est bien difficile à définir. Si l'on se trouve en présence de cellules douées de mouvement, munies de cils rétractiles, présentant tous les caractères d'individus distincts, s'accroissant rapidement par une absorption directe, se multipliant par des zoospores qui copulent entre elles et conduisent ainsi à la reproduction sexuelle, on peut les considérer comme des êtres autonomes, ayant leur place dans la classification.

Mais si ces productions se réduisent à de simples cellules végétales, c'est-à-dire, à des sphérules creuses pleines de phyllochlore, sans aucune autre manifestation qui révèle la vie, sans accroissement sensible, sans mouvements, sans autre mode de reproduction qu'une division presque mécanique de la substance verte interne, comment arriver à une détermination certaine ? Les naturalistes hésitent ; les uns en font des individus, et les groupent en espèces ; les autres, plus prudents, leur accordent bien la nature algoïde, mais les regardent comme de simples conditions d'êtres plus complexes et plus élevés, de même nature, mais d'organisation différente, et qui ont avec elles des relations mal définies.

En présence de ces divisions, nous serait-il interdit de prendre un moyen terme, et de faire de ces êtres non pas des algues, mais simplement des gonidies de lichen vivant isolément, et libres de toute attache avec le thalle qui les a produites et d'où elles sont sorties par un procédé variable ? Les habitudes et les propriétés des gonidies,

qui peuvent très bien se développer et se reproduire librement, n'infirmeraient certainement pas
cette hypothèse.

On ne saurait revenir sur la question ainsi tranchée, car nous ne pensons pas qu'on puisse démontrer l'autonomie des *protococcus*, et, d'un
autre côté, il ne serait plus nécessaire de chercher des différences entre les gonidies et les pré-
tendues algues privées de leur indépendance,
les unes et les autres n'étant que des conditions
des mêmes corps, avec de simples dissemblances
produites par leur mode de végétation.

Mais cette solution, beaucoup de savants ne l'admettent pas, et, que ces êtres soient ou non des algues, croient
possible de
prouver
qu'ils ne sont
pas identi-
ques aux go-
nidies. Sous
le microsco-
pe, les goni-
dies du *Xan-
thoria pa-
rietina* et les

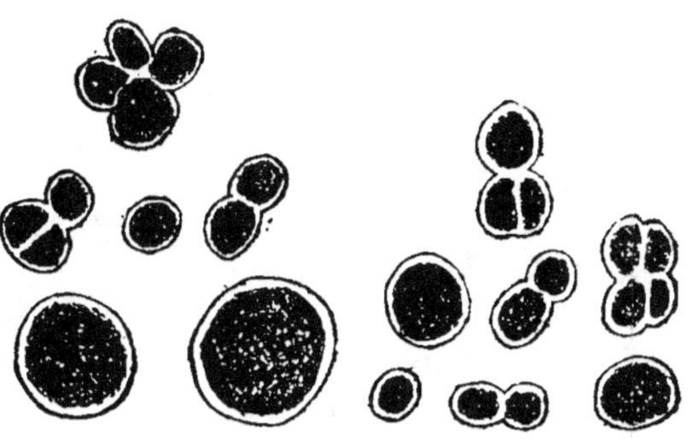

Fig. 10. — Gonidies de *Xanthoria.*   Fig. 11. — Cellules de
                        Protococcus.

cellules du *Protococcus viridis* apparaissent
très analogues, mais non entièrement identiques
(*fig.* 10 et 11) ; ces dernières, en effet, sont plus
petites, et se multiplient abondamment, tandis
que les gonidies ont une reproduction progressive beaucoup plus lente.

Quand la forme correspondrait entièrement,
d'ailleurs, comment concilier avec la théorie ce
fait que plusieurs espèces de lichens ont des gonidies auxquelles ne correspond aucune forme
connue d'algue ? Et ces espèces ne sont pas extrê-

mement rares : si véritablement elles sont dues à la réunion d'une algue et d'un champignon, si véritablement leurs gonidies sont des algues, comment expliquer la production de celles-ci ?

Il semble qu'auprès des hyphes en évolution, pour que l'individu parvienne à sa forme parfaite, doit se trouver l'algue destinée à servir de substratum au parasite. Or, non-seulement on ne trouve pas d'algue dans leur voisinage, mais on ne connaît pas d'algue dont la forme corresponde à celle de leurs gonidies. Dans ces conditions, ou bien celles-ci appartiennent au lichen et dérivent des éléments préexistants, des hyphes, ou bien elles constituent des algues qui ne peuvent vivre qu'unies à un champignon parasite : quelle est l'origine, quel est le mode de production de ces algues ?

Les rapports morphologiques se réduisant à de simples analogies, qui ne sont même pas vérifiées dans tous les cas, la théorie schwendénérienne peut-elle trouver un argument plus sérieux en sa faveur dans les rapports physiologiques ? Ceux-là sont incontestables, et nous ne pouvons ni ne voulons les détruire.

Mais comme ils partent tous de la présence dans les gonidies de la phyllochlore, on nous accordera que de cette présence on ne saurait conclure à la nature algoïde de toutes les cellules vertes : les cellules des mousses, des hépatiques, dans les cryptogames cellulaires, les cellules à phyllochlore des phanérogames ne sont pas des algues.

Restent les actes physiologiques qui résultent de l'élaboration de la phyllochlore par des cellules isolées. Le plus général, comme aussi le plus essentiel, est la respiration dite phyllochlorienne par laquelle l'être végétal fixe au fond de

son organisme le carbone pour exhaler de l'oxygène. Mais ce mode de respiration est commun
à tous les végétaux verts ; faudra-t-il en conclure que leurs éléments sont des algues réunies
en colonies?

Le mode de multiplication des gonidies, très
analogue à celui qui règle la même fonction chez
les algues unicellulaires, les rapproche en réalité de ces êtres. Le premier phénomène est une
partition de la masse granuleuse interne; puis
apparaissent des cloisons, des étranglements, et
chaque partie limitée forme une nouvelle gonidie. On retrouve cette évolution dans les algues,
et les hétérogonidistes se servent de ce rapprochement pour appuyer leur théorie.

La réponse est facile. Abstraction faite de
toute autre considération, les gonidies constituent simplement des cellules végétales herbacées, c'est-à-dire, remplies de phyllochlore, dans
lesquelles on ne découvre aucune sexualité, et
qui ne manifestent même aucune tendance à différencier leurs parties en éléments mâles et en
éléments femelles. Elles n'atteignent donc pas
ce degré de perfection où une fécondation nécessaire rend l'acte de la reproduction plus compliqué.

Par suite, elles ne peuvent pas se multiplier
par un autre procédé que celui qui est commun
à toutes les cellules végétales asexuées, qu'elles
soient isolées ou réunies en colonies: ce procédé,
qu'on retrouve invariable dans un grand nombre
d'êtres, et même dans des corps qui ne sont pas
des individus, constitue évidemment une indication trop fragile pour servir de base à la détermination d'identités spécifiques.

Une analogie physiologique plus étroite et
plus particulière semble rattacher assez intime-

ment les gonidies aux algues : je veux parler de la production de zoospores que MM. Boranetzky et Famintzin pensent avoir vues se former de la substance verte des gonidies, dans plusieurs espèces de lichens. Ces savants ont signalé la présence de zoospores dans quatre genres : *Xanthoria*, *Physcia*, *Cladonia*, *Evernia*. Les expériences les plus directes ont été faites sur les gonidies sphériques de *Xanthoria parietina*, qui se comportent comme l'algue décrite par Nageli sous le nom de *Cystococcus*, condensent leur matière verte, la divisent en masses qui, par la rupture de l'enveloppe, sont mises en liberté sous la forme de corpuscules animés. Le Dr Gibelli affirme avoir vu des gonidies d'*Opegrapha varia* se transformer en *Trentepohlia* qui lui ont donné successivement des zoosporanges et des zoospores.

Plusieurs auteurs, entre autres M. Petrowsky, refusent d'admettre les résultats si nettement indiqués par MM. Famintzin et Boranetzky, et supposent que les zoospores vues dans l'expérience du *Xanthoria* proviennent simplement d'algues unicellulaires accidentellement introduites dans le champ des observations. Il se pourrait que, les gonidies étant extraites du thalle dans le dessein de suivre leur évolution et de provoquer leur multiplication, on ait confondu avec elles des cellules étrangères qui n'en différaient pas morphologiquement, et qui ont donné des zoospores.

M. Nylander n'a jamais vu les gonidies thallines produire des zoospores, et il n'a jamais trouvé dans les thalles, à l'état libre ou dans un cyste spécial, aucun de ces petits germes animés. Dans l'idée de ce savant, d'ailleurs, la naissance de zoospores dans ces conditions se-

rait contraire à toutes les lois de la nature, attendu qu'elle n'aurait aucune raison d'être. La
nature ne fait rien d'inutile ; pourquoi créerait-
elle des zoospores qui, retenues à l'intérieur du
thalle par un épais réseau d'hyphes, ne pourraient se répandre au dehors, et par suite seraient
incapables de multiplier l'espèce, c'est-à-dire, de
s'acquitter de la seule fonction qu'on puisse leur
attribuer ? « La nature n'erre pas ainsi, dit M.
Nylander, elle n'est pas à ce point illogique :
la formation de zoospores serait une véritable absurdité, attendu que leur action physiologique serait vaine et incapable d'aucun résultat. »

La production de zoospores par les gonidies thallines est par conséquent injustifiable, et, par
suite, il est très vraisemblable que les phénomènes vus, s'ils sont réels, doivent recevoir une
autre interprétation. Cependant, il n'est pas impossible que les gonidies libres, c'est-à-dire, non
réunies en couche dans un thalle, divisent leur
matière verte en masses mobiles : la nature et
le mode d'évolution des gonidies ne s'opposent
pas à cette hypothèse. D'ailleurs, quand il serait
prouvé que les gonidies produisent des zoospores,
on ne saurait en inférer que ces organes sont de
nature algoïde, attendu que la division du contenu en segments animés est un mode de multiplication commun aux cellules d'un grand nombre de végétaux inférieurs.

La vie des algues réclame certaines conditions
très différentes des circonstances ordinaires qui
entourent le développement des gonidies. Les
algues ont en général besoin de lumière ; comment la trouveraient-elles, cette lumière, au sein
d'un organisme étranger qui, les environnant de
toutes parts, serait pour elles une obscure prison ?

Il est un fait certain, en effet, c'est que la couche corticale est assez opaque pour ne laisser arriver la lumière aux gonidies qu'avec parcimonie. Les gonidies-algues seraient ainsi, suivant l'expression de M. Nylander, de singuliers et malheureux hôtes constamment plongés dans les ténèbres.

M. Th. Fries n'accepte pas cette manière de voir, et pense que l'épaisseur de la couche corticale n'oppose pas un obstacle invincible à la pénétration des rayons lumineux, et par suite, ne saurait modifier la vie normale d'algues qui végèteraient à sa partie la plus interne. S'il en était ainsi, tous les thalles deviendraient verts dans l'état d'humidité, les gonidies apparaissant à travers les hyphes rendus translucides. Or, il est prouvé qu'un très petit nombre de lichens deviennent réellement verts par les temps de pluie. « Les exemples de végétation dans l'obscurité cités par M. Fries, les algues gigantesques qui vivent dans les profondeurs de la mer, les *Sarcina* qui se développent dans les intestins et les autres organes d'hommes ou d'animaux malades, n'ont aucune importance dans la question : ce sont de purs sophismes, et pas autre chose. Pour qu'on puisse en faire une application logique, il faudrait que les *Laminaria* et les *Sarcina* pussent entrer dans le thalle des Lichens. Mais à notre époque, que n'écrit-on pas, que ne croit-on pas ! (Nylander) »

Pour que l'argument soit complet, d'ailleurs, il faudrait démontrer que les algues citées vivent librement et alternativement à la lumière et dans les ténèbres ; car le résultat de la théorie est précisément d'attribuer aux algues la faculté de vivre ainsi, sans rien perdre de leurs aptitudes physiologiques ou morphologiques, indifféremment à la lumière ou dans l'obscurité à l'intérieur d'un thalle.

Remarquons ici que les conditions d'existence très particulières résultant pour des algues qui normalement se développent indépendantes de leur introduction dans un organisme étranger, devraient amener dans leur forme des modifications importantes. Un changement quelconque dans la manière de vivre doit s'accompagner d'une transformation égale en valeur à la variation physiologique.

Partant de ce principe indiscutable, nous arrivons à cette conclusion singulière et très logique que les gonidies et les algues unicellulaires ne peuvent pas être identiques, précisément parce qu'elles se ressemblent. On ne saurait admettre, en effet, que des organismes qui se développent, les uns librement, les autres dans un corps vivant, en une continuelle dépendance qui gêne à la fois leur évolution propre et leur multiplication, affectent la même forme. La ressemblance morphologique invoquée par les hétérogonidistes, pour prouver l'identité spécifique, se retourne ainsi contre eux, parce que, les conditions physiologiques étant dissemblables, l'une ne saurait être fonction de l'autre.

D'autres constatations aussi importantes infirment l'hypothèse de la nature algoïde des gonidies. « Nous n'avons jamais trouvé de gonidies, dit encore M. Nylander, en même temps autour des thalles et dans leur intérieur, et cependant nos observations ont porté sur de jeunes thalles d'espèces qu'on trouve partout. »

Au contraire, les lichens se développent en des endroits où les protococcus et les autres algues unicellulaires qui pourraient s'associer aux hyphes ne se rencontrent pas. Les algues sont essentiellement des plantes aquatiques ; la plupart vivent submergées ; quelques-unes émergées, et sur des substratum variables ; mais à celles-ci comme aux autres, l'eau est indispensable pour l'accomplissement de leurs fonctions vitales. Les lichens sont des végétaux aériens ; ils empruntent leurs aliments à l'air ambiant, et se développent en nombre considérable d'individus sur les hautes montagnes où ne végète aucune algue. Les véritables algues, une fois desséchées, ne reprennent plus vie : les lichens, au contraire, peuvent suspendre leur végétation pendant les temps secs, en hiver ou en été, pour manifester à nouveau leur vitalité quand l'humidité revient.

Si les cellules vertes des lichens sont des algues, comment expliquer la genèse des gonidies chez les espèces qui se développent dans des conditions, des expositions, des stations où aucune algue ne saurait vivre ?

Les hyphes ne sont pas des champignons. — Refusant la nature algoïde aux gonidies, ferons-nous du reste du lichen, constitué par des cellules allongées plus ou moins étroitement contextées, un organisme distinct ayant son rang dans la classe des champignons, auxquels le rattacheraient à la fois sa nature, sa forme et ses fonctions ? Ici, comme pour les gonidies, les analogies sont de deux ordres.

Les hyphes correspondent aux cellules allongées, ou filaments, qui font la base de la trame de la plupart des champignons; mais ils sont loin de présenter la même constitution. Les filaments des champignons sont très mous, à tubulure relativement grande, à parois minces ; ils ne sont nullement gélatineux, et se dissolvent rapidement sous l'action de la potasse. Les lichénohyphes, au contraire, montrent dès l'origine, dès la germination de la spore, leur nature qui est très particulière ; ils sont élastiques, imprégnés de lichénine, substance gélatineuse soluble dans l'eau. De plus, ils sont réunis en un thalle qui n'est jamais visqueux, même par les temps de pluie, ce qui arrive au contraire pour le réceptacle et les divers organes des champignons.

La fructification des lichens, ou, si on l'aime mieux, le mode de reproduction des lichénohyphes, puisque les gonidies se multiplient à part, est absolument identique à celui des champignons thécasporés : la plupart des espèces fournissent des apothécies qu'on peut comparer aux réceptacles cupuliformes des pézizes ; un petit nombre, des conceptacles d'abord fermés, renfermant un nucleus sporigère, comme les pyrénomycètes.

La coupe d'une apothécie et la coupe d'une pézize montrent absolument la même disposition, la même superposition de leurs éléments, qui, pris isolément, correspondent encore par leur forme : à la base, des cellules plus petites que celles du thalle et du mycelium, qui émettent un stratum épais d'utricules allongées, parallèles, renflées en massue et contenant un nombre variable de petits germes, ou spores : pour relier le tout, des éléments cylindriques, simples ou rameux, asques abortifs dont le plasma a perdu son aptitude multiplicatrice, et qu'on nomme paraphyses. Il n'y a de différence apparente que dans le nombre de ces éléments, qui généralement sont plus abondants chez les lichens, qui y manquent rarement, et sont en ce cas, remplacés par une couche gélatineuse montrant des lignes translucides.

De la comparaison des deux fruits, on arrive à cette première conclusion que la pézize et l'apothécie ont comme entités biologiques la même valeur, c'est-à-dire que, la première étant considérée, en mycologie, comme un individu, abstraction faite des autres réceptacles qui peuvent naître de la même souche, on doit individualiser les apothécies émanant du même thalle ; de telle sorte que celui-ci, bien qu'un et naissant d'une spore unique, comme le mycelium, devient, pour ainsi dire, un simple trait d'union entre des productions dépendantes qu'on regarde comme distinctes, une sorte de colonie conventionnelle. Le thalle devient l'analogue du mycelium, et joue le même rôle ; nous avons démontré qu'on ne saurait confondre ces deux organes dans une identité absolue, attendu que leurs aptitudes générales, et les propriétés particulières de leurs éléments ne correspondent pas.

Les analogies de la fructification ne sauraient être invoquées pour appuyer l'hypothèse de la nature fongoïde des lichénohyphes. En effet, le réceptacle des lichens, considéré dans sa forme la plus générale, est simplement celui que peut produire une plante cellulaire à tendance endosporigène : à savoir, des germes homogènes dans un conceptacle sans phyllochlore. En exceptant cette dernière circonstance, l'urne des mousses devient une thèque ; une thèque, la capsule des hépatiques : une thèque, le sporange des fougères ; une thèque, l'ovaire des phanérogames. Si les spores des lichens devaient naître et évoluer librement au dehors, nul doute qu'elles se produiraient au sommet d'utricules semblables à des basides. La présence d'asques, c'est-à-dire, de cellules-mères contenant des cellules-filles fécondes, ne saurait être considérée comme un caractère limité à la classe des champignons.

Ce premier point nous étant acquis, il ne nous est pas difficile de montrer qu'à part cette ressemblance en réalité très générale, bien qu'elle paraisse très particulière par suite du petit nombre des parties et de leur différenciation rudimentaire, les apothécies ne correspondent pas absolument aux réceptacles des ascomycètes, même aux pézizes, qui leur sont unies par des liens morphologiques étroits.

Chez les champignons, la surface de la couche hyméniale, ou *epithecium*, formée par les extrémités colorées des paraphyses qui souvent font saillie, est nue et passe rapidement, s'oblitérant avant la complète disparition du réceptacle ; chez les lichens, au contraire, l'épithecium est constant : il est constitué par les extrémités obtuses des paraphyses, qui se renflent et se remplissent d'un pigment coloré donnant au disque sa nuance propre.

Au point de vue de la durée, il est établi que l'apothécie est vivace : Léveillé a constaté qu'un réceptacle de lichen pouvait persister plusieurs années, et être constamment en état de fructification, c'est-à-dire, présenter des asques à tous les degrés de développement, les uns encore remplis de plasma homogène, à peine différents des paraphyses, les autres délimitant déjà les nucleus des futurs germes, les autres, enfin, contenant des thécaspores parfaites, avec leur forme et leur coloration propres. En outre, si la couche fertile vient à disparaître par un accident quelconque, par la morsure d'un insecte, l'apothécie prolifère, et donne naissance à une nouvelle assise de cellules-mères.

On ne trouve rien de semblable chez les champignons : tout réceptacle dont la couche féconde viendrait à être détruite serait par le fait même frappé de stérilité. Il y a quelques basidés qui donnent plusieurs générations successives de spores ; mais ce sont là des exceptions, peut-être accidentelles et dues à ce fait que, le plasma destiné à la production des premiers germes n'étant pas épuisé, il doit en former de nouveaux, puisqu'il n'a pas perdu l'aptitude qui le rend propre à remplir ce rôle de multiplication.

Dans la grande majorité des espèces, le réceptacle est annuel, c'est-à-dire, qu'il ne fructifie qu'une fois, son évolution pouvant varier d'ailleurs de quelques heures à douze mois. Dès que sa fonction est accomplie, il meurt, et, suivant sa consistance, pourrit ou se dessèche ; mais sa fécondité est épuisée par une seule production. Quelques espèces semblent échapper à cette loi : ce sont des polypores subéreux qui vivent jusqu'à quinze ans et plus, fournissant chaque année une nouvelle couche de tubes, et, partant, une nouvelle quantité de spores. En les étudiant, on reconnaîtra que leur réceptacle meurt tous les ans, la formation d'une saison se desséchant comme celles qui l'ont précédée, et qu'un nouveau pileus se produit à la partie la plus externe, non pas par une prolifération des hyménophores antérieurs, mais par une évolution des filaments superficiels du mycelium qui, traversant d'abord son substratum, puis ces hyménophores devenus pour lui un nouveau réservoir d'aliments, vient épanouir à la surface une fructification renouvelée.

La pérennité du réceptacle, c'est-à-dire, la production successive, par le stratum subhyménial, de plusieurs couches de cellules fertiles, reste donc limitée aux lichens, et par suite constitue un excellent caractère distinctif pour les séparer des champignons. Le mycelium lui-même ne végète guère au-delà de quelques années, sa nature délicate et fragile ne supposant pas une vitalité bien résistante : les lichens, au contraire, s'accroissant d'une manière constante, quoique intermittente, à cause des alternatives de sécheresse et d'humidité, vivent très longtemps, quelques espèces des centaines d'années, et pendant tout le cours de cette longue existence ils peuvent se trouver en fructification.

Les conditions d'existence, les habitudes, éloignent les champignons des lichens : elles diffèrent absolument, au point qu'on peut affirmer qu'il est impossible de rencontrer une seule espèce de champignon dans les stations les plus ordinairement affectionnées par les lichens. Quelques hétérogonidistes invoquent, pour la défense de leur opinion, ce fait que les lichens ne se rencontrent pas dans les bas-fonds boisés, où l'abri des arbres substitue la lumière diffuse à la radiation directe : le champignon de l'association, disent-ils, meurt faute d'oxygène, et par suite on ne trouve plus, dans ces stations, de lichens parfaits, mais seulement des thalles pulvérulents composés des algues qui, dans des conditions plus favorables, servent de substratum aux hyphes.

Si véritablement les hyphes avaient une nature fongoïde, ces conditions, qu'on présente comme contraires à la végétation des champignons, leur imprimeraient un plus vigoureux accroissement, et n'éteindraient pas la vie en eux. Demandez aux mycologues où se rencontrent la plupart des espèces, et s'ils trouvent de nombreux objets d'études dans les plaines découvertes. Il est certainement des formes qui ne craignent pas la sécheresse du sol ou les ardeurs d'un soleil non voilé par un feuillage protecteur ; on en trouve au bord des chemins arides, et jusque sur les sables maritimes, où n'apparaît presque aucune autre végétation.

Mais les espèces les plus belles, les plus diversifiées, habitent la terre végétale, dans les pâtures ombragées, surtout dans les bois, très-peu le long des lisières ou dans les clairières, beaucoup dans les taillis où le soleil n'envoie que des rayons rares et adoucis : peu de lumière, une chaleur modérée, une humidité douce, voilà les conditions de la vie pour les formes qui vivent au grand air. Et combien qui se développent dans les cryptes sombres, les caves, le creux des vieux troncs, dans une complète obscurité !

Les lichens ne sauraient se développer dans ces circonstances ; on les trouve de préférence dans les endroits découverts, sur les arbres qui bordent les routes : en forêt, on ne rencontre guère que quelques formes semisaprophytes, formant la transition immédiate aux champignons, et étalant sur les troncs leurs thalles gris presque dépourvus de gonidies ; plusieurs, qu'on trouve ailleurs à la base des arbres, ne végètent ici qu'à une certaine hauteur ; beaucoup ne fructifient pas : tous cherchent l'élément indispensable qui leur est si parcimonieusement accordé, la lumière.

Enfin, dernière considération, les habitudes des champignons diffèrent à ce point de celles des lichens que, pour admettre que les uns et les autres sont identiques, il faudrait supposer une modification radicale du *modus vivendi*, et inventer des états intermédiaires qui en réalité n'existent pas.

Les lichens habitent indifféremment tous les

corps, mais à la condition que ceux-ci seront
assez permanents pour leur permettre d'effectuer
leur développement : ce développement étant
assez lent, il en résulte qu'on ne trouve aucune
espèce de lichen sur les tiges des végétaux herbacés, sur la terre des champs ou des jardins,
qu'on remue tous les ans, ni même sur les jeunes
rameaux des plantes ligneuses. De plus, des
expériences concluantes permettent d'affirmer
que les lichens n'ont aucune relation directe avec
leur substratum : celui-ci n'est pour eux qu'un
support, et non pas un réservoir ou un véhicule
d'aliments ; ils n'ont pas de racines absorbantes,
et tirent de l'air ambiant tous les éléments qui
leur sont nécessaires : ils ne sont donc en aucune
manière parasites.

Le parasitisme, ou plus généralement le saprophytisme, est au contraire la grande caractéristique des champignons. Les écidiés, les usti-
laginés, les sphéries attaquent les tissus végétaux
encore vivants, et il n'est pas de partie qu'ils laissent indemne. Dès qu'une substance se corrompt,
elle se couvre rapidement d'une forêt de végétations fungiques ; aucune espèce n'apparaît sur
les troncs sains et lisses, sur les pierres ou la
terre nue. Découvrez le mycelium des formes humigènes, et toujours vous verrez ses ramifications
enlacer des feuilles mortes ou de menus débris
ligneux ; suivez dans l'intérieur des troncs les stipes qui en émanent, et vous arriverez à un amas
décomposé qui fait tache parmi les tissus environnants : ceux-là n'ont rien à craindre du champignon, qui ne s'attaquera pas à eux.

Hôtes passagers de la matière en putréfaction,
si fugaces dans leur existence que souvent plusieurs générations de parasites peuvent se suc-
céder sur un même cadavre, organismes vivants

moins durables encore que l'organisme mort qu'ils rongent, les champignons ne se rencontrent que dans les stations où les éléments réunis par les combinaisons instables de la chimie organique attendent leur intervention pour se séparer plus rapidement. Les lichens, au contraire, cherchent un substratum capable d'entretenir leur longue existence : il leur faut·l'écorce dure des vieux arbres, la terre des bois que la charrue et la bêche ne touchent pas, le granit que le temps respecte.

Il y a donc en réalité, au point de vue physiologique, un abîme entre ces deux éléments, que réunit une morphologie superficielle : les lichénohyphes et les filaments des champignons. Ils ont la même valeur anatomique, nous le concédons, mais nous pensons que leurs aptitudes si diverses établissent entre eux une limite distinctive que ni les uns ni les autres ne peuvent franchir, et que l'analogie des formes, avec des tendances si contraires, rend impossible l'échange progressif des fonctions.

Synthèse des Lichens.— Pour défendre la théorie schwendénérienne, MM. Max Reess, Bornet et Stahl ont tenté des essais synthétiques, et essayé de créer de toutes pièces des lichens en mettant dans le voisinage d'hyphes en évolution des algues unicellulaires, ou du moins des cellules vertes considérées comme telles, et destinées à devenir des gonidies. Chacun des observateurs a opéré sur une espèce particulière, choisie dans le nombre de celles dont les gonidies correspondent le mieux à une forme d'algue; il convient ici de faire remarquer que si cette forme d'algue se rencontre isolée dans la nature, il n'en est pas de même des hyphes, qu'on ne trouve à l'état parfait que dans les thalles, où ils sont mêlés à des gonidies. Il a donc fallu, pour se procurer le prétendu organisme fungique, employer des thalles très jeunes, des spores développant leurs premiers filaments germinatifs.

D'aprè M. Stahl, les grandes spores d'*Endocarpon pusillum*, projetées en même temps que les gonidies hyméniales qui les accompagnent, donnent en germant des filaments qui enveloppent les gonidies. Celles-ci augmentent de volume, prennent une couleur vert foncé, et leur reproduction devient très lente. Le résultat de l'association est un thalle qui au bout de quelques semaines, produit des spermogonies. Quand aux gonidies que les hyphes n'atteignent pas, elles se segmentent rapidement, et conservent leur volume normal et leur couleur vert pâle.

Cette différence dans l'évolution s'explique très logiquement par ce fait que des corps identiques, placés dans des conditions d'existence différentes, ne peuvent affecter la même forme ; s'il en était autrement, si les gonidies emprisonnées dans un réseau d'hyphes et les gonidies libres présentaient absolument les mêmes caractères, il faudrait, ainsi que nous l'avons déjà montré, conclure que leur essence est différente. Rien d'ailleurs dans l'expérience de M. Stahl ne conduit à l'hypothèse de la nature algoïde des gonidies ; nous n'y voyons pas d'algues, mais seulement des gonidies qui évoluent d'une manière distincte parce qu'elles se trouvent dans des milieux distincts ; elle vient au contraire à l'appui de la théorie que nous proposons à la fin de ce chapitre, et qui nous paraît plus en rapport avec les faits, partant plus rationnelle, qu'un homœogonidisme intransigeant ou un hétérogonidisme sans amendement.

L'observation de M. Max Reess, faite sur un végétal qu'on considère comme une algue, serait plus concluante en faveur de l'hypothèse de M. Schwendener, si la nature algoïde du Nostoch était démontrée.

D'après ce savant, les spores de *Collema glaucescens* (fig. 12), germant au voisinage du *Nostoch lichenoïdes*, ou même sur l'une de ses expansions, développent des filaments qui pénètrent dans la gangue gélatineuse du Nostoch, parmi les séries moniliformes de ses cellules vertes. Ces

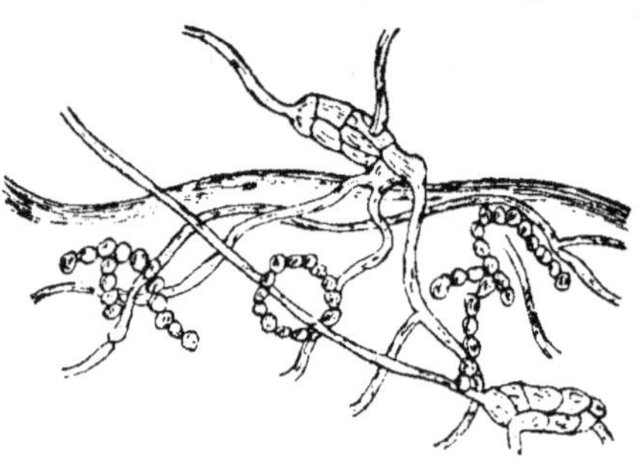

Fig. 12. — Synthèse du *Collema glaucescens*.

filaments, qui constituent une sorte de mycelium, sont analogues aux poils radiculaires du lichen ; leur réunion avec les colonies du nostoch transforme les expansions gélatineuses en véritables thalles, comprenant, par le fait même de la réunion des deux êtres, des hyphes et des gonimies.

Le colléma peut arriver également, partant du nostoch comme origine et substratum, à son état parfait, sans l'intervention de spores, par l'ingérence dans les colonies des poils radiculaires d'un autre individu complet. Il y a ainsi reproduction, ou plutôt multiplication, sans qu'apparaissent les organes qui s'acquittent ordinairement de cette fonction, et il suffit qu'un individu accompli envoie dans un thalle en évolution, mais réduit à sa première condition, l'élément qui lui manque, pour que ce thalle atteigne son complet développement.

L'algue sur laquelle le champignon s'implanterait en parasite est connue : elle existe dans la nature, libre de tout contact avec les hyphes du colléma, et elle a dans cet état deux agents de reproduction, des hormogonies et des cellules durables ; quant au champignon, on ne le trouve pas isolé, et on ne rencontre que deux conditions de ce collémacé polymorphe, alors qu'elles devraient être au nombre de trois : la première, exclusivement composée d'hyphes, et due à l'évolution d'une spore ; la deuxième, constituée par des gonimies ; la troisième, formée de gonimies et d'hyphes. De ce que la première de ces conditions n'a pas encore été trouvée à l'état libre, on ne saurait toutefois inférer qu'elle n'existe pas au moins à l'état rudimentaire ; car il suffit pour la constituer d'une spore avec un ou deux filaments germinatifs.

Rien n'empêche d'ailleurs de supposer que son évolution ne peut aller, sans l'intervention de la partie gélatineuse, au delà de la production de quelques hyphes, et que ceux-ci périssent après avoir pris un certain accroissement, s'ils ne rencontrent pas l'élément auquel il doivent s'unir. Nous ne nions donc en aucune manière la possibilité, ni même la probabilité de l'union des lichénohyphes du colléma et des zoogonimies du nostoch pour former un individu complet ; ce que nous n'acceptons pas, c'est la nature fongoïde attribuée aux hyphes, et la nature algoïde attribuée aux gonimies.

C'est en faisant les mêmes réserves que nous admettons la synthèse du *Xanthoria parietina* faite par M. Bornet. Une couche de cellules de protococcus fut recouverte par ce savant de spores de xanthoria ; ces spores développèrent des filaments germinatifs qui se fixèrent sur les cellules

vertes voisines, et parfois même pénétrèrent
dans leur intérieur (*fig.* 13). Le réseau d'hyphes
qui prit naissance sur ces premiers filaments s'é-
paissit peu à peu, et ne tarda pas à envelopper la
couche de protococcus. Des gonidies se montrè-
rent-elles alors dans les cellules du
parenchyme, ou bien les vésicules
incluses continuèrent-elles de se
multiplier pour former la couche gonidiale du thalle ? Les deux hypothèses sont possibles : ni l'une ni
l'autre ne peut être démontrée.

Fig. 13.— Synthè-
se du *Xanthoria
parietina.*

Si l'on admet que les protococcus
et le nostoch sont des algues, il n'y
a qu'un moyen pour l'homœogonidisme de réfuter les conclusions qu'on
est autorisé à tirer des expériences
de MM. Max Reess et Bornet, c'est
de mettre en doute les résultats ob-
tenus, et d'attribuer aux phénomènes
une signification différente.

Les faits ici sont susceptibles de
deux indications. Partant de ce principe que les
essais n'ont pas été poussés assez loin, et qu'on
n'a pas suivi dans leur complète évolution, ou
au moins jusqu'à l'apparition des apothécies, les
lichens créés par la synthèse, il devient possible
d'affirmer que les thalles rudimentaires formés
par la réunion artificielle des hyphes et des pré-
tendues algues, ne présentaient pas les caractères qu'ils affectent normalement lorsque leur
couche gonidiale est formée de cellules émanées
des hyphes eux-mêmes.

En d'autres termes, la réponse revient à dire que
les protococcus ont peu à peu disparu, absorbés
dans la substance des hyphes, et que ceux-ci ont
produit des gonidies qui, en raison de leurs re-

lations morphologiques avec les algues unicellulaires employées, ont pu causer cette illusion
qu'on avait toujours sous les yeux les mêmes
corps, alors qu'en réalité les cellules du protococcus étaient anéanties, et que le lichen se dé-
veloppait sur leurs débris.

Dans cette hypothèse, les algues introduites
ne joueraient plus le rôle d'organismes distincts
appelés à faire partie, sans rien perdre de leur
autonomie, d'un être plus complexe, et à nourrir, sans être épuisés, un hôte étranger ; elles
représenteraient simplement un support pour le
lichen tout entier, avec ses hyphes et les gonidies
qui en procèdent ; elles seraient par suite assi-
milées à toute substance sur laquelle peut se
développer la végétation lichénique.

Toute idée de parasitisme serait par le fait
même écartée, puisque les lichens ne sont pas
parasites. Le résultat de cette ingérence d'un organisme dans un autre organisme ne serait pas
de contraindre celui-ci à nourrir celui-là, mais
les hyphes et les algues se livreraient un de ces
combats dont se compose le *struggle for life*,
et qui se terminent toujours par la mort de l'un
des adversaires. En un mot, il n'y aurait point fusion d'existences, mais anéantissement d'une vie :
enlacée de toutes parts par les robustes étreintes
du lichen, l'algue finirait par succomber, parce
que le lichen lui aurait pris sa part d'air et de
lumière comme il la prend à tout corps sur lequel il s'implante.

M. Crombie donne plus de force et de précision à cette idée en disant qu'il n'était pas nécessaire, pour assister à cette victoire d'un être sur
un autre, de semer sur le protococcus des spores
d'une espèce dont les gonidies correspondent à
cette forme d'algue, et qu'en semant des spores

d'opégraphe ou de parmélie sur le nostoch, M. Reess aurait vu leurs filaments germinatifs pénétrer la substance gélatineuse de l'algue.

Peut-être; en tout cas, c'est-là une assertion qui n'est pas démontrée, tandis que l'association des hyphes du colléma avec les gonimies du nostoch pour former un lichen parfait est un fait établi. Cette association parait normale, puisqu'il en résulte un être parfaitement organisé, que le nostoch, par l'ingérence des hyphes, perd ses caractères très-particuliers, devient un colléma, et produit des apothécies.

Faut-il supposer que des gonidies nées des hyphes ont peu à peu remplacé les chapelets de cellules vertes du nostoch, que celui-ci a résorbé toute sa substance glaireuse, en un mot qu'il a disparu sans laisser de traces, et sans permettre à un observateur comme M. Reess de s'apercevoir d'une disparition si subite? On ne nous dira pas que le colléma a fait siens les éléments du nostoch, puisque c'est entre eux une lutte pour la vie, et que l'un d'eux doit périr.

L'idée de la disparition spontanée du nostoch, qu'on éviterait ainsi, reparaîtrait d'ailleurs si, comme le pense M. Crombie, les spores des lichens non gélatineux donnaient, en germant sur l'algue, les mêmes résultats que celles du colléma; en effet, ici, les hyphes prédominent, il n'y a pas d'élément gélatineux, et cependant il faudrait bien trouver une fin quelconque pour les éléments du nostoch. On ne se les représente pas bien englobés, comme le protococcus, dans le thalle d'un *parmelia*, et il serait curieux de savoir ce que produirait l'union d'un nostoch et d'une opégraphe.

M. Crombie, partisan convaincu de l'homœogonidisme, a le tort d'avancer ainsi, pour la dé-

fense de sa cause, des arguments incomplets qui
ne prouvent rien ; contrairement à tout procédé
scientifique, il ne prend pas au sérieux la théorie
de M. Schwendener, oubliant que cette théorie
est le résultat de travaux patients, d'études difficiles dont la raillerie ne saurait amoindrir l'importance, et qu'on rend un plus grand service à
la science en discutant une idée, si bizarre et si
singulière soit-elle, qu'en la traitant de roman à
sensation, et qu'en affirmant sans preuve qu'elle
est invraisemblable et fausse.

Il est difficile d'admettre que des observateurs
compétents, familiers avec l'emploi du microscope, se soient si radicalement trompés, et aient
pris pour des phénomènes d'association un combat entre deux organismes devant se terminer
par la victoire définitive de l'un sur l'autre, et
par la disparition de celui-ci.

Nous faisons la part du parti-pris, ou, si on le
préfère, de cette constante préoccupation qui nous
pousse, dès que nous nous sommes mis au service
d'une idée, à interpréter en sa faveur tous les
faits, à y rapporter toutes les observations et
tous les phénomènes. Mais il nous semble qu'il
doit y avoir dans cette lutte entre deux adversaires dont l'un doit périr, un enseignement particulier dont il serait impossible de ne pas être
frappé : la résistance du plus faible cédant peu
à peu à la domination envahissante du plus fort,
la vie lassée du vaincu s'absorbant dans la vie
triomphante du vainqueur, cela doit se voir.

Cela est-il bien dans cette réunion si simple
de deux corps vivants, qui paraissent des individus alors qu'ils ne sont que des parties séparées
du même être qui se cherchent pour se rejoindre?
Il nous paraît au contraire qu'il y a, dans cet
enchaînement très naturel des phénomènes, qui

fontdes colonies d'un nostoch les gonimies d'un colléma fertile, la révélation d'un acte physiologique normal, quoique peu en rapport avec les faits ordinaires, et non pas un argument en faveur de la nuageuse conception d'un parasitisme ou d'une lutte.

Car, si nous admettons que les observations sont réelles, que les résultats vus sont positifs, nous ne donnons pas notre adhésion aux conclusions opposées qu'on en a tirées. Nous regardons les faits comme vrais, mais pour nous, le Nostoch n'est ni une algue sur laquelle le champignon du colléma vivrait en parasite, ni un substratum fatalement destiné à disparaître ; entre les deux systèmes, il y a place pour une plus logique interprétation des phénomènes.

Nous avons vu que les cellules vertes isolées ne possèdent pas de caractères assez particuliers pour qu'on puisse, sur leur considération, leur attribuer d'une manière rigoureuse des dénominations spécifiques. Une forme sphérique, une cavité remplie d'une matière verte qui quelquefois se segmente en zoospores, voilà leurs attributions : or, ces attributions sont communes à une infinité d'êtres que relient des liens morphologiques, mais que sépare rigoureusement leur essence, laquelle n'est pas appréciable pour nous. Pouvons-nous dès lors affirmer que le protococcus, qui a servi aux expériences de M. Bornet, est spécifiquement différent des gonidies du *Xanthoria parietina*, et ne saurait-on supposer, au contraire, que ses cellules sont simplement des gonidies vivant librement, et ayant par suite une évolution particulière dont la marche constitue une différence plus ou moins sensible ?

Dans cette hypothèse, les faits s'expliquent d'eux-mêmes : les filaments du *Xanthoria*, rencontrant les gonidies propres à leur espèce, les entourent de leurs ramifications, et à leur tour les cellules vertes, rappelées ainsi, en quelque sorte, à la dépendance qui est leur vie normale, se multiplient pour constituer la couche gonidiale du thalle.

Ces conclusions, que nous n'avons pas le droit de donner comme absolues, puisqu'elles ne reposent que sur des analogies, les preuves d'identité faisant défaut, deviennent plus vraisemblables dans la synthèse du colléma, parce qu'ici il y a intervention d'un élément spécifique.

Prises isolément, les cellules du nostoch ne diffèrent pas des autres utricules sphériques phyllochlorées : mais leur groupement en séries moniliformes constitue une indication importante. Ce groupement étant le même que pour les gonimies du colléma, la forme correspondant d'ailleurs, nous n'hésitons pas à faire du colléma un être dimorphe, ayant des gonidies libres et un thalle fertile composé d'hyphes et de cellules vertes.

Nous sommes ainsi d'accord, dans l'idée que nous nous faisons de la réalisation du colléma parfait, avec les hétérogonidistes : nous nous séparons d'eux en voyant dans la réunion des hyphes et des gonidies, non pas un parasitisme, mais une association, et en considérant le nostoch non pas comme une algue, mais comme un état imparfait composé de gonidies évoluant librement, et parmi lesquelles ne courent pas les hyphes de la forme complète.

Conséquences singulières de l'hypothèse du parasitisme des hyphes sur les gonidies. — Les phénomènes de parasitisme s'accompagnent toujours de perturbations dans la vie de l'être attaqué, et il en doit être ainsi, car on ne saurait comprendre que l'ingérence d'un organisme dans un autre n'entraînât pas une modification dans les fonctions, et par suite dans le *modus vivendi* de la victime.

C'est dans ces faits si communs de la physiologie qu'on peut le mieux étudier la lutte pour la vie ; c'est là que la nature s'insurge pour ainsi dire contre l'idée de justice, et rend légitime le triomphe de la force sur le droit. Ce triomphe, toutefois, est loin d'être accepté par le seul fait que le principe en est posé.

Il y a, de la part de l'organisme auquel un étranger veut ravir le produit de son travail et le résultat de toutes les manifestations de sa vitalité, une résistance qui ne se termine qu'à sa mort, et qui est ordinairement inefficace. Cependant, si cette résistance est énergique, elle peut entraver longtemps la marche du mal, et même quelquefois durer assez pour laisser s'accomplir tous les actes de la vie, pour laisser se développer les germes qui reproduiront en la multipliant l'existence individuelle ; de telle sorte que le parasite ne triomphe en définitive que d'un corps débilité qui serait arrivé de lui-même, sa tâche étant remplie, à l'anéantissement ; dans ce cas, l'introduction de l'hôte étranger ne fait que hâter la mort sans nuire à l'œuvre de la vie.

Mais il n'en va pas ordinairement ainsi. A la surface du tissu sain que le parasite va ronger, la pluie ou le vent déposent, sous la forme d'une vésicule infime que l'œil ne saurait apercevoir, le germe de cette existence néfaste que doit entretenir le travail d'autrui. L'étranger est d'abord tout petit, et rien ne révèle qu'il soit un ennemi. Il germe, il pousse quelques filaments qui s'étendent au hasard ; l'un d'eux rencontre un pore, un stomate ; par cette ouverture, il insinue son extrémité déliée ; par cette ouverture, le fléau entre dans l'être vivant, et il n'en sortira plus que celui-ci ne soit mort.

A l'intérieur du corps envahi, les filaments se multiplient, se propagent : enlacés dans leurs étreintes, les tissus se décolorent, se désagrègent ; l'insecte languit, la plante tord ses feuilles et ses tiges, et n'entr'ouvre même plus, sous les caresses du soleil, sa corolle flétrie. Peu à peu, le mal étend ses ravages : il détruit un à un tous les organes, rend impossibles toutes les fonctions ; la mort arrive rapidement. Ouvrez le ver-à-soie que la muscardine a tué : dans l'enveloppe vous ne trouverez plus qu'un amas de fibres blanchâtres ; le péronospore réduit en une bouillie infecte le tubercule farineux de la parmentière, et sur cette corruption, il étale, dans l'orgueil de sa victoire, sa riche fructification qui porte ailleurs le dangereux fléau.

Voilà le résultat du parasitisme partout où il se rencontre. Dès que deux êtres se trouvent en contact, et que ses aptitudes organiques poussent l'un d'eux à vivre aux dépens de l'autre, il faut qu'il y ait lutte, et de plus, il faut que l'un des adversaires l'emporte définitivement ; le vaincu, dans ce combat, n'est généralement pas le parasite.

Y a-t-il dans le mode d'évolution des lichens un seul fait qui soit d'accord avec ces phénomènes, une seule manifestation qui indique une lutte, ou même seulement une résistance quelconque, une tendance d'opposition à l'ordre normal des choses, et à l'accomplissement régulier des fonctions vitales tel que nous pouvons le constater ?

Bien au contraire. Les gonidies ne souffrent en aucune manière du voisinage des hyphes ; elles se

multiplient activement, respirent, évoluent, sans
que rien indique aucune gêne dans l'accomplissement de ces fonctions. Elles semblent avoir
conscience de travailler au bien général, tout en
travaillant pour elles ; en un mot, on voit qu'elles
ne servent pas un maître. Leur union avec les
hyphes est normale ; cette proposition devient
évidente si l'on considère la superposition régulière des couches du thalle, le port symétrique
de l'individu, et la constance spécifique des
types.

Singulier serait ce parasitisme qui, non con-
tent de développer l'hôte étranger aux dépens
de sa victime, imprimerait à cette victime une
vigueur plus grande; qui, loin d'atténuer sa vitalité
individuelle, la forcerait à multiplier sa race en
se reproduisant, et qui, de plus, au lieu de jeter
le désordre dans son organisme, comme il arrive d'ordinaire, disposerait les produits de cet
organisme en un stratum régularisé.

Pourquoi, si les hyphes sont parasites sur les
gonidies, cette union contre nature ne condui-
rait-elle pas à des déformations accidentelles
analogues à celles que les anciens auteurs regar-
daient comme des variétés ou des espèces, et
qui avaient pour origine un parasitisme ? Les
algues prisonnières, luttant contre les hyphes,
cherchant à s'échapper de ce réseau qui les entoure si étroitement, rempliraient tous les vides
du thalle, forceraient parfois les filaments à
s'écarter, et par les ouvertures viendraient soulever et bosseler la couche corticale.

Dans ces conditions, il ne serait plus possible
de caractériser aucun type, et les formes des
lichens cesseraient d'avoir une valeur spécifique
pour devenir simplement des cas tératologiques:
le parasitisme ne crée pas des races, mais seu-

lement des accidents : le parasite se propage, mais ses effets ne se transmettent pas.

Toutes les observations qui ont été faites ont mis un point en lumière, à savoir la dépendance physiologique qui lie les hyphes et les gonidies, et qui fait de chacun de ces éléments une partie intégrante du thalle : les lichens ne sauraient se concevoir sans hyphes ou sans gonidies, et, par suite des analogies respectives que nous avons indiquées, un organisme exclusivement filamenteux serait considéré comme un champignon, et un stratum exclusivement gonidial comme une algue.

Il n'est pas besoin d'ailleurs, pour démontrer que les gonidies appartiennent bien normalement à la réalisation lichénique, de s'en tenir au raisonnement : les faits mènent à la même conclusion.

Dans un certain nombre de thalles, les hyphes sont dilatés en cellules étroitement contextées, réunies en parenchyme, et contenant à l'intérieur des globules gonimiens. Ici, l'introduction d'éléments étrangers parait impossible, et les gonimies sont évidemment le produit de l'activité des cellules ; elles deviennent, par leur forme et leur genèse, les analogues des sphérules phyllochloriennes qu'on rencontre dans un grand nombre de muscinées, et appartiennent au thalle comme les sphérules appartiennent à la fronde.

Ce même mode de production des gonidies se retrouve dans les céphalodies endogènes des *Sticta* : de petites couches gonimiennes se forment à l'intérieur des thalles, parmi les réseaux d'hyphes qui certainement s'opposeraient à l'entrée d'un corps étranger ; les gonimies dans ce cas encore sont produites par le thalle.

M. Arcangeli a vu, dans *Nephroma lœvigatum*, des groupes de cellules réunies en amas parenchymateux, et passant insensiblement à la forme sphérique des gonidies ; d'après ce savant, cette transformation progressive prouve que les gonidies ne sont pas des cellules d'une essence différente de celle des hyphes.

Dans les jeunes thalles de *Xanthoria parietina*, on trouve généralement, parmi les gonidies nettement vertes, d'autres cellules globuleuses également libres, mais plus petites, absolument incolores ou ayant une aire verdâtre contiguë à l'enveloppe.

Mais le fait le plus concluant en faveur de la nature lichénique des gonidies est la création de toutes pièces, à la surface des thalles, et grâce à l'évolution d'une gonidie, de jeunes lichens rudimentaires qui, séparés de l'individu producteur, vont se développer et multiplier leur race au point où le hasard les conduit ; je veux parler des isidiums qui sont en quelque sorte des individus, et qui n'ont qu'à s'accroître pour arriver à un état semblable à celui dont ils proviennent.

La formation des gonidies (ou des gonimies) au sein des papilles isidioïdes (*fig.* 14) est évidente ; et il est facile de suivre la marche des phénomènes Une cellule verte superficielle se divise ; chacune des petites masses ainsi produites se multiplie à son tour,

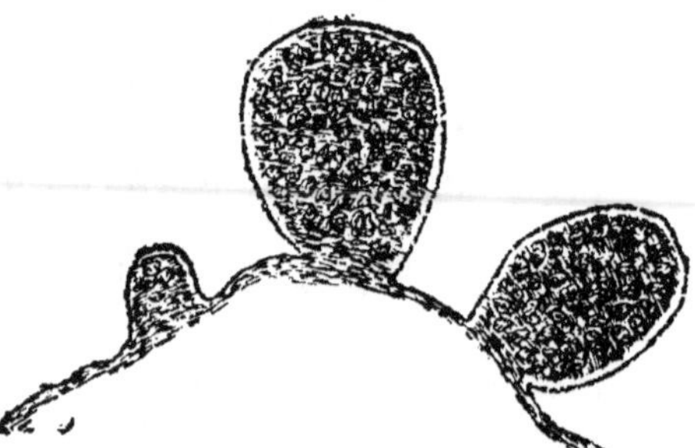

Fig. 14.— Formation des gonimies dans les papilles isidioïdes du *Collema furvum*.

et il en résulte un amas de gonidies mêlées à quelques hyphes ;

le tout étant détaché du lichen, les éléments se développent dans leur forme respective et s'assemblent en thalle.

Les gonidies constituant une partie intégrante du thalle, quel est leur véritable rôle? Sont-elles seulement des éléments, concourant à la vie individuelle au même titre et par les mêmes manifestations que les hyphes, ou forment-elles un organe ayant une fonction spéciale à remplir? La forme ne peut pas nous être d'un grand secours pour trancher cette question : nous arrivons facilement à la solution par une simple considération physiologique.

Comme tous les autres végétaux, les lichens ont besoin pour vivre de carbone, puisque cet élément entre pour une part considérable dans leur organisme. Or, leurs hyphes exhalent de l'acide carbonique au lieu d'en fixer, et ils n'absorbent rien directement de leur substratum. Il faut donc qu'une de leurs parties se charge de cette fonction, et même d'une manière assez active pour qu'elle prédomine sur la respiration animale, en d'autres termes, pour qu'il y ait gain de carbone.

Cette partie n'est autre que la couche gonidiale, chargée de réparer les pertes d'acide carbonique subies par le lichen par le fait de la respiration des hyphes. Les gonidies constituent donc bien véritablement un organe des lichens ; comment expliquer dès lors qu'elles servent de substratum et d'hôte à un autre organe du même être ?

Peut-être rencontrerait-on chez les lichens des faits de parasitisme, consistant en la présence dans l'intérieur du thalle d'algues rudimentaires, comme on en découvre dans les plantes supérieures, dans les *Lemna*, par exemple, les

Lysimachia. Cette hypothèse s'accorde bien avec la découverte des zoospores, qui appartiendraient en ce cas à des algues assez analogues aux gonidies pour qu'on les ait confondues avec elles ; mais il est évident que ce parasitisme, s'il est réel, serait purement passif, et incapable de conduire à la réalisation lichénique. L'organisme des lichens peut, comme tout autre végétal ou animal, nourrir un ou plusieurs hôtes étrangers, mais, de là à conclure que ces hôtes jouent un rôle normal dans sa vie, il y a loin.

Si l'association d'un parasite et d'un substratum nourricier devenait la condition *sine quà non* de l'existence des lichens, comment expliquerait-on l'évolution parfaite de certaines formes qui n'ont pas de gonidies, et qui cependant sont rangées par les savants parmi les lichens, en raison de leurs autres affinités ?

Il y a même des espèces dont certains individus offrent des gonidies, alors que dans d'autres on n'en découvre aucune trace. Il est évident que dans ce cas le thalle, pour se procurer le carbone qui lui est nécessaire, doit être saprophyte ; on ne saurait toutefois admettre qu'il est entièrement assimilable aux champignons, puisqu'il a toujours en puissance, qu'elle soit active ou sans effet, la faculté de comprendre des cellules vertes dans ses éléments.

Quoi qu'il en soit de cette extension de la vitalité, il en résulte que les gonidies ne sont pas absolument indispensables à certaines formes de lichens, et que par suite l'hypothèse d'un parasitisme nécessaire pour arriver à la conception des lichens parfaits, fausse dans certains cas, devient douteuse dans tous les autres, puisqu'elle n'est pas générale.

La réunion des algues avec les hyphes se ferait

certainement, si elle était vraie, suivant un mode
contraire au processus ordinaire du parasitisme.
Partout où des phénomènes de ce genre se rencontrent, le substratum préexiste, et de fait il
en doit être ainsi, puisque l'hôte étranger ne peut
se développer que sur l'organisme aux dépens
duquel il va vivre. Il est vrai que la cuscute ne
devient parasite qu'un certains temps après sa
naissance ; mais cette unique exception s'explique par le fait que la graine de la cuscute émet
une radicule capable, par son absorption, d'ali-
menter la plante pendant la première période de
son existence. Chez les lichens, il n'en peut aller
ainsi, puisque les filaments germinatifs, comme
les hyphes de l'individu adulte, n'ont de rapports
directs qu'avec l'atmosphère, et par suite on ne
conçoit pas comment le jeune thalle se procurerait
le carbone avant d'être uni à l'algue qui doit le
lui fournir. Dans ces conditions, la préexistence
du parasite est un non-sens, ce qui nous paraît
démontrer clairement qu'il n'y a pas de parasitisme.

Nous en venons ainsi à l'idée plus simple d'une
dépendance organique, remplaçant cette nuageuse conception de l'ingérence d'un être dans
un autre ; les hyphes et les gonidies unissent
bien leur activité, mais il faut voir dans leur connexion l'union normale de deux tissus physiologiquement différents, mais concourant au même
but, lequel nécessite cette différence, parce qu'il est
lui-même complexe : en d'autres termes, les deux
éléments des lichens sont simplement unis par
les mêmes liens que ceux qui unissent, dans les
plantes supérieures, les tissus différents des
feuilles, du tronc, des fleurs ; cette relation est
la plus naturelle, et peut seule donner à leurs
fonctions une tendance utile.

Le parasitisme et la constance des formes. —
La première conséquence du parasitisme serait
de détruire chez les lichens toute idée d'espèce,
et de faire dépendre les types d'un concours de
circonstances purement fortuites. Il est insuffisant, en effet, pour expliquer la constance des
formes spécifiques, cependant très-réelle, par
ce fait que, n'étant pas un mode d'organisation
normal et régulier, il ne se conçoit pas sans une
intervention fréquente du hasard dans le mélange
des éléments, attendu qu'on ne peut supposer
chez les hyphes l'obligation absolue de se développer sur une forme particulière de gonidies.

A l'appui de cette proposition, nous pensons
utile de répéter ici le raisonnement dont nous
nous sommes servi, à la même fin, dans un précédent ouvrage : « Des analogies qui unissent entre
elles les gonidies des diverses espèces, analogies si
étroites que dans de nombreux cas ces organes ne
diffèrent à aucun degré dans plusieurs formes de
lichens alliées, mais néanmoins distinctes, on
pourrait conclure, en adoptant la théorie de M.
Schwendener, que les champignons dont le rôle
est de se développer en parasites sur des algues
n'ont que des préférences très limitées dans le choix
de ces algues, et que, grâce à une grande faculté
d'adaptation, plusieurs espèces radicalement distinctes peuvent se développer sur une même
forme de gonidies. Chaque type spécifique de
lichen forme un tout nettement limité, facile à
caractériser et très différent des espèces alliées,
quelles que soient les affinités qui les unissent ;
comment admettre dès lors, sinon qu'ils aient tous
une commune origine, du moins qu'ils proviennent seulement de quelques souches distinctes,
et qu'ils soient le résultat du parasitisme d'autant d'organismes qu'il y a de types sur quelques

formes de gonidies ? Le supposer serait créer un précédent sans analogue dans toute la série ontologique : car partout l'espèce est une réalité objective, ou, si on l'aime mieux, un principe actif et constamment semblable à lui-même, se manifestant au dehors par la production d'une forme matérielle qui lui est soumise, et qui ne varie jamais, des ancêtres aux descendants, sauf dans des limites très étroites. Il n'y a donc pas de raison pour penser que les lichens font une exception à cette règle, et que leurs types spécifiques sont à ce point polymorphes qu'un de leurs organes, indéfiniment variable, puisse se développer sur un organe distinct et absolument immuable.

D'ailleurs, la réalisation pratique de l'hypothèse des algolichens est assez difficile, précisément en raison des obstacles qu'on rencontre quand on veut séparer rigoureusement la classe des lichens de celle des champignons. Où finit la première ? Où commence la seconde ? Il y a pour relier l'une à l'autre de nombreuses espèces intermédiaires présentant des caractères mixtes et établissant un passage insensible avec leurs réceptacles allongés à peine saillants, leurs apothécies rameuses, et leur hypothallus lichénoïde. Il me semble qu'il n'en serait pas ainsi, et que les lichens constitueraient un groupe nettement défini, si leur forme était le résultat d'un parasitisme quelconque ; en effet, cette genèse de leur existence et de leurs caractères serait tellement différente de tout ce qu'on connaît dans la nature vivante qu'on ne pourrait la comprendre sans l'accompagnement obligé d'un *modus vivendi*, d'un port et d'un aspect très particuliers. Il n'y a pas entre les deux genres de vie, l'autonomie et le parasitisme, d'état intermédiaire :

dès lors, pourquoi des transitions ? et pourquoi pas une limite séparant brusquement l'un de l'autre ? Les lichens qui ressemblent à des champignons, et les champignons qui ressemblent à des lichens sont-ils libres ou parasites ? et, dans ce cas, pourquoi ne présentent-ils pas d'une manière bien évidente la physionomie de la classe à laquelle ils appartiennent ? (1) »

Il est certain que tout thalle qui ne possède pas de gonidies peut être rattaché aux champignons, et que par suite, la véritable caractéristique des lichens serait la présence de cellules vertes parmi les filaments incolores. Mais nous avons vu que certaines espèces ont des représentants qui vivent comme les champignons, et d'autres qui vivent comme les lichens ; il s'ensuit qu'il n'y a pas entre les deux classes, au point où elles se rejoignent, de distinction rigoureuse, ce qui aurait lieu au contraire si le parasitisme était à la base de la réalisation lichénique.

Le parasitisme, qui ne s'accorde pas avec la constance des types spécifiques, est difficile à concilier également avec la durée souvent considérable de la vie individuelle, d'abord parce qu'il devrait amener une lutte entre les éléments, en raison de la marche générale des phénomènes analogues, et par suite une diminution progressive de l'activité vitale, et, en second lieu, parce qu'il supposerait la persistance d'une partie, l'autre se renouvelant indéfiniment. M. J. Richard met ainsi cette idée en lumière : « Si les gonidies sont des organes des lichens, il n'est pas très facile de concevoir comment ces organes auraient eu primitivement une existence propre

____

(1) ACLOQUE. *Les champignons au point de vue biologique, économique et taxonomique*, Paris, 1892, p. 168.

qu'ils reprendraient plus tard, après la destruction ou la dissociation, pour une cause quelconque, des éléments de l'être physiologique à la vie duquel ils auraient concouru. Enfin, on sait que quelques lichens ont une existence pour ainsi dire indéfinie, par suite, sans doute, comme chez tous les autres êtres organisés, de la transmutation et du renouvellement de leurs divers éléments. Eh bien ! se figure-t-on l'entité d'une gonidie traversant ainsi les siècles, dans le sein d'un lichen dont les divers éléments se seront incessamment renouvelés, jusqu'à ce qu'une circonstance fortuite lui rende tout à coup la liberté et lui permette de vivre à l'état de plante indépendante ? Cette incommutabilité dans la matière organisée ne nous parait pas conforme aux vues de la nature (1). »

On ne pourrait facilement dire à quelle forme individuelle se rattache une algue qui vivrait, au début de son existence, dans un stratum composé uniquement d'éléments semblables à elle, puis qui passerait dans un thalle pour y servir et y entretenir un élément étranger, en sortirait par hasard, et après une période de liberté plus ou moins longue, entrerait de nouveau dans un autre thalle, promenant ainsi son identité à travers une succession de colonies individualisées.

Néanmoins, l'étrangeté d'une pareille existence ne constitue pas un argument bien décisif contre le parasitisme, précisément parce que cet argument laisserait de côté la véritable nature des gonidies. Les cellules vertes des lichens peuvent parfaitement passer par toutes ces phases, et rien dans leurs caractères ou leurs attributions

______

(1) O. J. RICHARD. *Catalogue des lichens des Deux-Sèvres*, 1878, p. VIII.

ne s'y oppose : le fait seul qu'elles peuvent vivre sans être unies à des hyphes démontre que leurs aptitudes vitales sont susceptibles d'une extension considérable. L'important est de savoir si elles sont des algues, ou si elles appartiennent véritablement, essentiellement, aux lichens ; car, dans le premier cas, les phénomènes deviennent un parasitisme, dans le second une simple association ; nous pensons avoir suffisamment fait voir que c'est à cette dernière conclusion qu'il faut s'en tenir.

Hypothèse intermédiaire. — Avant de montrer comment on peut concilier l'homœogonidisme et l'hétérogonidisme, et donner aux lichens une genèse qui s'appuie en même temps sur les arguments invoqués par les défenseurs de ces théories opposées, il est nécessaire de remettre brièvement sous les yeux du lecteur les certitudes que nous avons acquises, et à l'établissement desquelles nous avons consacré toute la partie qui précède.

Si l'on fait une section d'un thalle quelconque, on aperçoit, réunis en couches spéciales, les éléments qui le constituent, et qui sont tellement indépendants les uns des autres qu'on pourrait les regarder comme des individus vivant côte à côte. Le tissu des hyphes est homogène, contexté, et constitue la charpente du lichen ; quant au stratum gonidial, ses cellules sont absolument libres, isolées, sans communications et sans relations.

Et la distinction ne porte pas seulement sur la forme ; elle se reproduit en toutes les manifestations de l'activité vitale, parce qu'elle est basée sur la présence dans les gonidies de la phyllochlore, qui fait totalement défaut dans les hyphes ; d'où il résulte que les premières respirent et vivent comme des algues, les seconds comme des champignons.

Cependant la réunion de ces éléments donne un composé normal, ayant un parfait air de santé : les hyphes d'une espèce, joints aux gonidies de la même espèce, conduisent à la réalisation du type de cette espèce, qui n'atteint qu'ainsi son plus parfait développement et ne se multiplie qu'à cette condition dans son intégrité, c'est-à-dire, avec l'aptitude à s'approprier aux milieux, et à donner des formes qui, en s'y adaptant, en reproduisent les variations dans leurs caractères. Si l'un ou l'autre des éléments fait défaut, le thalle affecte la forme en rapport avec les aptitudes des cellules qui le constituent ; sans hyphes, il devient lépreux, verdâtre, et s'étale en plaque granuleuse : sans gonidies, il devient saprophyte : un lichen exclusivement composé d'hyphes ou de gonidies ne saurait se reproduire.

Il est donc établi que la réalisation lichénique réclame l'union d'un réseau incolore filamenteux et de cellules pleines de phyllochlore. Le seul point à établir est la nature de cette union, les uns la regardant comme le fruit du parasitisme d'un champignon sur une algue, les autres comme la fusion en une seule activité de deux tissus physiologiquement différents, mais ayant même essence.

Aucun fait précis ne milite en faveur de la nature fongoïde des hyphes ou de la nature algoïde des gonidies. Celles-ci procèdent des algues, et ont même avec plusieurs de ces végétaux des affinités morphologiques très étroites : mais il est bien difficile d'établir les rapports et les différences de cellules qui n'offrent aucun élément de détermination spécifique. Quant aux hyphes, ils dérivent évidemment des champignons, mais seulement au point de vue de la forme, car leurs aptitudes et celles des champignons diffèrent radicalement.

Dans ces conditions, nous en venons à considérer l'union des hyphes et des gonidies comme une simple association, nécessaire pour amener l'organisme lichénique à sa complète évolution, et il nous est facile de démontrer que cette union ainsi comprise donne seule l'explication des phénomènes. Notre démonstration reposera évidemment sur l'unité d'essence de tous les éléments qui concourent à la formation des lichens, unité qui nous paraît établie.

Nous avons vu comment MM. Bornet et Max Reess sont arrivés à créer des thalles parfaits en mettant au voisinage de spores en germination des cellules vertes destinées à former la couche gonidiale, et combien il serait contraire aux faits de penser que ces cellules ont pu être résorbées, ou mieux absorbées dans la substance du lichen, pour céder la place à des cellules semblables nées des filaments germinatifs.

La synthèse des lichens ainsi réalisée mène à deux conclusions : ou bien les cellules vertes employées sont véritablement des algues, et alors il y a parasitisme ; ou bien elles constituent des gonidies vivant en liberté, et, dans ce cas, les observateurs n'ont fait que répéter artificiellement une réunion d'éléments qui se serait faite spontanément dans la nature.

Pour nous, cette dernière hypothèse est la plus vraisemblable, et nous ne cherchons pas d'autre point de départ à l'évolution normale des thalles. D'un côté, la nature des relations des hyphes et des gonidies, de l'autre, la possibilité de créer des individus appartenant à des types définis, en employant des éléments adultes, nous paraissent infirmer la théorie absolue de la formation régulière d'undes tissus par l'autre.

Dans notre pensée, les éléments se développent d'abord séparément, donnant naissance à des états distincts, imparfaits tant qu'ils restent isolés, et n'ayant pas en eux-mêmes la faculté de reproduire l'espèce, mais seulement une tendance latente à se multiplier dans leur forme. Il convient de faire remarquer que cette tendance est en partie active chez les gonidies qui, agents de la propagation végétative, étendent leur stratum vert sans l'intervention de l'autre partie de l'être à la vie duquel elles doivent concourir.

Le lichen ne parvient à son état complet que si une portion de tissu filamenteux ou une spore arrive sur une couche gonidiale. Les hyphes se développent, se ramifient, s'enchevêtrent, et enlacent dans leur tissu tous les éléments verts: ceux-ci, qui n'arrivent qu'à cette condition à leur vie normale et utile, se multiplient abondamment dans leur nouvelle situation, et les parties de l'organisme individuel se différencient, les filaments superficiels se réunissent en une cuticule colorée, et à la face inférieure apparaissent des prolongements fibreux, ou rhizines.

Il est impossible de dire auquel des deux éléments appartient le principe des caractères spécifiques, qui forcent le thalle à se développer dans une forme déterminée : il est probable cependant que ce principe est localisé dans la spore, qu'il est déjà actif dans le protothalle, véritable embryon des lichens, mais que la manifestation totale de son activité ne peut se faire que par la réunion des éléments, puisque ce n'est que grâce à cette réunion que l'individu devient véritablement un lichen.

Une fois la réunion faite, les tissus confondent

leur vitalité ; les hyphes absorbent mécaniquement les particules alimentaires que leur apporte l'humidité atmosphérique, les transmettent aux gonidies qui sont chargées de les élaborer ; celles-ci en même temps fixent le carbone, nécessaire à l'existence individuelle. En outre, les aptitudes reproductrices se fusionnent, bien qu'elles aient des tendances divergentes et des moyens différents de se réaliser : les gonidies propagent l'individu, quoique dans une forme incomplète ; unis aux gonidies, et puisant dans cette union des propriétés spéciales, les hyphes donnent naissance à des spores, agents de la reproduction spécifique.

Voilà, pensons-nous, l'explication la plus rationnelle que l'on puisse donner des essais synthétiques, sans les nier gratuitement, et sans invoquer, pour arriver à la conception d'une vie très-normale, l'intervention du parasitisme, fécond en irrégularités. Elle s'accorde d'ailleurs avec un fait que les homœogonidistes ne peuvent récuser, la reproduction des lichens par des papilles isidioïdes.

Dans ce cas, les gonimies sont expulsées avec quelques fragments d'hyphes, que cette séparation de l'individu producteur ne prive pas de leur activité ; le tout forme une petite plaquette globuleuse, qui par la multiplication respective des deux sortes d'éléments qu'elle contient, se développe en un thalle possédant tous les caractères de l'espèce et apte à se reproduire par le même mode ou par la formation d'apothécies.

Nous avons vu encore, dans l'expérience de M. Stahl, des lichens tirer leur origine de spores et de gonidies expulsées en même temps. Eh bien ! ne peut-on supposer que ce mode de propagation, régulier dans certains cas, est en réalité la base de la réalisation lichénique, et que c'est à lui qu'on doit les rapports réciproques des éléments dans les thalles?

Peut-être objectera-t-on à cette hypothèse qu'elle suppose une intervention fréquente du hasard dans la réunion des cellules, qu'il est peu vraisemblable que les jeunes hyphes trouvent toujours dans leur voisinage les gonidies de leur espèce, et que dans ce cas ils devraient périr, ce qui est peu en rapport avec la multiplication abondante de certains types, ou bien seraient obligés, contre toute idée de constance spécifique, de se développer sur toute forme de gonidie, qu'elle fasse ou non partie de leurs caractères. Ce qui revient à dire que les expériences de MM. Bornet et Max Reess n'ont réussi que parce que les cellules employées étaient véritablement des gonidies des espèces étudiées, et que cette circonstance ne peut que rarement se rencontrer dans la nature.

A cette objection nous ferons deux réponses.

En premier lieu, la multiplication des lichens par le mode que nous proposons, même en y comprenant l'obligation pour les hyphes d'une espèce de se développer sur des gonidies de la même espèce, est très-possible. La légèreté des spores et des gonidies leur assure une aire de dissémination étendue, et n'est-ce pas grâce à des propriétés analogues que certaines espèces polymorphes de champignons peuvent développer au loin une de leurs conditions, alors que l'autre état reste limité à une localité restreinte ?

D'ailleurs, on remarquera que les lichens ne sont abondants que par places, et qu'en général, en un même endroit, les individus appartiennent presque tous à la même espèce. Ne faut-il pas voir là la preuve que ces individus sont le

produit de la réunion d'hyphes et de gonidies
plutôt que le résultat de l'évolution d'un seul
de ces organes ? Il n'est pas de lichénologue qui
n'ait vu des arbres entièrement couverts d'individus de *Ramalina calicaris* ou d'*Evernia
prunastri*, alors qu'il ne s'en trouvait pas un
seul sur les arbres environnants ; il me semble
que de ces faits, qui ne sont pas rares, on peut
conclure que les spores des lichens ont besoin,
pour donner un thalle parfait, de se joindre à
des gonidies du même type, et que. la végétation
lichénique étant très-répandue, la nature réalise
fréquemment la condition primordiale indispensable à cette végétation.

Nous pourrions nous en tenir à cette première
proposition. puisqu'il est évident que si un fait,
lié à une cause indispensable, se produit, c'est
que cette cause s'est trouvée active. Mais nous
ne voulons pas être si absolu : nous faisons la
part du hasard, et nous attribuons à la nature,
dans la réunion des hyphes et des gonidies, une
sorte d'imprévoyance, ou mieux, une disposition incomplète. qui nécessairement amène une
compensation.

Cette compensation, nous la trouvons dans
le mode de formation des gonidies à l'intérieur
du thalle, vu par Tulasne et regardé comme général et exclusif par l'homœogonidisme; pour nous,
ce mode n'est qu'un moyen détourné pour sup-
pléer à l'insuffisance de l'évolution ordinaire, dans
un milieu ou dans des circonstances contraires,
et pour assurer la reproduction des types qui,
en raison d'une infériorité vitale, ne pourraient se
multiplier d'une autre manière ; en d'autres termes, ils ne constituent pas la base, mais une extension de la vitalité des lichens.

Nous avons vu que cette vitalité est à ce point

active qu'elle peut se plier sans être amoindrie aux circonstances les plus anormales ; mais il est évident que chaque milieu différent influe sur ses tendances pour modifier leurs relations avec l'extérieur. La production des gonidies par les hyphes serait due à l'une de ces modifications.

Comme il n'est pas rare de trouver dans un être vivant plusieurs organes destinés à accomplir la même fonction, nous admettons volontiers que la formation de toutes pièces des gonidies au sein du thalle devienne, à force de se répéter, une propriété inhérente aux caractères de quelques espèces. Nous pensons toutefois qu'elle n'a de juste indication que comme mode supplémentaire de reproduction, et qu'elle n'est véritablement utile que dans le cas où une spore de lichen en germant ne rencontrerait pas les gonidies avec lesquelles doivent vivre ses filaments ; il est naturel de penser que dans cette circonstance le jeune individu ne périrait pas faute de phyllochlore, mais produirait lui-même les cellules vertes qui lui sont nécessaires.

Nous trouvons un argument en faveur de notre hypothèse dans le mode probable de reproduction des lichens qu'on trouve rarement en état de fructification, et qui cependant sont représentés par de très nombreux individus : ainsi *Parmelia perlata*, *P. perforata*, extraordinairement abondants en France, quoique leurs apothécies y soient inconnues.

Il est difficile d'attribuer leur origine à la germination d'une spore, qui donnerait des filaments sur lesquels se différencieraient des gonidies, puisque leurs thalles ne fournissent pas de spores. Ces thalles sont-ils le produit d'une évolution des gonidies ?

Nous ne le croyons pas. « On a pensé que les

gonidies, corpuscules verdâtres qui forment un des éléments du thalle, pouvaient avoir, à une certaine époque de leur développement, une sorte d'existence propre suffisante pour reproduire l'individu dont elles étaient issues. Cependant, les gonidies thallines (je ne parle pas des gonidies hyméniales, ou gonimies, qui sont assez rares et spéciales à certaines espèces) ne constituent aucun caractère spécifique, car elles sont toujours à peu près semblables dans presque tous les lichens, et il est assez difficile de s'imaginer comment, avec cette unité de type, elles pourraient donner naissance aux espèces les plus dissemblables (1).»

Le véritable obstacle toutefois n'est pas là. Toute espèce en effet a une essence propre localisée dans les germes dont ses individus proviennent. Le suspenseur, origine de l'embryon des phanérogames, ne contient-il pas en principe, avec tous ses caractères, cet embryon, c'est-à-dire, le végétal lui-même, puisque celui-ci n'est que le développement de son embryon ? la spore, qui n'est qu'une vésicule embryonnaire, n'engendre-t-elle pas un individu semblable à celui dont elle provient ? Et cependant, tous les jeunes ovules se ressemblent, et il n'est pas rare de voir des spores qu'aucune distinction morphologique ne saurait séparer, et qui cependant appartiennent à des espèces différentes.

L'impossibilité de la reproduction par la simple évolution d'une gonidie nous paraît plutôt établie par ce fait qu'on n'a jamais vu une gonidie engendrer un hyphe. Les sorédies, très fréquentes sur les individus qui ne fructifient pas, ne reproduisent ces individus qu'à la condition d'être mêlées à quelques hyphes expulsés en même

(1) O.-J. RICHARD, *lo cit.*, p. VII.

temps qu'elles. Si d'ailleurs les gonidies pouvaient produire des hyphes, il est évident que cette aptitude, devenant une condition d'existence, serait toujours active ou du moins tendrait à l'être, et que par suite on ne verrait pas de couches lépreuses gonidiales s'étendre sur des surfaces parfois considérables sans différencier des hyphes dont la présence les élèverait au rang de thalles parfaits.

Du fait même que des gonidies, dont l'existence régulière est dépendante de l'existence d'un autre organe, peuvent vivre sans cet organe, il résulte qu'elles sont incapables de le produire. Il ne reste donc plus, pour expliquer la création des lichens qui ne fructifient pas, d'autre mode que celui que nous avons proposé : ce mode s'effectue généralement au moyen de sorédies parfaites, c'est-à-dire, composées d'hyphes et de gonidies.

M. Müller admet comme nous l'intervention nécessaire des deux éléments pour la formation des individus, mais seulement dans le cas des lichens gélatineux. Prenant pour point de départ l'expérience de M. Reess, il conclut que le *collema* est un être dimorphe, ayant un état parfait comprenant des hyphes et des séries de gonimies, et une condition secondaire exclusivement constituée par des gonimies.

Le premier état est seul fertile, produit seul des spores. Dans la plupart des cas, cependant, les apothécies avortent, et l'individu se multiplie par des papilles isidioïdes : les individus issus de ces papilles sont parfaits, comprennent des filaments, et peuvent donner naissance à des apothécies. Ce mode de reproduction est le plus commun ; mais l'espèce se propage également par la germination des spores sur le stratum secondaire gonimial.

Celui-ci, représenté par des êtres que plusieurs auteurs regardent encore comme autonomes, les nostochs, arrive à l'état parfait par l'adjonction des filaments germinatifs de la spore ou par l'introduction des poils radicaux d'un autre individu. Les spores seules sont incapables de propager l'individu ; quant aux gonimies, leur multiplication reproduit le nostoch, mais ne donne jamais naissance au lichen parfait.

Si l'on considère que le même processus de la végétation, les mêmes phénomènes se retrouvent chez tous les lichens, qu'on peut arriver à la synthèse de chacun d'eux, cette conclusion s'impose qu'ils sont tous dimorphes comme le colléma, c'est-à-dire, qu'ils comprennent dans leur évolution un état gonidial et un état parfait, et que la race n'est féconde que par la réunion des modes de multiplication propres à chacun de leurs éléments.

Il est évident qu'on devrait rencontrer trois états distincts pour une même espèce : une expansion exclusivement composée de gonidies, une autre formée de filaments, et une troisième, la seule parfaite et la seule capable de transmettre les caractères spécifiques, constituée à la fois par des hyphes et des gonidies.

Mais, pour des raisons que nous ignorons, l'état hyphique libre fait complètement défaut dans la nature, soit que la spore en germination périsse si elle ne rencontre pas le thalle gélatineux auquel ses filaments doivent s'unir, soit que le jeune individu, ne rencontrant pas de gonidies, en produise dans ses premières cellules.

En résumé, si les lichens procèdent, pour l'un de leurs éléments, des algues, et pour l'autre, des champignons, ils n'ont, considérés dans leur forme parfaite, que des analogies éloignées avec ces deux classes de végétaux.

Leur respiration phyllochlorienne les rattache seule aux algues ; quant aux champignons, ils représentent, par rapport aux lichens, des organismes analogues par les fonctions et les aptitudes aux pétales des plantes parasites aphylles, les lichens se rapprochant, grâce à l'acte prédominant de leur activité, des parties vertes des plantes phyllochlorées.

CHAPITRE III

LES ORGANES ET LEURS FORMES

Formes normales du thalle. — Formes normales des réceptacles. — Anamorphoses ; variabilité de l'appareil végétatif et de l'appareil reproducteur.

Formes normales du thalle. — La partie la plus apparente du lichen consiste en une expansion variable, généralement colorée, qui représente l'individu pendant une grande partie de son existence, qui marque jusqu'à sa mort les limites de sa forme, et qui est la base, le substratum de toutes ses fonctions vitales. Cette expansion constitue le thalle. Sa genèse doit être attribuée à l'évolution des premiers filaments produits par la spore en germination.

Chaque individu a évidemment un thalle particulier ; mais, lorsque ce thalle se réduit à une simple plaque granuleuse, il est en général mal limité et peut se confondre avec les thalles que le hasard place dans son voisinage. Il faudrait en ce cas, pour restituer à chacun des êtres ainsi confluents son indépendance, remonter jusqu'à leur origine propre, jusqu'à la spore qui les a produits, si toutefois leur partie hyphique dérive d'une spore. C'est là une constatation impossible en pratique, et quoique en principe on puisse établir que deux individus qui mélangent leurs éléments ne perdent pas par le fait même leur autonomie, on ne saurait contester que la plupart des lichens à thalle crustacé n'ont pas de forme individuelle.

C'est là une des conséquences de l'organisation exclusivement cellulaire, et une cause d'infériorité vitale. Le principe actif n'est pas localisé ; les organes ne sont pas différenciés pour les actes physiologiques, mais seulement pour ces deux fonctions très générales, la nutrition et la reproduction, qui ont un but si divergent qu'elles ne peuvent être accomplies par la même partie, dès qu'on arrive à un organisme contexté.

Il en résulte que deux êtres cellulaires de la même espèce, se rencontrant en un point, doivent se souder, et que leur réunion a l'apparence d'un fait normal et régulier, parce que la vie de l'un ou de l'autre ne se trouve en aucune manière modifiée ; les mêmes manifestations se reproduisent dans toutes les parties du nouvel individu suivant un mode identique, et elles ne diffèrent pas des manifestations vitales des deux êtres primitivement distincts.

Les limites de la forme individuelle chez les lichens sont d'ailleurs d'autant plus difficiles à définir qu'ils procèdent souvent de la réunion d'un stratum gonidial et d'hyphes adultes, provenant d'un autre être et non d'un germe individualisé.

Cependant, dans plusieurs cas, les individus ne se confondent pas sans qu'on puisse trouver des traces de leur végétation libre antérieure. Lorsque deux thalles se rencontrent, l'hypothalle, qui généralement s'étend plus rapidement que le stratum qu'il supporte et auquel il a donné naissance, forme une sorte de bourrelet marginal mince, ou *périthalle*, toujours discolore, le plus souvent bleuâtre ou noirâtre.

Le périthalle n'est pas limité aux individus confluents ; il fait ordinairement partie des caractères spécifiques, et se développe suivant un mode propre. Il constitue la partie la plus récente du thalle, et partant la plus active ; mais il est évident qu'au point de vue morphologique il n'est utile que pour distinguer les individus confondus.

D'après Fée, il ne représente pas un organe particulier, mais est seulement dû à la pression mutuelle de la partie marginale des thalles par suite de leur accroissement respectif, cette pression déterminant une sorte de condensation en tissu des filaments byssoïdes hypothallins, qui sans elle resteraient épars et rayonnants, et seraient dans cette forme beaucoup moins sensibles.

Il est très possible que cette cause influe sur le développement du périthalle, mais elle n'est pas suffisante pour déterminer la formation d'une zône colorée, cette formation ne faisant pas partie des aptitudes spécifiques, car, s'il en était ainsi, il n'y aurait point de thalle indéterminé, puisque toutes les espèces ont un hypothalle.

D'ailleurs, le périthalle atteint dans certaines formes une si grande largeur qu'il y représente certainement un organe normal, se développant dans toutes les circonstances. Dans *Lecidea parasema* (fig. 15), par exemple, il fait partie des caractères spécifiques, et représente même la base de la détermination de cette espèce ; sa présence y est si régulière que dans toute l'étendue des individus on découvre, à une forte loupe, des tronçons incomplets de périthalles rudimentaires, limitant des lobes arrondis, et dus au développement entre ces lobes de portions hypothallines.

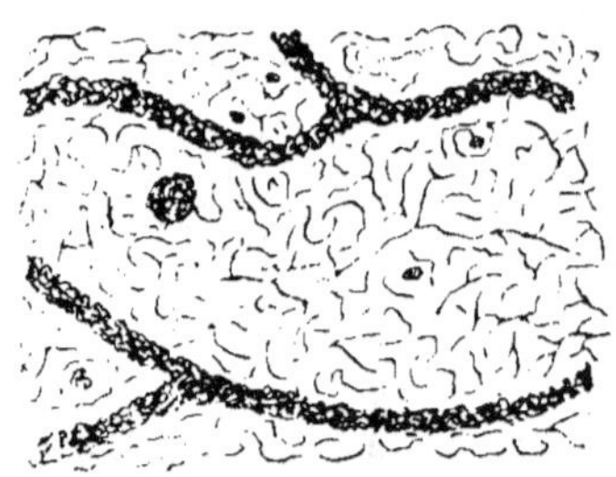

Fig. 15. — Thalle et périthalle de *Lecidea parasema* $\left(\frac{10}{1}\right)$.

Dans certaines opégraphes, la partie marginale du thalle est blanche, lisse, facile à distinguer de l'écorce environnante, et ne se couvre jamais

de réceptacles ; elle constitue une sorte de périthalle, mais son origine n'est pas exclusivement
hypothalline ; chez la pertusaire commune, sur
les troncs rugueux, comme le tilleul et l'orme, la
marge est également stérile, formée de plusieurs
zones concentriques d'un beau vert glauque ;
ces zones manquent ordinairement dans les individus qui naissent sur les troncs lisses.

Quand le thalle est dépourvu, sur les bords.
de toute zone discolore.
il est dit *indéterminé*
(*thallus effusus*) (fig.
16). On le rencontre ex-
clusivement dans les for-
mes crustacées, chez cer-
taines Verrucaires, Per-
tusaires, Lécanores, Lé-
cidées. Certains *cali-
cium* se développent

Fig. 16. — *Graphis.*

sur la surface entière du tronc d'un arbre sans
qu'on puisse déterminer le point où le thalle commence et celui où il finit. On ne peut évidemment assigner de dimensions au thalle indéterminé, puisqu'il peut indéfiniment s'étendre, et
qu'il s'accroît de tous les thalles de la même espèce qu'il rencontre dans son développement.

Quand, au contraire, le thalle est bordé d'un
périthalle, ou bien possède une marge libre de
toute attache, il est dit *déterminé* (*determina-
tus*). L'étendue des thalles déterminés est très variable suivant les espèces ; quelquefois ils sont
punctiformes, quelquefois ils atteignent plusieurs
décimètres de diamètre ; on cite les cas d'Usnées
dont la longueur dépassait dix mètres ; mais il
s'agit là d'un développement anormal et peu en
rapport avec les caractères spécifiques ordinairement réalisés. En général, le diamètre des thalles

ne dépasse pas huit à dix centimètres, et la hauteur des expansions fruticuleuses reste le plus souvent dans cette limite. Un certain nombre de formes ont un thalle microscopique.

Les thalles déterminés peuvent se rapporter à trois types principaux : le type *crustacé (thallus crustaceus)* ; le type *foliacé (thallus frondosus)* ; le type *fruticuleux (thallus fruticulosus)*.

Le thalle crustacé est constitué simplement par une expansion plane, d'apparence homogène, en tous points semblable à elle-même, sans aucune apparence de lobes ou de divisions, au moins dans la partie centrale ; toutes ses parties sont également aptes à produire des réceptacles ; cependant la marche est généralement stérile et dans un grand nombre de cas discolore ; en tous cas, elle se marque nettement, quand deux thalles voisins se confondent, par un sillon plus foncé.

Schœrer en distingue trois espèces : le thalle *lépreux (thallus leprosus)* constitué par une couche très mince et grenue, ne se distinguant ordinairement des corps étrangers sur lesquels elle végète que par sa couleur ; le thalle *pulvérulent (thallus pulverulentus)*, morphologiquement analogue au précédent, mais composé de granules plus apparents, légèrement convexes et séparés par des sillons confluents ; le thalle *tartareux (thallus tartareus)*, épais, dense, lisse, nettement limité, généralement orbiculaire et facile à détacher en entier de son support ; cette forme de thalle se rencontre souvent dans les espèces crustacées qui habitent les écorces rugueuses, et il n'est pas impossible que l'habitat ne détermine en partie ses caractères ; en effet, il n'est pas rare de rencontrer sur les troncs lisses des individus de ces espèces dont le thalle

est aminci, plan, et difficile à détacher ; dans ce
cas, il est ordinairement mal limité.

Cette division en formes du thalle crustacé est
d'ailleurs loin d'être fondamentale : elle n'est
utilement employée que pour distinguer les variétés ; elle est assez difficile à apprécier exactement.

Le thalle crustacé est le plus souvent blanchâtre, mais avec une tendance à devenir verdâtre
ou jaunâtre par les temps humides : dans certaines formes, il est constamment jaune, orangé,
rose, rougeâtre, bleuâtre, olivâtre ou brun : il
est rarement vert.

Dans la forme lépreuse, il est lisse ou du moins
ne présente pas de saillies sensibles : dans la
forme tartareuse, au contraire, la surface est généralement creusée de petites dépressions limitant des lobes granuleux, analogues à des squamules, mais n'ayant aucune partie libre et adhérant par toute leur face inférieure à l'hypothalle.

Si celui-ci est absolument fixé au support,
de telle manière qu'on ne puisse
l'en détacher sans diviser l'individu en fragments, le thalle est
adné (*adnatus*) ; il est *contigu*
(*contiguus*) dans le cas contraire.
Quand les protubérances épithal-
lines sont arrondies, subhémisphé-
riques, à contours plus ou moins
anguleux (*fig.* 17), le thalle est *aréolé* (*areola-*
tus) ; il est *verruqueux* (*verrucosus*) si ces protubérances sont saillantes en petits tubercules ;
fendillé (*rimosus*), quand il est couvert de petites
crevasses ; *plissé* (*plicatus*), si la page supérieure est ridée ; *radié-plissé* (*radiatoplicatus*),
si ces rides rayonnent du centre à la périphérie.
Quant à sa consistance, elle peut être *cartila_*

Fig. 17. — Thalle aréolé
de *Lecanora atra*, Ach.

gineuse (thallus cartilagineus) ou *membraneuse (thallus membranaceus)*. Dans quelques espèces, les granulations s'oblitèrent, se désagrègent rapidement, et le thalle est dit *déliquescent (deliquescens)*.

Le thalle crustacé se développe ou bien sur l'écorce ou bien sous l'épiderme. Dans le premier cas, il est *épiphlœode (epiphlœodes)*, et peut présenter tous les caractères que nous venons d'indiquer ; dans le second, il est *hypophlœode (hypophlœodes)* : il naît sous la cuticule, parmi les fibres les plus externes, et est, pendant une partie de son existence, saprophyte ; quoique apparaissant ainsi à l'intérieur, la coloration spéciale qu'affecte rapidement l'épiderme qui le recouvre dévoile sa présence : il exerce d'ailleurs une action désorganisatrice : ses réceptacles, en cherchant la lumière, écartent le tissu superficiel, et peu à peu le divisent en fragments bientôt soulevés, de telle sorte qu'après une certaine période d'activité le thalle hypophlœode est en grande partie découvert. Il est facile de suivre son développement dans *Verrucaria nitida*, où sa couleur d'un jaune cendré est très visible à travers la cuticule épidermique ; les périthécies qu'il émet tuméfient et percent rapidement cette cuticule.

Dans les thalles crustacés pulvérulents déterminés, la marge diffère généralement de la partie centrale, qui est granuleuse, et qui révèle déjà une certaine déchéance vitale, puisqu'elle doit son aspect à une désagrégation des éléments ; vers les bords au contraire la superficie apparaît plus lisse, le tissu plus compact, et l'on voit là qu'il y a formation active, production, et non plus morcellement. Cependant, dans quelques espèces, le thalle reste complètement invariable dans toutes ses parties : il représente en ce cas un état intermédiaire entre le thalle indéterminé, qui ne saurait être attribué à un individu, et le thalle limité, qui présente par suite une forme individuelle : il emprunte au premier sa force d'expansion indéfinie, au second sa faculté de produire un périthalle pour isoler les individus ; les descripteurs le désignent sous le nom de thalle *uniforme (uniformis)*.

Un progrès de plus dans l'évolution morphologique nous amène au thalle *effiguré (effiguratus)*, véritablement individualisé en ce sens que son développement ne peut aller au delà de la production des lobes périphériques, qui ne se différencient qu'après que la partie centrale a pris un accroissement sensible. Il est certain cependant qu'il y a refoulement des éléments, et par suite extension du thalle, même quand il a pris sa forme complète, mais seulement jusqu'à une certaine limite. Le thalle effiguré est homogène au centre, lépreux, pulvérulent ou tartareux, et divisé à la périphérie en lanières plus ou moins étroites, quelquefois même en simples cils plans rayonnants. Il rappelle dans ce cas les réceptacles résupinés de quelques hyménomycètes, dont les contours byssoïdes tranchent sur la trame générale, à l'époque où les reliefs hyméniens ne sont pas encore saillants. Cette disposition du thalle se rencontre dans le genre *Placodium*, et elle peut servir de transition entre les espèces crustacées et les espèces foliacées.

Le passage le plus immédiat, toutefois, se fait par le thalle *squamuleux (squamulosus)* encore crustacé, mais à superficie divisée en lobes convexes, sortes d'écailles dont les bords se relèvent presques libres, et qui apparaissent plus grandes et mieux différenciées vers la marge ; le centre quelquefois reste simplement aréolé, quoique à la loupe on puisse y distinguer les traces de la tendance générale de l'espèce.

Que ces lobes deviennent plus grands, que leurs bords s'affranchissent de toute dépendance, s'arrondissent, se dilatent, se redressent, se divisent, et nous arrivons très naturellement au thalle foliacé, généralement rayonnant et disposé en rosette orbiculaire, mais dont l'aspect varie considérablement, au point qu'il suffit souvent à faire reconnaître les espèces.

A la base de la série est le thalle *squameux* (*squamosus*), uniformément composé d'écailles divergentes d'un centre commun, confluentes à la base, et réunies en une expansion le plus souvent orbiculaire, à bords diversement découpés. Ce thalle se distingue déjà du thalle crustacé par ses pages dissemblables, la supérieure lisse, l'inférieure souvent velue ou hérissée, et presque toujours d'une couleur différente.

Le point d'attache du thalle foliacé est

Fig. 18. — Thalle lacinié-lobé de *Physcia stellaris*.

variable ; tantôt il adhère seulement par sa partie centrale, tantôt par toute sa face inférieure, mais dans ce cas les bords se relèvent généralement, et les lanières centrales sont libres à la marge. Tous les états intermédiaires se rencontrent d'ailleurs ; le genre physcie en présente tous les développements. Dans *physcia stellaris*, la partie centrale de la rosette est occupée par de petites écailles convexes, légèrement renflées, anguleuses, adhérentes au substratum, et portant les réceptacles ou apothécies : la marge, qui est rayonnante, est découpée en lobes trèsétroits, dilatés à leur partie la plus extérieure où ils présentent des subdivisions digitées : celles-ci se courbent, de telle sorte que la face inférieure est canaliculée : elles paraissent ciliées à cause du relèvement des bords et de l'insertion oblique des fibres qui fixent le lichen à son support. Dans une variété de la même espèce, les lobes de la marge ne sont plus nettement séparés ; ils sont indiqués seulement par des sillons sinueux. Nous donnons à cette forme d'expansion, régulierement étalée en rosette, le nom de thalle *lacinié-lobé (laciniatolobatus) (fig* 18). Elle est en général de consistance membraneuse.

Le thalle *imbriqué-lobé (imbricatolobatus) (fig.* 19) diffère du précédent en ce que la totalité de l'individu est occupée par des lobes distincts, plus ou moins développés, mais à bords libres, souvent relevés et en recouvrement. Toutes les formes de ce thalle se rencontrent dans *Xanthoria parietina*, espèce extrèmement commune qui étale ses plaques d'un beau jaune sur les arbres, les rochers, les murailles, et qui est assez polymorphe, en raison de la diversité de ses habitats et des milieux où vivent ses représentants.

En général, la rosette est orbiculaire. Mais tantôt elle est entièrement membraneuse, avec les lobes plans apprimés, ou plissés rameux bifurqués, larges ou étroits, quelquefois irrégu-

lièrement déchiquetés, dans plusieurs variétés
extrêmement courts et comme oblitérés ; tantôt
elle est presque crustacée, avec le centre ou plus
rarement les bords se désagrégeant en poussière ;
dans cet état, les lobes marginaux sont ou bien
déchirés en lanières, ou bien dressés en petits
rameaux cylindriques réunis en buissons. Il est

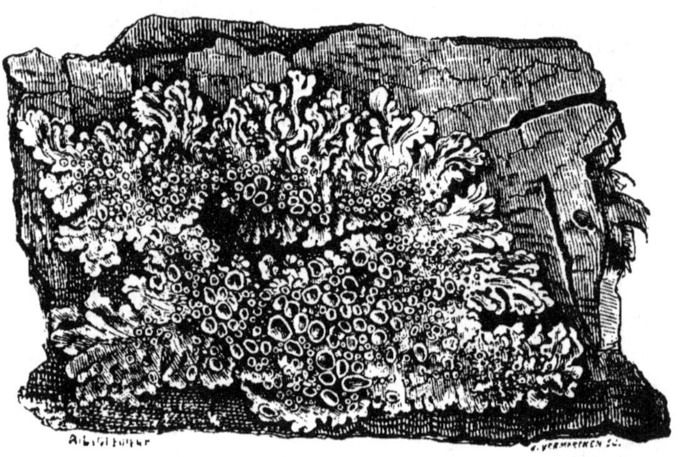

Fig. 19. — Thalle imbriqué-lobé de *Xanthoria parietina*.

difficile d'appliquer une dénomination exacte à
chacune de ces formes, parce qu'elles ne sont
ordinairement pas constantes dans leurs caractères propres, et qu'elles se combinent ensemble
pour donner naissance à une infinité d'états ; de
leur multiplicité il résulte que la nature des divisions du thalle ne saurait être regardée comme
un élément de détermination rigoureuse, et que
par suite on ne peut le faire intervenir, sans
autre considération, dans l'établissement des
espèces.

Une autre forme de thalle nous est offerte par
Parmelia acetabulum (*fig.* 7). Ici, les lobes sont
très-distincts, de telle sorte que chacun d'eux

joue le rôle d'une petite feuille. Le milieu de la rosette est occupé par une expansion membraneuse, sur laquelle prennent naissance les réceptacles, et qui se relève çà et là de plis rugueux, crispés ; à la marge sont des divisions très larges, également relevées et se recouvrant par leurs bords, qui sont ondulés, le tout enchevétré si intimement qu'il est difficile de trouver le point d'origine de chacun des lobes. Ce thalle est dit *arrondi-lobé* (*rotundatolobatus*) ; il est spécial à la famille des Parméliés.

Dans le genre *Umbilicaria*, le thalle est *ombiliqué-lobé* (*umbilicatolobatus*) (fig. 20), c'est-

Fig. 20.— Thalle ombiliqué-lobé d'*Umbilicaria*.

à-dire, foliacé et adhérent à son support par un seul point central ; la face inférieure est nue ou hérissée ; la page supérieure est ordinairement réticulée et rugueuse ; il est tantôt *monophylle* (*monophyllus*), composé d'une seule expansion seulement divisée à la marge, tantôt *polyphylle* (*polyphyllus.*), constitué par des lobes imbriqués.

Les lobes du thalle peuvent-être adhérents au substratum, ou libres et dressés ; dans le premier cas, ils sont dits *appliqués (adfixi)*, dans le second *ascendants (adscendentes.)* En général, dans les thalles foliacés à larges divisions, le bord de ces divisions est relevé ; mais les lobes ne sont véritablement ascendants que chez plusieurs physciés, qui établissent par leur forme le passage du thalle foliacé au thalle fruticuleux.

Le thalle de ces espèces est *linéaire-lobé* (*linearilobatus*) ; il se distingue essentiellement des formes fruticuleuses par la différence des propriétés de ses faces, la supérieure étant seule apte à produire des réceptacles.

Ses lobes partent tous d'un centre commun ; ils sont divergents et rayonnent de manière à former un petit buisson presque régulier ; ils sont le plus souvent déchiquetés en lanières très étroites, qui se couvrent çà et là d'apothécies. Dans *Physcia tenella*, ces lanières sont sublinéaires, digitées vers l'extrémité, légèrement voûtées et assez courtes. Dans *Physcia ciliaris*, elles sont un peu plus larges, raides, un peu dressées, bifurquées, très rameuses, à digitations presque aiguës, entremêlées en touffes plus ou moins étendues, toujours courbées vers l'extrémité et canaliculées en dessous : des rides courent sur les deux surfaces.

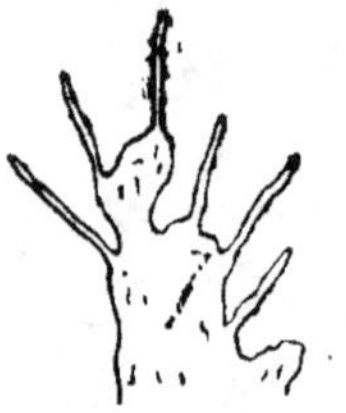

Fig. 21. — Cils de *Physcia tenella.*

A la marge des expansions des physciés suffruticuleuses sont généralement des appendices capillaires, aigus, blanchâtres ou noirâtres, qu'on nomme *cils (fibrillæ).* Ces cils (*fig.* 21) n'ont pas de rôle spécial à accomplir; on ne saurait les assimiler aux fibres qui couvrent la page inférieure d'un grand nombre de lichens, puisque ces fibres n'existent pas chez les physcies ciliées; il faut plutôt les regarder comme la réalisation ultime, et fixée dans certains types, de la tendance qui pousse les expansions des physcies à une partition indéfinie. Les lanières sont quelquefois aussi couvertes supérieurement d'un duvet plus ou moins apparent : quant à la face inférieure, il est normal de la voir hérissée d'un tomentum hypothallin.

Chez les Stictés et les Peltigérés, le thalle est *foliacé-lobé* (*folia-ceolobatus*), c'est-à-dire forme une expansion très large ou fronde, lobée sur les bords et seulement divisée en feuilles ondulées qui se recouvrent, mais qui n'adhèrent entre elles que sur une portion limitée. Dans *Peltigera canina*, espèce assez commune qui vit à terre dans les bois, et qu'on peut considérer comme réalisant la

Fig. 22. — Page inférieure du thalle de *Peltigera canina* : α, dépressions couvertes de tomentum hypothallin : β, nervures primaires ; γ, nervures secondaires ; δ, fibres marginales; ε rhizines ; ζ couronne fibreuse.

forme typique de ce thalle, les individus peuvent comprendre huit à dix de ces feuilles, atteignant en diamètre sept ou huit centimètres, et réunies sans ordre apparent, et non plus en rosette.

La face supérieure est couverte de rides proéminentes, rameuses, limitées par des sillons confluents ; les divisions marginales sont arrondies, crépues ; la plupart se relèvent et portent à leur extrémité une apothécie. Aux rides correspondent à la face inférieure des concavités tapissées par un hypothalle blanc, constitué par de menus filaments réunis en tomentum (*fig.* 22 α) ; entre ces concavités courent des *nervures* (*venæ*) roussâtres ou brunâtres, saillantes, qui s'anastomosent en un élégant réseau (*fig.* 22 β et γ). A la marge sont des fibres en forme de cils aigus, bifurqués ou rameux (*fig.* 22 δ).

Des nervures partent des fibres verticales (*fig.* 22 ε), d'un diamètre moindre, quelques unes aiguës, la plupart obtuses, toutes ayant pour fonction de fixer le lichen à son support. Ces fibres, qu'on nomme *rhizines* (*rhizinæ*), se retrouvent dans un grand nombre de thalles foliacés ; elles sont quelquefois réunies en une pubescence très serrée, et affectent toutes les couleurs, depuis le blanc jusqu'au brun, au bleu et au noir. Quoiqu'elles aient pour fonction évidente de fixer le végétal à son substratum, elles ne sauraient constituer un organe essentiel, puisque plusieurs espèces foliacées n'ont pas de rhizines : elles n'ont aucun pouvoir d'absorption, puisque les lichens n'empruntent rien à leur substratum. On doit par suite attribuer leur présence à une analogie organique qui fait que les thalles rhizinifères, bien que capables d'adhérer immédiatement à leur substratum, doivent produire des filaments rhizoïdes, pour se conformer au plan général de l'être végétal, qui comprend une racine dans ses éléments.

Les rhizines ont une assez grande force de pénétration : elles s'insèrent facilement dans les fentes de l'écorce ou les crevasses des rochers ; quand elles rencontrent un obstacle qui les empêche de s'allonger, elles se renflent terminalement, et produisent une couronne de petites fibres rayonnantes (fig 22).

On peut rapporter à la forme foliacée les thalles gélatineux des collémas. Dans *collema furvum*, le thalle consiste en une expansion homogène, glabre, lobée vers la marge, suborbiculaire : à la surface supérieure sont des papilles tuberculeuses. Dans d'autres espèces, les lobes sont déchiquetés en lanières crépues, ou en filaments linéaires, multifides, aigus, ciliés de petites dentelures ; quelquefois le thalle forme une simple croûte gélatineuse.

Le thalle fruticuleux est essentiellement carac-

Fig. 23. — Thalle fruticuleux de *Ramalina*.

térisé par la similitude de ses pages, qui sont ordinairement concolores et également aptes à produire des apothécies. Il est en général cartilagineux ou membraneux, et ses expansions ne sont jamais simples. Il comprend deux formes bien distinctes.

Au point de vue morphologique, la première de ces formes procède des physcies cespiteuses : elle est réalisée dans ses caractères typiques par le genre *Ramalina* (*fig.* 23); mais la transition se fait par le *Cetraria*. qui tient à la fois des ramalines et des physcies.

Dans ce genre, les expansions sont resserrées, subcomprimées, tubuleuses, fruticuleuses ou presque foliacées, à ramifications tantôt étroites et allongées (*C. aculeata*), tantôt planes, larges, crépues, membranacées (*C. islandica*) ; la marge qui est ciliée porte seule les apothécies ; la couche mé·lullaire, enfermée dans un étui cortical entourant. est étoupeuse.

Dans les Ramalines, fréquentes sur tous nos arbres, les lobes du thalle sont confluents à la base en un disque très adhérent au substratum. Ils sont cartilagineux, plains, concolores et semblables sur les deux faces : ils ne présentent pas de cils à la marge ; mais ils sont couverts de rides proéminentes anastomosées, qui leur donnent une apparence bosselée ; leur couche corticale est rigide, et le stratum médullaire intérieur est blanc, cotonneux.

Leur forme est assez variable ; tantôt ils sont presque entiers sur les bords, et atteignent généralement. dans ce cas, un assez grand développement; certains individus de *R. calicaris* produisent des expansions qui mesurent un décimètre de longueur sur sept ou huit centimètres de largeur ; tantôt ils sont très étroits, mais déchiquetés à la marge en lanières aiguës, lacérées, crépues. redressées. Sur le thalle se développent fréquemment des sorédies, petits amas de gonidies et d'hyphes, qui évoluent sur place et donnent naissance à de petits thalles secondaires, lobes ramifiées qui s'ajoutent à l'individu.

R. fastigiata, qui ne nous paraît être qu'une variété de *R. calicaris*, due à une sorte d'atrophie normale et héréditaire, se développe également en buisson ; mais ses ramifications, au lieu d'être décombantes, sont dressées ; de plus, chacune d'elles, à la base, constitue un support turbiné, dilaté, creux, donnant naissance à un corymbe de digitations crépues, inférieurement un peu blanchâtres, supérieurement d'un vert sombre, et divisées en lobules cylindriques obtus. Dans cette forme, les apothécies sont terminales.

Le thalle de l'*Evernia* se rapproche de celui des Ramalines, et il en présente toutes les variétés. Ses touffes sont ordinairement pendantes, composées de lanières un peu canaliculées, vertes en dessus et blanches en dessous, tantôt assez larges et peu divisées, tantôt étroites et déchiquetées ; la couche corticale est très mince ; le stratum médullaire est étoupeux. A la marge sont de nombreuses sorédies blanchâtres.

On trouve dans la famille des Usnés (*fig.* 24) une variété du thalle fruticuleux, dite *filamenteuse* (*th. filamentosus*), et caractérisée par des expansions cylindriques, absolument dépourvues de squamules secondaires horizontales, pendantes et souvent rameuses. Les sorédies superficielles développent ici, comme chez les ramalines, des thalles secondaires qui font paraître ramifiés les filaments primitifs. La couche corticale est organisée en un étui fermé, ou *cortex* (*cortex*), résistant, cartilagineux, absolument libre de toute attache avec les éléments internes ; ceux-ci, représentés par des hyphes médullaires réunis en un tissu lâche étoupeux, forment une *nerville* intérieure (*nervulus*), qui traverse le thalle dans toute son étendue. Ce thalle est *pendant* (*pendulus*) ou *dressé* (*erectus*), quelquefois étranglé de distance en distance de manière à paraître *articulé (articulatus)*.

Nous aurions peut-être dû rattacher au thalle

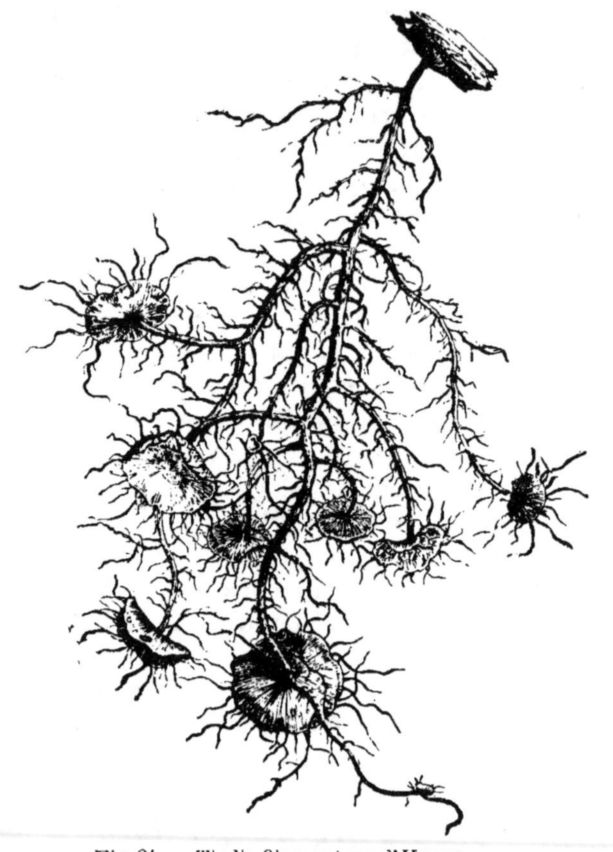

Fig. 24. — Thalle filamenteux d'*Usnea*.

foliacé les expansions des cladoniés, puisque leurs filaments présentent généralement à la base des squamules lobées, que leur premier état consiste toujours en écailles, et que d'ailleurs un certain nombre d'espèces ne s'élèvent pas audessus de cet état, et produisent des apothécies presque sessiles. Mais comme la grande tendance du genre est de produire des expansions verticales, et que ces expansions ne constituent pas de simples supports pour les apothécies, puisqu'elles restent souvent normalement stériles, et que par suite elles font partie des caractères spécifiques, nous pensons qu'il est plus rationnel de les considérer comme la base de la forme du genre.

Ces expansions verticales, ou *podéties (podétium)*, sont toujours cylindriques : elles affectent d'ailleurs des formes variables. Si la podétie est munie d'une couche corticale persistante, elle est dite *cortiquée (corticatum)* ; si au contraire la couche corticale a une tendance à tomber en poussière, de manière à laisser à nu le stratum médullaire, elle est dite *décortiquée (decorticatum)*.

Les podéties présentent la même disposition anatomique que le thalle filamenteux ; elles émanent ordinairement d'un stratum gonidial qui donne naissance à de petites squamules rapidement oblitérées ; les gonidies superficielles donnent naissance à des écailles horizontales phylloïdes qui occupent la périphérie de la podétie quelquefois jusqu'à son sommet.

A l'intérieur est généralement un canal absolument vide. La partie apicale est très souvent dilatée en un entonnoir régulièrement turbiné (*fig.* 25), ou *scyphe (scyphus)*, tantôt creux et *ouvert (pervius)*, tantôt muni d'un voile ombiliqué déprimé, ou *diaphragme (diaphragma)* : les bords du scyphe portent les apothécies et les spermogonies ; ils sont entiers, crénelés, lacérés ou déchiquetés.

Les podéties scyphifères sont simples ou rameuses ; dans ce cas, les aisselles des ramifications sont souvent comprimées et perforées.

Dans quelques espèces, les podéties ne se dilatent pas supérieurement en scyphes, et il n'est pas rare même d'en rencontrer, dans les formes

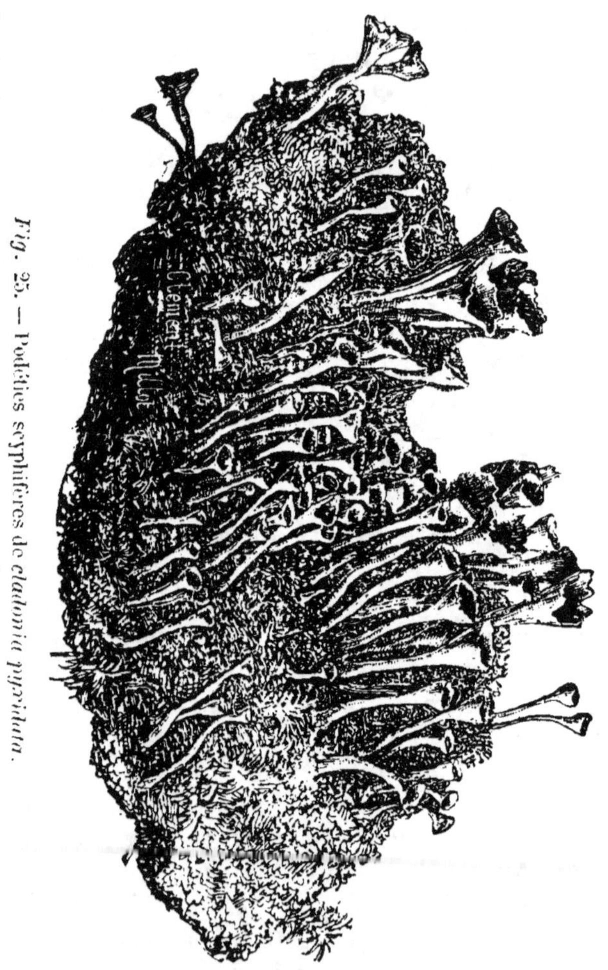

Fig. 25. — Podéties scyphifères de cladonia pyxidata.

scyphifères, qui restent absolument cylindriques ou s'atténuent en pointe aigüe ; elles sont en ce cas simples ou rameuses.

Schærer (1) a donné toute une terminologie pour distinguer les formes des scyphes et des podéties des Cladonies ; il est utile de la connaître, parce que ces formes sont très variables pour une même espèce.

Les podéties peuvent être : glabres, c'est-à-dire privées de toute squamule horizontale (*podetium aphyllum*) ; rameuses, avec les extrémités obtuses et obscurément scyphifères (*cladocarpum*) ; épaissies en massue (*clavatum*) ; rameuses, à ramifications en forme de cornes (*cornutum*) ; cylindriques (*cylindricum*) ; munies de proliférations en lanières crépues (*dilaceratum*) ; rameuses dans leur partie supérieure (*divisum*) ; obscurément scyphifères et fermées par les apothécies (*fibulæforme*) ; en entonnoir (*infundibuliforme*) ; déchirées à la superficie (*lacerum*) ; obtuses, et terminées alors par une ou plusieurs apothécies (*obtusum*) ; scyphifères (*scyphosum*) ; simples (*simplex*) ; munies de ramuscules épineux (*spinosum*) ; couvertes de squamules, (*squamulosum*) ; divisées en rameaux stériles subulés aigus (*subulatum*).

Quant aux scyphes, ils peuvent être : prolifères du diaphragme (*scyphus centralis*) ; prolifères de la marge (*marginalis*) ; crénelés (*crenulatus*) ; denticulés par les jeunes apothécies (*denticulatus*) ; munis de dents allongées digitées (*digitatus*) ; entiers (*integer*) ; pourvus de dents rayonnantes entières (*radiatus*) ; dilatés en trompette (*tubæformis*) ; turbinés (*turbinatus*).

Chez les Béomyces, les podéties consistent

(1) SCHÆRER. *Enumeratio critica lichenum europæorum quos ex nova methodo digerit Lud. Emanuel Schærer,* Berne, 1850.

en petits prolongements cylindriques ; elles appartiennent plutôt à l'apothécie qu'à l'appareil végétatif; elles sont souvent confluentes.

Formes normales des réceptacles. — L'unique métamorphose des éléments des lichens est la formation des cellules fécondes donnant naissance aux germes qui par leur évolution doivent contribuer à la reproduction de la race. Ces cellules sont réunies en amas qui affectent des points déterminés du thalle, et qui sont assez variables dans leur forme extérieure, bien que leur constitution dérive du même principe.

Chacun de ces amas constitue une *apothécie* (*apothecium*). Dans son état le plus ordinaire, l'apothécie consiste en un disque coloré, entouré et protégé par une marge plus ou moins saillante (*fig.* 26), et présentant trois couches d'éléments superposés.

Fig. 26. — Apothécie de Lecanora subfusca.

A la base est une poche servant de substratum, et qu'on nomme conceptacle ou *excipule* (*excipulum*). Dans sa forme la plus simple, l'excipule est constitué par un simple renflement du thalle en coussinet (*stroma*), destiné à produire et à porter l'appareil reproducteur. Mais plus généralement il est représenté par plusieurs couches spéciales d'éléments, hyphes courts mêlés à des gonidies.

La nature et la forme de l'excipule constituent d'excellents caractères pour la distinction des types, et peuvent même devenir l'origine de différences génériques.

Si l'excipule est formé d'une substance analogue à celle du thalle, si, en d'autres termes, il consiste en une simple excavation du thalle, avec refoulement en marge dressée des parties latérales de la dépression, il est dit *thallin* (*thallo-des*) ; si ses éléments diffèrent par leur forme, par leur texture ou par leur couleur, de ceux du thalle, il est dit *propre* (*proprium*). Enfin, il est mixte ou *double* (*duplex*), quand sa partie extérieure est thalline, et sa partie intérieure propre. Dans *Thelotrema*, il est formé d'une verrue thalline, compacte, déhiscente terminalement, et renfermant un conceptacle membraneux, irrégulièrement déhiscent ; dans *Pyrenula*, il est également double, composé d'un tubercule renfermant une enveloppe charbonneuse ; dans *Seges-tria* (*fig. 27*), il est verru-cœforme, et comprend une proéminence thalline et une périthécie (1) submem-braneuse céracée.

Fig.27.— Périthécie de *Segestria umbonata.*

Au-dessus de l'excipule est un stratum composé de petites cellules arrondies, qu'on nomme *hypothécie* (*hypothecium*). Ce stratum, très important dans l'organisme, puisqu'il est l'origine des cellules fertiles, n'a évidemment aucune valeur morphologique, sa forme dépendant de celle du conceptacle qu'il tapisse.

Naissant de l'excipule, et constituant la partie la plus externe de l'apothécie, apparaît le *thalame* (*thalamium*) constitué par l'ensemble des cellules-mères et des paraphyses unies par une gélatine spéciale. Lorsque le thalame est découvert, étalé, il constitue la *lame proligère* (*lamina proligera*, ou *sporigera*, ou simplement *la-*

(1) Par une singulière anomalie, les auteurs disent *apothécie*, *périthèce* et *hypothecium*. Nous pensons plus rationnel de donner à tous ces termes, qui ont même origine, une terminaison identique.

mina) ; s'il est renfermé, il forme le *noyau pro-ligère* (*nucleus proligerus*, ou *sporigerus*, ou simplement *nucleus*). Le thalame est toujours coloré par un endochrome spécial contenu dans les extrémités renflées des paraphyses ; cet endochrome est le plus souvent fauve, grisâtre, brun ou noirâtre, quelquefois glauque ou orangé ; il est variable pour une même espèce : ainsi *Lecanora subfusca*, espèce extrêmement commune sur les troncs, produit souvent sur le même thalle des apothécies rougeâtres, rousses, brunes, livides et noires. Dans *L. hæmatomma*, le thalame est d'un rouge sanguin très vif ; dans *Xanthoria parietina*, *Lecanora pyracea*, il est orangé. Le thalame est convexe ou concave.

Dans quelques genres, l'apothécie est d'abord recouverte par une mince couche thalline, ou *voile* (*velum*), qui disparaît rapidement en laissant cependant sur le thalame ou aux bords de l'apothécie des traces de son existence. Dans le Peltigéra, ce voile consiste en une mince lame décolorée, jaunâtre, qui se déchire en lanières courtes et étroites, grâce à l'effort de l'apothécie. Il est évident que le velum entier n'occupe qu'un espace très-restreint, et qu'il ne se développe pas en même temps que l'apothécie ; d'où l'on peut inférer qu'il ne constitue pas un organe distinct, mais qu'il est simplement représenté par la portion de la cuticule épidermique qui recouvre le jeune réceptacle ; on peut par suite, comme chez les champignons charnus, le supposer en théorie commun à toutes les espèces, la différence entre les apothécies voilées et les apothécies non voilées étant due à la plus ou moins grande rapidité avec laquelle le voile se déchire. Chez certaines Physcies, Lécanores, Opégraphes, le voile consiste simplement en granulations glauques qui ne s'oblitèrent que fort tard ; son origine est indiquée dans ces genres par sa consistance granuleuse, et par sa faculté d'absorber rapidement l'humidité atmosphérique, et de devenir alors translucide, comme la cuticule du thalle.

La lumière paraît jouer un rôle important dans la distribution sur le thalle des réceptacles. Dans un grand nombre de formes, la surface supérieure est seule apte à les produire, et même dans les espèces qui peuvent en porter sur toute leur étendue, on n'en rencontre que rarement à la surface inférieure. Les apothécies qui naissent ainsi sur la page éclairée du thalle sont dites *supérieures* (*apothecia antica*) ; lorsqu'elles naissent normalement et exclusivement, comme dans le genre *Nephroma*, à la page obscure, elles sont dites *inférieures* (*postica*).

Il est quelquefois difficile de distinguer les réceptacles, qui dans certains genres sont *immergés* (*immersa*), c'est-à-dire, plongés dans la substance du thalle et ne se manifestant au dehors que par une étroite ouverture. Mais le plus souvent ils sont *émergés* (*emersa*), et présentent dans ce cas divers modes de connexion avec le substratum végétatif. Si leur base est à demi plongée dans le thalle, de telle manière que le disque apparaisse seul au-dehors, ils sont *innés* (*innata*) ; si leur base repose sur le thalle, ils sont *adnés* (*adnata*) : ils sont *sessiles* (*sessilia*), quand la poche hypothécienne procède du thalle sans aucune solution de continuité, sans aucun sillon qui marque la moindre séparation entre les deux organes ; si, au contraire, les bords s'étalent et se relèvent en cupule plus large que la base, les apothécies sont dites *élevées* (*elevata*). Dans quelques espèces, le thalle se rétrécit en un pédicelle plus ou moins long, généralement creux et étoupeux intérieurement, et les apothécies sont *pédicellées (pędicellata)* ; si le pédicelle est, comme la marge du réceptacle, formé d'une substance différente de celle du thalle, il prend le nom de stipe, et les apothécies sont *stipitées (stipitata)*.

Considérées relativement à leur point d'insertion, les apothécies sont ou bien *marginales (marginalia)*, naissant sur la tranche ou les bords des thalles foliacés ; ou bien *terminales (terminalia)*, couronnant les ramifications des thalles fruticuleux ; ou bien *superficielles (superficialia)*, apparaissant indistinctement sur toutes les parties du thalle. Le plus souvent, elles se forment de la cuticule, et en ce cas elles sont rapidement ouvertes, au point que le velum n'est jamais sensible et que le disque punctiforme, origine du réceptacle, préexiste souvent à l'excipule. Mais dans quelques espèces elles prennent naissance de l'hypothalle, et se montrent distinctement insérées sur les fibres hypothallines, visibles à travers les lacunes du thalle ; cette disposition se rencontre dans *Lecidea (Rhizocarpon) geographica*. Enfin, il est des formes qui n'ont point de thalle, et qui vivent en parasites sur d'autres lichens ; il est probable que dans ce cas les réceptacles naissent d'hyphes hypothallins peu visibles.

Ces généralités étant établies, nous arrivons à l'étude des formes des apothécies ; elles sont assez diverses, mais il est facile de les rattacher les unes aux autres ; d'ailleurs, elles partent d'un principe unique, et se composent des mêmes éléments disposés dans le même ordre, de telle sorte que les modifications ne peuvent porter que sur les parties accessoires.

Dans les lichens qui par leur thalle lépreux se

rapprochent le plus des pyrénomycètes, le réceptacle est constitué par une *périthécie* (*peri-
thecium*), loge membraneuse ou cornée, le plus
souvent nichée dans la substance du thalle, et com-
muniquant avec l'extérieur par un *col* ou un prolongement filiforme s'ouvrant par un pore (*fig.*
27). A l'intérieur est le nucleus proligère.

Le plus souvent, les périthécies sont isolées et
distinctes ; mais quelquefois elles sont réunies
en petits groupes dans des excroissances thallines, ou *verrues*, qui leur servent de réceptacles
communs. Dans le genre *Pertu-
saria* (*fig.* 28), chaque verrue
comprend deux à cinq loges, d'a-
bord subsphériques et absolument
renfermées dans la masse, puis
lagenœformes, grâce à l'apparition à la partie supérieure d'un
conduit plus ou moins long qui

Fig. 28.— Verrue thal-
line et périthécies de
Pertusaria communis.

met le nucleus en communication avec l'extérieur.
Cette communication étant établie, et l'humidité
aidant, le nucleus s'étale, les bords s'écartent,
et le thalame apparaît légèrement coloré en
brun ; on arrive ainsi à la forme typique de l'a-
pothécie. La partie supérieure du thalame, qui
se montre ainsi à découvert, prend ici le nom
particulier *d'ostiole* (*ostiolum*). Les ostioles se
réunissent quelquefois, et leur ensemble apparaît comme le disque d'une apothécie ordinaire,
immergé dans la verrue qui sert aux loges d'excipule. Dans *Phlyctis*, les apothécies sont maculœformes, munies d'une mince bordure propre,
et innées dans les verrues peu saillantes qui leur
tiennent lieu d'excipule thallin, et dont elles
restent entourées après qu'elles se sont régulièrement ouvertes.

Dans *Pyrenodium*, l'apothécie comprend un

grand nombre de thalames, composés d'une périthécie renfermant un nucleus; les apothécies
sont renfermées dans le thalle, et on n'aperçoit
à l'extérieur que leurs ostioles : elles sont grosses, irrégulières, mastoïdes ou difformes, souvent
confluentes; lorsque le thalle est épais, elles s'immergent profondément, et ne sont plus indiquées
que par une légère proéminence facile à confondre avec les inégalités de l'écorce, surtout
avant que l'ostiole commun ne se fasse jour;
dans un thalle mince, au contraire, l'apothécie
proémine et se marque même souvent de plusieurs ostioles ; les thalames sont souvent immergés de plusieurs millimètres; leur sommet
s'allonge en col, et ils deviennent lagenœformes.
Les périthécies s'ouvrent par un pore, mais ne
sont pas mamelonnées. Leurs extrémités ne se
rendent pas exactement dans une ouverture
commune, « seulement, comme l'immersion des
thalames est considérable, la partie supérieure
qui est mince et entourée par la médulle corticale, se porte nécessairement vers le sommet de
l'apothèce où elle exerce la pression nécessaire
pour percer le thalle. Il arrive fort souvent que
les thalames se mettent en communication avec
l'air extérieur dans la partie la plus voisine de
leur point d'insertion ; aussi voit-on très-fré-
quemment les apothèces perforés dans plusieurs
points de leur surface... Il est une particularité
digne de remarque et qui est sans analogue dans
la famille des lichens. Quelques thalames arrondis, entièrement nichés dans les couches corticales sont sans communication avec l'air extérieur
et séparés des autres thalames par des fibres
ligneuses. D'où proviennent ces thalames isolés
n'ayant aucune communication ni avec les autres
thalames, ni avec le thalle ? Ce sont vraisembla-

blement des cellules qui descendent entre les fibres, et se développent après s'être séparées ainsi de la plante-mère. (1) »

Les réceptacles de certaines Verrucaires saxicoles ont une tendance à creuser leur substratum calcaire et à pratiquer une excavation dans laquelle ils s'immergent. « Ce phénomène est produit sans doute par l'acide carbonique de l'air. Cet acide, dissous dans l'eau de pluie qui imbibe l'apothécie isolée, se trouve ainsi retenu autour de celle-ci, à la partie inférieure de laquelle il s'accumule par suite de la pesanteur de l'eau qui lui sert de véhicule ; et là, se trouvant en contact avec les éléments calcaires du substratum, les dissout à son tour et creuse ainsi le réduit où s'enfonce peu à peu l'apothécie (2). »

Nous arrivons aux apothécies proprement dites. Elles ont pour caractéristique de présenter un thalame ou disque découvert à toutes les époques de leur vie, sauf quelquefois pendant une période très courte où il est caché par un velum membraneux ou pruineux, mais en tout cas jamais contenu dans une poche thalline fermée.

Supposons que le nucleus de la périthécie s'étale, et que l'excipule qui le renferme éloigne ses bords en un réceptacle plan, et nous avons réalisée l'apothécie très simple des graphidés, dite *lirellæforme* (*lirellæforme*). Cette apothécie (fig. 29) comprend une double élévation thalline, creu-

Fig. 29. — Apothécie lirellæforme de *Graphis scripta*.

sée longitudinalement et renfermant une hypothécie qui donne naissance à un thalame linéaire.

(1) FÉE. *Mémoires lichénographiques*, 1838, p. 49.
(2) RICHARD. *Cat. des lichens des Deux-Sèvres*, p. XI.

Dans le genre *Graphis*, les lirelles sont innées, c'est-à-dire, enchâssées dans le thalle ; dans l'*Opegrapha*, elles sont superficielles et proéminentes. Le disque est le plus souvent noir ou noirâtre ; il est creusé d'un sillon longitudinal, quelquefois couvert d'une pruine glauque, vestige du voile.

Les lirelles sont le plus souvent linéaires et aiguës aux deux extrémités ; elles sont disposées sur le thalle sans ordre apparent, forment des courbes sinueuses, s'enchevêtrent et serpentent les unes dans les autres ; quelquefois elles sont rameuses, soit que deux thalames voisins deviennent confluents, soit que d'un thalame émane une branche secondaire. Dans le genre *Arthonia*, qui se rapproche des *Graphis*, l'apothécie est plane, arrondie, souvent divisée lobée.

Dans la plupart des cas, le thalle porte immédiatement les lirelles ; cependant, il y a, dans plusieurs genres appartenant à la famille des graphidés, étalé sur le thalle et plus ou moins apparent, un organe particulier, stratum cellulaire auquel est dévolu un rôle dans la fonction de reproduction, et qu'on nomme *sarcothécie* (*sarcothecium, pulvinulus, stroma, pseudoperithecium.*) La sarcothécie (*fig.* 30) constitue un subiculum général, discolore dans la plupart des cas, et dans lequel les lirelles sont comme enchâssées.

Fig. 30.— Thalle, sarcothécie et lirelles de *Sarcographa Cascarillœ*.

Sa présence est parfois difficile à constater, surtout lorsqu'elle ne diffère du thalle que par une légère nuance, mais en l'humectant elle devient bien évidente.

Chez les Sarcographes, elle est ordinairement

blanche, exceptionnellement tachée ou rubigineuse, d'une consistance charnue ou fongueuse, et formant une couche aplatie, étalée, jamais renflée ni mamelonnée. Chez les Glyphides, elle est formée d'une substance granuleuse, mince, crustacée, blanche, faiblement hygrométrique dans sa jeunesse et devenant fort dure en vieillissant.

Elle est partout cellulaire, formée d'utricules sensiblement sphériques, et réunies en un tissu plus ou moins dense. Les sarcothécies produites sur un même thalle restent le plus souvent indépendantes, ce qui semble indiquer que chacune d'elles doit son origine à une prolifération dont le siège est désigné d'avance dans la profondeur des tissus, et qui doit se faire dans des limites déterminées, assez restreintes pour que les organes qui en sont le résultat soient voisins sans se confondre.

Il y a cependant des cas de confluence, mais ils sont très-rares, et d'ailleurs il est permis de supposer, bien que la nature et la similitude des éléments employés ne permettent pas une constatation directe, que l'évolution des couches nées séparément se continue, après leur réunion, propre à chacune d'elles, et que la nature n'a pas fait dépendre l'accomplissement des actes qu'elle a ordonnés du concours fortuit d'agents divers. Evidemment la question est de peu d'importance, car le résultat prévu, pour une légère modification dans la marche suivie, n'en est pas moins atteint, mais il convient d'indiquer au moins la possibilité du développement séparé d'organes même identiques qu'un accident réunit, et d'accorder à la vitalité la faculté de diversifier ses manifestations, contre le témoignage en apparence contraire de l'organisation et de la forme. Chaque sarcothécie aurait ainsi un certain nombre de lirelles à produire, à nourrir de sa substance, et à protéger par une portion de son tissu renflée en rebord.

Les couches sarcothéciennes prennent leur origine dans le stratum médullaire du thalle, et elles débutent vraisemblablement par un hyphe qui se multiplie suivant un des modes particuliers aux cellules; l'ensemble des éléments issus de cette cellule primitive forme une petite masse qui apparaît sous la couche corticale, laquelle s'amincit, se soulève, et finalement se déchire, montrant à nu la sarcothécie qui s'étale à l'extérieur dans la forme réglée par les caractères de l'espèce, pour y produire les apothécies.

Chez un grand nombre de formes à lirelles qui n'ont pas de sarcothécie, cet organe est remplacé autour des réceptacles par une pseudomarge formée de la substance du thalle, et due au gonflement des couches superficielles avoisinant les lirelles. Ces couches absorbent et dégagent l'eau avec une rapidité également grande: il en résulte des gonflements fréquemment répétés avec des alternatives d'affaissement, qui finissent par détacher et soulever la portion du thalle où ils se manifestent, et dont les éléments se trouvent distendus. C'est à cette cause purement mécanique qu'il faut, suivant M. Fée, attribuer la formation des pseudomarges qui bordent les réceptacles dans un grand nombre de lichens (1).

La nature de la poche hypothécienne a fait distinguer quatre sortes d'apothécies : elles sont *biatorines*, quand elles manquent absolument de rebord ; *lécidéines*, quand leur rebord est formé des éléments de l'hypothécie; *lécanorines*,

____

(1) Fée, *loc. cit.*, p. 5.

quand la marge est constituée par un renflement
thallin ; *zéorines*, quand l'excipule est formé à
la fois d'une protubérance thalline et d'un conceptacle propre ; dans ce dernier cas, le rebord
disparaît souvent et l'apothécie devient biatorine.

Lorsque les apothécies sont discoïdes, innées
ou adnées par toute leur surface, elles sont dites
peltées (*ap. peltæforme*). Dans
le *Peltigera* (*fig.* 31), elles sont
légèrement convexes, à disque
d'un rouge brun, ou roussâtre, ou
noirâtre ; elles occupent le bord
des lobes, lesquels se courbent en

Fig. 31.— Apothécie de
Peltigera canina.

dessous du canal et se relèvent, de telle sorte
que les réceptacles paraissent ascendants ; la
superficie est lisse ; à la marge sont des débris
du velum sous forme de petites lanières déco-
lorées.

Chez les *Solorina* (*fig.* 32), les apothécies
peltées sont concaves, et
le thalle forme une sorte
de rebord circulaire ; elles
sont superficielles et supérieures. Dans *Nephro-
ma*, elles sont inférieures

Fig. 32.— Apothécie de *Solorina
saccata.*

et dépourvues de velum.

Dans *Usnea*, les apothécies sont à la fois
peltées et lécanorines ; leur disque est pâle ou
glaucescent, quelquefois jaunâtre ; elles s'insèrent à l'extré-
mité des fila-
ments cylindri-
ques qui com-
posent le thalle ;

Fig. 33.— Apothécie d'*Usnea barbata.*

leur excipule est souvent bordé de cils rayonnants, simples ou rameux, fibrilleux, et de la
même nature que le thalle (*fig.* 33).

Les apothécies biatorines des Béomycés sont convexes, globuleuses et immarginées ; elles s'insèrent au sommet d'un stipe hypothécien, simulant une podétie composée de filaments creux, soudés ensemble et confluents longitudinalement. De Candolle donnait à ces apothécies le nom de *tubercules*. Les podéties des Cladoniés supportent des apothécies convexes, capituliformes, brunes ou rouges, très souvent confluentes. Schœrer en distingue plusieurs sortes : elles sont *abortives* (*ap. abortiva*), si elles naissent à la marge des scyphes en tubercules non excipulés; *épiphylles* (*epiphylla*), quand elles apparaissent sur les lobes squamœformes du thalle : *polycéphales* (*polycephala*), lorsqu'elles sont confluentes et agglomérées ; *symphicarpées* (*symphicarpea*), quand elles sont réunies sur un stipe divisé au sommet ; enfin *tuberculeuses* (*tuberculosa*), quand leur lame proligère simule un tubercule fongueux.

Les patelles véritablement biatorines sont rares, et cette forme n'est jamais normale pour les jeunes réceptacles ; à leur origine, ils sont toujours pourvus d'un rebord, soit propre, soit thallin, qui ne s'oblitère pas, mais qui disparaît caché par la lame proligère débordante. Ces apothécies se rencontrent dans le genre *Biatora* de Fries, aujourd'hui rattaché au *Lecidea* ; elles sont le plus souvent colorées, rarement noirâtres.

Les patelles lécidéines sont presque exclusivement limitées au genre *Lecidea* ; elles sont le plus souvent orbiculaires, convexes ou subplanes, à disque normalement noir, et à rebord souvent concolore au disque, toujours différent du thalle. Dans *Lecidea myrmecina, cerebrina*, elles sont irrégulières, flexueuses ou anguleuses. Elle sont quelquefois confluentes, mais le plus souvent isolées et distinctes ; dans le genre *Umbilica-ria*, à thalle foliacé-lobé, le disque est norma-lement plissé.

Dans la grande majorité des lichens, les apo-thécies sont en forme de scutelles lécanorines (*fig*. 34), orbiculaires, à excipule formé d'une protubérance thalline circulaire, renfermant un thalame discolore perpendiculaire. Elle sont ses-siles, stipitées ou pédicellées. Chez les Rama-lines, le bord est souvent peu apparent, verdâtre, à peine distinct du disque qui est subplan, un peu déprimé, plissé. Chez les Stictés, les jeunes apo-thécies ont un rebord thailin. Dans les genres *Borrera* et *Xanthoria*, le disque est orangé, et le bord presque concolore, lisse, glabre, plus ou moins proéminent, entier. Chez les physcies, l'apothécie est assez régulière, sauf dans les cas de confluence, où le disque devient plissé et sil-lonné ; ce disque est ordinairement brun ou noi-

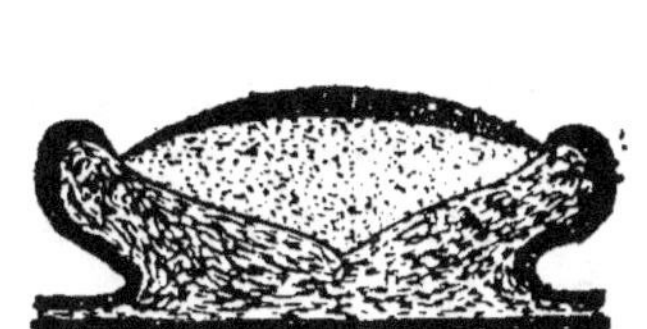 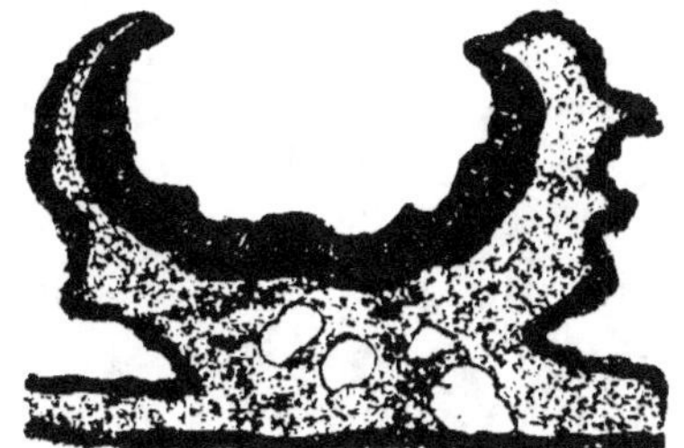

Fig.34.— Apothécie de *Lecanora* subfusca. Fig.35.—Apothécie de *Parmelia aceta-bulum*.

râtre, le plus souvent recouvert, d'une pruine glaucescente, qui devient translucide dès qu'on l'humecte ; la marge est généralement repliée en dedans, proéminente, large, arrondie, découpée en petits lobes qui leur donnent un aspect cré-nelé ; dans *Physcia venusta*, elle est élégam-ment couronnée de petites squamules thallines rayonnantes. Ce caractère est spécial à cette espèce ; cependant, il n'est pas rare de trouver des apothécies à bord thallin marqué de protubérances qui lui donnent une apparence irrégulière ; ainsi, dans *Parmelia acetabulum* (*fig.* 35), il est hérissé de petits tubercules subfoliacés, qui font paraître la marge double ; dans cette forme, d'ailleurs, les apothécies sont irrégulières ; elles sont très-grandes, atteignant quelquefois un diamètre de dix à douze millimètres, vertes à l'état frais, roussâtres à l'état sec, et offrant un disque plissé, quelquefois même lobé à son centre, de telle sorte que chaque réceptacle paraît dû à la réunion de plusieurs apothécies. Dans le genre *Lecanora*, les apothécies des diverses espèces ont d'étroites affinités ; elles ne se distinguent que par leurs dimensions, leur couleur, la forme et l'épaisseur du rebord ; celui-ci peut être lisse ou granuleux, entier ou lobé. Dans *Urceolaria*, l'apothécie est urcéolée, c'est-à-dire, presque fermée par les bords connivents ; l'étroite ouverture que ces bords laissent entre eux constitue l'*ostiole*.

Les apothécies donnent naissance aux spores normales, renfermées dans des cellules-mères ou *thèques*. Les spores sont de simples cellules uni-pluriloculaires, qui s'isolent par une membrane au sein du plasma qui les produit. Elles sont généralement oblongues elliptiques, quelquefois absolument globuleuses ou fusiformes ; leur cavité est souvent traversée par des cloisons longitudinales ou transversales.

Elles constituent l'agent le plus ordinaire de la reproduction ; cependant, on trouve dans un grand nombre d'espèces une forme supplémentaire de fructification, représentée par des *stylospores*, propagules naissant isolément, par développement acrogène, dans des conceptacles particuliers ou *pycnides*. Les pycnides sont analogues par leur structure et leur rôle aux organes correspondants des champignons.

Elles sont constituées par une poche assez petite (*fig.* 36), subglobuleuse ou ovoïde, tantôt immergée, tantôt proéminente, et renfermant des cellules-mères qui produisent chacune une stylospore.

Fig. 36. — Pycnide de *Peltigera rufescens*.

Sur le thalle de tous les lichens se rencontrent de petits conceptacles punctiformes, généralement noirs ou bruns, presque toujours plus foncés que la cuticule ou le disque apothécien, et rappelant par leur aspect les périthécies des Verrucaires. Ces conceptacles sont les *spermogonies*, et ils produisent à leur intérieur, par une formation exogène, des corpuscules le plus souvent bacillaires, ou *spermaties*, dont on n'a pu jusqu'à ce jour obtenir la germination, et qu'on considère comme des organes mâles.

La spermogonie se compose d'une excavation analogue à l'excipule, et composée d'un réseau d'hyphes unis à quelques gonidies ; cette excavation est tantôt exactement sphérique, tantôt lagénaire ou ovoïde (*fig.* 37). Les spermogonies sont superficielles ou incluses ; souvent elles sont réunies en groupes nombreux à la page

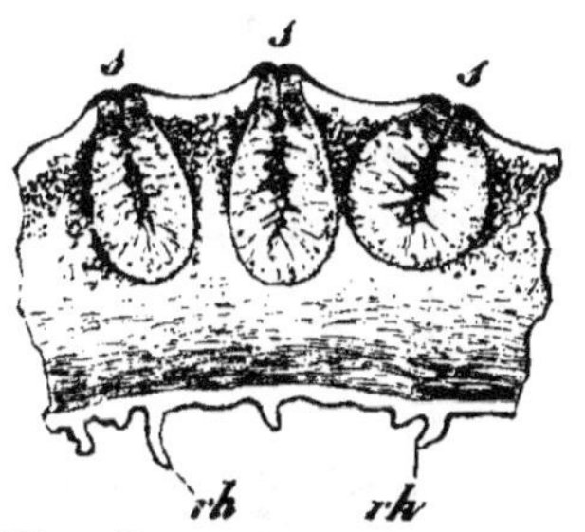

Fig. 37. — Spermogonies de *Physcia aipolia*: s, spermogonies; *rh*, rhizines.

supérieure du thalle, qu'elles rendent ainsi chagrinée. A la partie apicale est un ostiole poriforme, par lequel s'échappent les spermaties.

On trouve des spermogonies dans presque tous les lichens, et il est probable qu'elles existent dans tous ; mais leur petitesse et leur situation fréquente à l'intérieur des thalles les rend parfois difficiles à reconnaître. Certaines espèces ont des représentants qui produisent exclusivement des apothécies, et d'autres qui produisent exclusivement des spermogonies. On est donc autorisé à penser que les spermaties jouent un rôle dans la fécondation, et que ces espèces de lichens sont dioïques. Par suite, on peut considérer les formes qui produisent à la fois des apothécies et des spermogonies comme monoïques.

Le mode d'insertion des spermogonies est variable. Chez les Cladoniés, elles sont très petites, solitaires ou groupées soit à l'extrémité des divisions terminales des rameaux, soit aux bords des capitules qui couronnent les podéties : chez les Usnés, les Alectoriés, elles sont enfermées dans le thalle : dans le genre *Cetraria*, à thalle cilié, elles sont immergées à l'extrémité des poils ou des papilles, où elles forment de petites protubérances noires ou brunes ; dans toute la série des phyllodés, à thalle foliacé, elles sont superficielles et ordinairement abondantes.

Anamorphoses ; variabilité de l'appareil végétatif et de l'appareil reproducteur. — On désigne sous le nom d'anamorphoses diverses modifications des éléments du thalle qui donnent naissance à des excroissances rappelant par leur forme certains organes réguliers, sans en accomplir les fonctions.

On trouve à la face inférieure du thalle des *Sticta* de petites fossettes ou excavations arrondies, orbiculaires, urcéolées, mêlées au tomentum hypothallin, et qu'on nomme *cyphelles*. Ces cyphelles débutent par des verrues fermées, qui s'ouvrent, creusent le thalle, et par leur limbe infléchi, forment de véritables scutelles. Elles contiennent une poussière blanche ou dorée, quelquefois très peu abondante. Le rôle physiologique des cyphelles est encore à découvrir. D'après M. Nylander (1), elles serviraient aux fonctions de nutrition, qui sont chez les *Sticta* plus actives que dans les autres lichens.

Les *coccies* sont des gonidies répandues çà et là sur le thalle en amas granuleux ou squamuleux qui donnent aux expansions un aspect poudreux, pulvérulent, d'où le nom de thalle *furfuracé* donné à ces états. On les trouve surtout dans les lieux humides.

Les *stauromates* (Schœrer) sont des coccies transformées en corpuscules cylindriques, concolores au thalle et développés sur sa page supérieure. Les formes qui présentent cette anomalie étaient rangées par Acharius et de Candolle dans le genre *Isidium*. Elles sont dites *isidioïdes*.

Les *papilles* consistent en petites pustules semipellucides qu'on rencontre sur la page obscure du thalle des collémacés, et qui ont absolument la même nature que ce thalle.

Les *céphalodies* sont des excroissances spéciales aux Ramalines, aux Stéréocaules et aux Usnées. On en trouve aussi, mais moins nettement accusées, sur quelques Physcies. Elles envahissent quelquefois le thalle entièrement : elles consistent en tubercules irréguliers, bosselés, intérieurement creux et étoupeux, qui simulent des apothécies biatorines, et sont généralement plus pâles que la cuticule. On n'y découvre aucune trace de cellules fertiles, de thèques ou

(1) NYLANDER. *Synopsis methodica lichenum omnium hucusque cognitorum*, 1858, p. 14.

de paraphyses ; cependant, à leur partie supérieure, on voit distinctement au microscope, apparaître, sous l'action d'une solution iodée, une zone bleue. Il est donc rationnel de regarder les céphalodies comme des apothécies abortives, comme des excipules stériles, ne différenciant, à la partie qui devrait être occupée par la lame proligère, que quelques pseudoparaphyses unies par une mince couche de gélatine hyméniale. Ainsi s'expliquent la genèse et la forme des céphalodies, et cette hypothèse a pour elle ce fait qu'on ne trouve pas ordinairement d'apothécies bien développées sur les individus à céphalodies.

Sur tous les thalles stériles on trouve des *soré-dies*, amas lépreux de poussière blanche, jaune ou verdâtre, à la page supérieure ou à la marge des frondes. Les sorédies ont pour origine une gonidie thalline qui se multiplie en un point superficiel, et devient la souche d'une famille de jeunes gonidies entre lesquelles courent des tronçons d'hyphes ; le tout se fait jour peu à peu, grâce à la pression exercée sur la cuticule ; bientôt celle-ci se déchire, et le petit amas gonidial apparaît au-dehors.

L'état sorédifère peut être le résultat d'un développement monstrueux ou d'une désagrégation partielle des couches épidermique et gonidique ; mais il est évident qu'en ce cas il serait limité à certains individus, et ne serait qu'un accident. Cet accident est vraisemblable et possible, mais il nous paraît plus conforme à la réalité de penser que les sorédies constituent un organe reproducteur supplémentaire, ayant par suite une évolution normale et naturelle, dans les formes qu'un climat ou une exposition défavorables empêchent de fructifier.

Les gonidies seules étant incapables d'élever
le lichen au-dessus de l'état gonidial, les individus ne peuvent se multiplier que par l'adjonction
à cet état de filaments germinatifs provenant
d'une spore. Si la spore fait défaut, il est évident
que le lichen ne peut arriver à son état parfait
que grâce à l'intervention d'hyphes provenant
d'un individu de la même espèce parvenu à l'état
adulte. La reproduction des individus qui ne différencient pas de thèques se fait grâce aux sorédies, qui fournissent à la fois un stratum gonidial et un stratum hyphique, c'est-à-dire, les
deux éléments de tout lichen parfait.

Elles jouent ici le rôle des papilles isidioïdes
des collémacés, qui sont également composées
d'hyphes et de cellules vertes, et sont en quelque
sorte des sorédies gonimiales.

Le lichen qui se trouve le plus communément
chargé de sorédies est *Evernia prunastri*, qui
ne fructifie presque jamais, et qui cependant est
extrêmement abondant; elles forment à la marge
des lobes des couronnes elliptiques, dont le centre est généralement vide et nu, et dont les extrémités se confondent; elles sont plus pâles que la
cuticule épithalline.

Dans les espèces foliacées, les sorédies proéminent le plus souvent en lignes
sinueuses, quelquefois anastomosées en réseau : elles sont parfois
si abondantes qu'elles donnent à
la surface du thalle un aspect furfuracé.

Dans certaines formes (*Pertu-*
saria), les sorédies ne se font pas
jour à la surface du thalle, mais

Fig. 38. — Capitule so-
rédifère de
Pertusaria $\left(\frac{10}{1}\right)$

occupent entièrement l'excipule des apothécies,
qui en ce cas avortent et ne produisent pas de

thèques. Les apothécies ainsi chargées de pulvinules sorédiales prennent le nom de *capitules sorédifères* (*fig.* 38). Les formes qui présentent ces sortes de réceptacles sont dites varioloïdes ; elles composaient en partie l'ancien genre *Variolaria*. Les sorédies peuvent être ou globuleuses, fermées, ou planes immarginées, punctiformes, granuleuses, ou enfin scutellœformes, à limbe étalé débordant.

La transformation du thalame en sorédies paraît être due non pas à un état maladif du lichen, mais à un exès de sa vitalité. « D'après mes essais, j'ai vu que l'amas sorédifère ne peut naître que d'une nutrition trop abondante des tissus des lichens : les jeunes cellules de la couche gonidiale se résorbant forment ainsi les parties sorédifères qu'on pourrait considérer comme un produit de secrétion. J'ai fait des expériences sur plusieurs lichens munis de sorédies en faisant disparaître à l'aide de la barbe d'une plume le dessus des parties sorédifères ; j'ai remarqué que par une température douce et humide la reproduction des parties enlevées se faisait en quelques jours, tandis qu'elle m'a paru nulle par une température très sèche qui durait déjà depuis plusieurs semaines(1) ».

Les gonidies ou les sorédies superficielles se développent quelquefois sur le thalle même qui leur a donné naissance, et, dans ce cas, leur évolution devient une cause de variabilité. C'est à elle qu'il faut attribuer en grande partie les ramifications des filaments des Usnées, les squamules qui bordent parfois le thalle caulescent des Cladonies, et les buissons de petites feuilles qu couvrent les lobes des Ramalines.

(1) BRISSON. *Les lichens doivent-ils cesser de former une classe distincte des autres cryptogames*, p. 33.

Il n'est pas facile de donner une limite à la variabilité des lichens, en raison de la simplicité de leur organisation. On peut en général affirmer que les modifications n'élèvent pas l'individu au-dessus de sa forme spécifique, qui tend plutôt à dégénérer. La vitalité très souple de ces petits êtres leur permet de vivre dans des conditions très différentes de celles dont se compose leur milieu normal ; aussi doit-on tenir compte, dans l'établissement des types, de l'influence de l'exposition ou de l'habitat, c'est-à-dire, des agents physiques.

La variabilité accidentelle peut se réduire à deux modes : une atrophie ou une hypertrophie des organes. Celle-ci explique la formation de branches sorédiales sur les thalles primitivement simples ; elle explique aussi la prolifération des scyphes des cladoniés, qui portent souvent plusieurs podéties superposées ; mais dans ce cas il faut faire intervenir une autre cause de variation, l'orientation dans une direction particulière de l'activité vitale incapable de produire des réceptacles, et par suite employée au développement anormal de l'appareil végétatif. Les apothécies sont quelquefois prolifères, en particulier, quand le thalame primitif se trouve détruit, avant sa complète évolution, par un accident fortuit, par exemple, par la morsûre d'un insecte ; ici encore, la vitalité n'ayant pas épuisé sa force active se révèle par la production d'une seconde apothécie sur les débris de la première.

La lumière et l'air jouent un rôle important dans la morphologie lichénique. Plongées dans l'eau, la plupart des espèces périssent, et les espèces qui se développent sur les rochers que la mer ou les eaux recouvrent par intervalles ont un thalle décoloré et lisse. Une exposition ombragée et humide favorise la multiplication des gonidies au détriment du stratum hyphique, et les espèces prennent alors une apparence algoïde. Dans certaines conditions, « l'hypothalle peut s'allonger en un corps floconneux qui prend une grande prépondérance, le thalle devenir pulvérulent, se désagréger et présenter cet aspect particulier qui a donné lieu à la fondation du genre *Lepraria* (1). »

Privé de l'influence directe de la lumière, le thalle s'amincit, devient lépreux, pulvérulent, s'étale, et ne produit plus que de rares sorédies, jamais d'apothécies. Sur les jeunes rameaux, sur les rochers de récente formation, en un mot, dans toutes les expositions instables où les causes organisatrices se succèdent sans tendre au même but, les thalles n'arrivent pas à leur développement normal ; les frondes émettent de petits lobes déchiquetés, fastigiés, les croûtes s'étalent, et finalement s'oblitèrent.

Nous avons vu les apothécies se transformer en capitules sorédifères. L'atrophie des réceptacles conduit aux céphalodies, et à une forme d'apothécie rudimentaire fréquente dans *Cladonia pyxidata*. On sait que cette espèce ne fructifie que dans certaines expositions déterminées, et que dans des zônes très-étendues, quoique ses représentants y soient très-nombreux, on ne les trouve presque jamais fertiles. Cependant leur tendance organique à fructifier ne reste pas absolument inactive, et le sommet des denticules des scyphes se renfle souvent en un excipule discoïde, extrêmement étroit, et recouvert par un

----

(1) J. DE SEYNES. *Dictionnaire encyclopédique des sciences médicales*, S. II, t. II, p. 542.

thalame très-petit, convexe, immarginé, renfermant quelques thèques.

La forme des apothécies varie souvent par la confluence des réceptacles voisins. Cette confluence donne naissance aux lirelles rameuses de certaines opégraphes, dont la présence a été souvent considérée comme un caractère spécifique ou générique.

Un élément important à considérer dans l'établissement des espèces est la disposition des fibres de l'écorce sur laquelle reposent les thalles crustacés. Dans le genre *Pyrenodium*, les thalames sont normalement ovoïdes ; mais si les couches corticales dans lesquelles ils s'enfoncent sont dures ou comprimées par les couches de nouvelle formation, les thalames deviennent linéaires. Les lirelles d'*opegrapha scripta* sont le plus souvent sinueuses, et disposées sans ordre : si le thalle vient à se développer sur l'écorce du cerisier, la disposition transversale des fibres de cette écorce force les réceptacles à former des séries parallèles. Ce caractère, entièrement dû à une influence extérieure et indépendante des aptitudes organiques, avait paru à de Candolle suffisant pour élever au rang d'espèce la variété qui le présente.

CHAPITRE IV

Appareil végétatif

Hyphes et gonidies. — Anatomie du thalle.

Hyphes et gonidies. — Tout lichen parfait, ainsi que nous l'avons dit, est composé de deux sortes d'éléments : les uns incolores, filamenteux, disposés en tissu plus ou moins lâche, et nommés *hyphes* (υφη), les autres appelés *gonidies*, ordinairement verts, globuleux ou subglobuleux, libres les uns des autres et non contextés.

Dans la grande majorité des espèces, les hyphes constituent la partie la plus importante du thalle ; ils forment d'abord la base sur laquelle ses éléments se différencient, et entourent ces éléments, quand ils se sont formés, d'un réseau très-souvent analogue sur les deux surfaces.

Ils sont représentés dans leur forme la plus

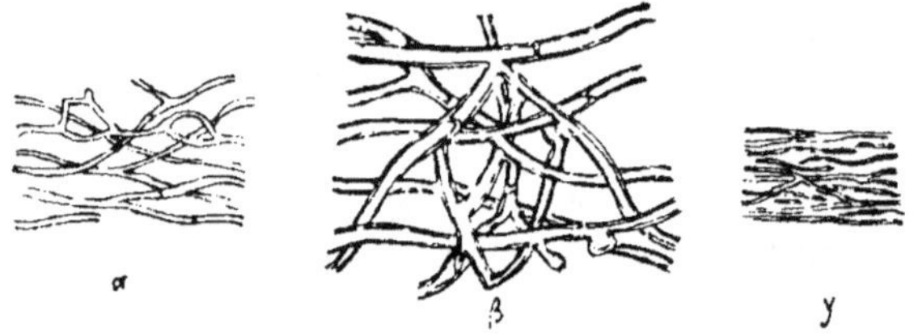

Fig. 39. — Hyphes médullaires de : α, *Cladonia pyxidata*; β, *Peltigera canina* ; γ, *Xanthoria parietina*.

ordinaire (*fig.* 39) par des cellules allongées, le plus souvent exactement cylindriques, à calibre très étroit et à paroi épaisse. Cette paroi est incolore et translucide ; à l'intérieur on distingue quelques granulations plasmiques, peu nombreuses et peu apparentes.

Les hyphes correspondent plutôt aux éléments

des réceptacles des champignons sarcodés qu'à leurs fibres mycéliennes ; mais ils ont une nature propre, qui ne permet pas de les confondre avec les mycétohyphes, et ils sont imprégnés de lichénine, gélatine spéciale aux lichens et très soluble dans l'eau. L'appareil des lichens qui représente véritablement le mycelium est l'hypothalle, composé d'hyphes allongés, cloisonnés, peu rameux, à enveloppe plus mince que celle des cellules du thalle.

Quoique analogues au point de vue morphologique aux mycétohyphes, les hyphes des lichens, ou *lichénohyphes*, sont ordinairement moins intimement réunis. Ils se ramifient en des points variables, et produisent des branches obliques ou divariquées, souvent sinueuses et elles-mêmes bifurquées ; ils se cloisonnent de plus de distance en distance ; ils s'anastomosent alors, et le tout forme une médulle lâche, généralement blanche et d'aspect cotonneux, et non pas une véritable membrane. Si l'on déchire un thalle foliacé, on voit la partie hyphique apparaître sous la forme d'un stratum blanchâtre, fibrilleux ; on découvre souvent dans ce stratum des lacunes.

Au microscope, on distingue sur une même coupe une infinité de formes d'hyphes. Vers le centre du thalle, ils sont réguliers, souvent très longs, au point qu'il est difficile de les suivre sur tout leur parcours ; leur diamètre est partout égal ; ils se ramifient, s'entrecroisent et s'anastomosent normalement, mais n'émettent en aucun point de prolongement obtus.

Vers la surface, au contraire, ils sont plus courts, d'apparence moins organisée ; ils se brisent facilement, et on en trouve un grand nombre qui sont rompus en tronçons globuleux ou cylindracés ; plusieurs se renflent latéralement en vésicules incolores, qui, isolées, seraient prises pour des spores, ou pour des gonidies non encore pourvues de phyllochlore ; ces vésicules se séparent souvent de l'hyphe producteur par étranglement ; elles ne paraissent pas avoir de rôle spécial à remplir ; mais on peut les considérer comme établissant le passage entre les hyphes filamenteux et les cellules de la cuticule.

La plus importante transformation des hyphes allongés, qui dans le thalle sont presque libres, est leur division en utricules plus petites, irrégulières, et réunies en une membrane contextée. Cette membrane entoure le thalle entièrement ; elle est composée de cellules polyédriques (*fig.* 40), obtusément anguleuses et plutôt subsphériques, étroitement confluentes ; leur paroi est assez épaisse, translucide ; leur cavité est étroite, susceptible de se dilater sous l'influence de l'humimidité ; souvent, plusieurs cavités sont réunies dans une enveloppe commune, ce qui semble indiquer que l'hyphe primitif qui leur a donné naissance s'est simplement cloisonné. Leur ensemble forme une couche épidermique quelquefois revêtue d'une cuticule amorphe : elles renferment un pigment spécial, ou endochrome, tantôt jaune, tantôt bleuâtre, vert, gris ou fauve. A leur partie inférieure elles émettent souvent des prolongements tubuleux qui plongent dans le thalle et qui vont rejoindre les hyphes de la médulle. On aperçoit quelquefois distinctement à travers leur texture les gonidies de la zône supérieure.

Fig. 40. — Hyphes épidermiques de *Peltigera canina*.

Les hyphes forment la base, et comme la charpente de l'individu lichénique ; par la cuticule qu'ils forment à la surface ils limitent son étendue ; de plus, leur réseau intérieur sert de substratum aux gonidies, qui représentent la partie active du lichen.

A proprement parler, ils ne constituent pas des cellules distinctes, puisqu'ils sont rarement cloisonnés et jamais étranglés ; tout le tissu hyphique est le produit de l'évolution d'un filament primitif qui s'est non pas multiplié, puisqu'il ne possède pas de noyau, mais divisé ; les hyphes d'un individu représentent donc un arbre squelettique, dont les ramifications enchevêtrées peuvent être rattachées à un tronc primordial.

On ne saurait d'ailleurs attribuer aux hyphes aucun mode direct de multiplication ; ils ne peuvent diviser leur substance, puisque très souvent leur cavité est vide ; ils ne peuvent différencier intérieurement de jeunes hyphes, qui seraient mis en liberté par la destruction des parois enveloppantes, puisque ces jeunes hyphes ne se rattacheraient plus à la trame générale ; cette trame doit donc avoir pour origine un simple accroissement de l'hyphe primitif issu de la spore, cet accroissement donnant lieu à une succession de bourgeonnements produisant des filaments qui ne s'isolent pas à la base. Ce mode d'accroissement par élongation et production de branches latérales se retrouve chez les champignons sarcodés.

Les hyphes sont incolores, et par suite respirent comme les animaux. Ils n'absorbent pas directement, mais s'emparent de l'humidité atmosphérique par une action osmotique ; le réseau hyphique s'éloigne essentiellement en ce point des tissus fungiques, qui sont toujours saprophytes. Sous l'influence de l'iode, les hyphes thallins deviennent généralement jaunâtres ou brunâtres ; ils restent quelquefois incolores ; la cuticule offre une réaction variable.

Dans certaines espèces, la trame est exclusi-

vement celluleuse, et les hyphes dilatés en vésicules renferment les gonidies à l'intérieur,
comme les cellules des Muscinées ; dans d'autres
formes, aux cellules ainsi remplies de gonidies
sont joints quelques hyphes filamenteux isolés.

Les gonidies, qui tranchent sur la trame générale par leur franche couleur verte, sont ordinairement représentées par des globules assez exactement sphériques, isolés les uns des autres,
mais juxtaposés en une couche spéciale. Leur
diamètre varie ordinairement entre 10 et 20 μ.
Elles rappellent exactement la forme de certaines algues unicellulaires : nous avons vu qu'il est
très possible que ces algues ne soient pas des
êtres autonomes et indépendants, mais simplement des gonidies de lichens vivant isolément.

A l'inverse des hyphes, qu'on ne trouve qu'as-
sociés à un stratum gonidial, les gonidies peuvent
se développer loin des thalles où leur vie normale leur impose une condition dépendante. Leur
rôle physiologique les rapproche des feuilles vertes. Elles sont remplies de phyllochlore jaune,
verte ou bleue, et sous l'influence de la lumière
dégagent de l'oxygène et fixent le carbone nécessaire à l'existence du lichen. Elles se multiplient par formation intracellulaire de cellules
nouvelles ou par gemmation.

On distingue deux formes principales de gonidies.

Les unes, gonidies proprement dites ou *eugonidies*, généralement assez grandes, sont vertes
ou glauques ; on y distingue la matière verte
réunie en une masse centrale presque compacte,
autour de laquelle est une aire plus claire ; l'enveloppe est formée par une membrane bien distincte
qui, sous l'influence de l'iode, devient bleue dans
les gonidies vertes, et reste incolore dans les
gonidies glauques.

Les autres,*gonimies* ou grains gonidiaux, sont rarement isolées, le plus souvent réunies en groupes suivant un mode variable ; elles sont verdâtres ou grisâtres, donnent sous l'influence de l'iode une réaction légèrement jaunâtre, et sont dépourvues d'enveloppe apparente ; on y distingue à grande peine une très mince pellicule.

Quelques lichens pyrénocarpés offrent encore des gonimies hyméniales, généralement elliptiques. — M. Nylander distingue les formes suivantes de cellules vertes chez les lichens :

« A. GONIDIES ou (EUGONIDIES).

1. *Haplogonidies*. Forme très répandue, protococcoïde, constituée par une cellule globuleuse ou subglobuleuse, tantôt simple, tantôt divisée une ou plusieurs fois. On rencontre dans quelques espèces (particulièrement dans les Lécidées à thalle granuleux-lépreux) des glomérules de gonidies, avec quelques petites gonidies amassées, qui sont souvent plus évidentes que les gonidies chroolépoïdes. Dans d'autres espèces, les haplogonidies sont réunies suivant un mode variable, et elles établissent alors le passage à la forme suivante.

2. *Platygonidies*, ou syngonidies platygonidiques. Ce sont les gonidies déprimées, contextées en membrane d'aspect variable, et telles qu'on les trouve dans certains thalles épiphylles.

3. *Chroolepogonidies*, ou gonidies chroolepoïdes. Elles sont plus ou moins semblables aux chroolepus, et se changent en gonidies simples. Elles ont souvent l'odeur de la violette.

4. *Confervogonidies*, ou gonidies confervoïdes. Elles ressemblent jusqu'à un certain point aux filaments des conferves. Elles constituent le principal élément du thalle chez les *Cœnogonium*.

B. Gonidimies.

Dans la « Flora », 1866, p. 116, j'ai donné à cette forme le nom de *leptogonidies*, mais le terme de *gonidimies* me paraît préférable, parce qu'il est plus court et analogue aux autres. Les gonidimies sont intermédiaires entre les gonidies et les gonimies : elles sont plus petites que les premières, avec la cuticule pariétale moins distincte et une forme oblongue. Les gonidimies hyméniales affectent également cette forme. Souvent les gonidimies se rencontrent (*Verrucaria œthiobola*) réunies en glomérules syngonidimiques, et alors, à première vue, elles ne diffèrent des gonimies que par leur couleur grise.

C. Gonimies.

Qu'on les trouve dans les thalles ou dans les céphalodies, les gonimies présentent toujours les mêmes caractères. Elles sont d'un glauque bleuâtre, et offrent pour caractéristique de n'être pas munies d'une enveloppe cellulaire, mais seulement d'une cuticule superficielle très-mince et difficile à distinguer ; lorsqu'on les plonge dans l'ammoniaque, leur cavité devient rapidement vide, les granulations phycochromatiques internes se trouvant dissoutes.

Les principales formes de gonimies sont les suivantes :

1. *Haplogonimies*. Ce sont les plus grandes gonimies ; elles sont simples, ou réunies par deux ou trois. Elles sont très-grandes dans le genre *Phylliscum*, où elles sont réunies en petits stratules gélatineux épars sur le thalle.

2. *Sirogonimies*. Elles représentent les séries gonimiales scytonemoïdes ou sirosiphoïdes.

3. *Hormogonimies* (terme proposé dans le *Bull. de la Soc. bot. de Fr.*, 1873, p. 264). Elles sont très-communes, de dimensions restreintes,

disposées en groupes moniliformes plus ou moins nombreux, très souvent contenus dans des syngonimies ellipsoïdes, difformes, d'aspect très variable. Dans le *Collema* (ou le *Nostoch*), le thalle tout entier pourrait être considéré comme une unique syngonimie ; mais l'organisation du genre *Hormosiphon* Kuetz peut être prise comme le type de la disposition moniliforme des séries de gonimies vaginées ; ces séries constituent des syngonimies hormogonimiques cylindriques, les gaînes étant entièrement confluentes.

4. *Speirogonimies*. Ce nom désignerait d'une manière très juste les petites gonidies éparses, qui ressemblent aux hormogonimies, mais qui n'ont aucune tendance à se réunir en séries moniliformes. Les genres *Omphalaria* et *Synalissa* offrent des exemples de cette forme de gonimies. Leurs syngonimies sont subglobuleuses (1). »

Un grand nombre de ces formes ne se rencontrent qu'accidentellement, ou dans des groupes très restreints. La plupart des lichens offrent des haplogonidies, dont on peut distinguer trois sortes, en raison de leur coloration.

Les premières, les plus communes, renferment des granulations phyllochloriennes vertes : nous les appelons *chlorogonidies* (*fig.* 41). Elles sont sphériques, assez grandes ; on les trouve généralement à

Fig. 41. — Chlorogonidies de : α, *Cladonia pyxidata* ; β, *Lecanora subfusca* ; γ, *Xanthoria parietina* ; δ, *Physcia stellaris*.

la partie supérieure de la médulle hyphique, amassées en un stratum spécial, mais jamais contex-

(1) D^r. NYLANDER *on gonidia and their different forms, translated by the Rev. M. J. Crombie, in Grevillea*, décembre 1877, n° 38, p. 46-47.

tées et seulement unies par une substance gélatineuse. Leur paroi est lisse, incolore, translucide, toujours très apparente, mais plus ou moins
épaisse ; son épaisseur peut quelquefois atteindre
la dixième partie du diamètre de la gonidie ; on
n'aperçoit à la surface aucune ponctuation, et la
substance verte ne paraît pas normalement destinée à se répandre au-dehors. Sous l'influence
de l'iode, elle devient verdâtre et souvent d'un
brun un peu rougeâtre : l'enveloppe, ainsi que
nous l'avons dit, devient bleue.

Quelquefois les gonidies en se pressant dans
le thalle se dépriment, mais dès qu'elles sont
mises en liberté, elles reprennent rapidement
leur forme globuleuse. Elles peuvent quitter le
thalle sans périr et sans perdre en rien leurs attributions morphologiques ; mais les conditions
d'existence qu'elles rencontrent alors, et qui sont
très différentes des influences auxquelles elles
étaient soumises dans l'association, peuvent amener chez elles l'apparition d'une nouvelle tendance, ou la disparition d'une aptitude devenue
inutile.

Les *protococcus*, que nous regardons simplement comme des gonidies libres, sont des êtres
unicellulaires, verts, qui s'accroissent lentement
et se multiplient par scissiparité ; très souvent
leur contenu se divise en masses mobiles ou zoospores, qui s'échappent grâce à une déchirure de
l'enveloppe générale.

On a cru trouver des zoospores dans les gonidies thallines ; le fait est possible, mais il est
plus juste de penser que les zoospores ne se forment normalement et utilement que dans les gonidies libres.

Les *xanthogonidies*, à phyllochlore jaune ou
jaunâtre, sont beaucoup moins répandues.

On trouve encore dans quelques thalles des *glaucogonidies* (*fig.* 42), remplies d'une phyllochlore d'un glauque ver-dâtre. Elles sont analogues aux chlo-rogonidies, et disposées comme elles en stratum, mais leur paroi ne se colore pas en bleu sous l'action de l'iode, et elles sont plus faciles à séparer les unes des autres. Elles sont normalement globu-leuses, lisses, quelquefois elliptiques; elles pa-raissent assez opaques, et leur enveloppe, bien qu'évidente, est assez mince : on les trouve sou-vent réunies en petits groupes.

Fig. 42.—Glau-cogonidies de *Peltigera ca-nina.*

Les gonidies glauques renferment une phyl-lochlore mélangée à une substance colorante analogue à la phycocyanine qu'on trouve dans certaines algues : cette substance prend ici le nom de *lichénocyanine*.

Les gonimies les plus communes se rencontrent chez les Collémacés. Elles ont un diamètre moyen de 6 à 8 μ., et sont représentées par des globules ordinairement d'un vert un peu pâle, sans mem-brane enveloppante bien appa-rente (*fig.* 43). Ces globules sont confluents en série moniliformes le plus souvent simples, enche-vêtrées et disposées sans ordre dans une subs-tance gélatineuse qui constitue la forme du thalle, et qui est sécrétée par les gonimies. Le plus souvent les filaments formés par les syn-gonimies présentent à leur périphérie une aire un peu translucide, constituée sans doute par une membrane mince et subgélatineuse enveloppant le tout comme une gaîne.

Fig. 43.—Hormogonimies de *Collema furvum.*

Ordinairement, les gonimies s'unissent à des hyphes pour constituer un lichen parfait. Mais, de même que les gonidies. elles peuvent vivre, sans rien perdre de leurs attributions, à l'état libre.

Dans cet état, elles constituent les expansions gélatineuses classées parmi les algues sous le nom de *Nostoch*, et que nous pensons plus rationnel de regarder comme des conditions imparfaites des Collémas. L'organisation est très analogue, et le Nostoch ne diffère du Colléma que par l'absence d'hyphes, et par quelques aptitudes physiologiques attribuées à ses éléments en raison même de cette absence.

Si l'on fait une coupe d'un nostoch, on distingue dans une gelée verdâtre des filaments recourbés, sinueux, sans limites déterminées, et serpentant les uns dans les autres. Ces filaments ne sont pas rameux : ils sont constitués par des séries moniliformes de cellules vertes, ou gonimies, semblables à celles du colléma, mais capables de se séparer du filament producteur et d'acquérir le mouvement. Nous proposons, pour désigner ces gonimies mobiles, le terme de *zoogonimies*.

Les cellules du nostoch ne sont pas toutes semblables. De distance en distance, et à l'extrémité des filaments, sont des utricules plus grandes, *cellules-limites* ou *hétérocystes*, qui ne se multiplient pas, épaississent leur paroi et perdent leur plasma. Les séries de zoogonimies comprises entre les hétérocystes constituent les *hormogonies*: elles sont entourées d'une enveloppe commune, et peuvent se déplacer en entier.

Le nostoch se reproduit dans sa forme grâce à la diffluence de la masse gélatineuse, qui met en liberté les zoogonimies ou les hormogonies. Celles-ci se déplacent en rampant, vont se fixer plus loin, et s'entourent alors d'une gaîne membraneuse. Puis elles se segmentent longitudinalement, de manière à former une colonie filamenteuse en zigzag.

Quand la sécheresse ou la gelée le menace de mort, le nostoch reproduit encore ses expansions gélatineuses par la formation de spores ou cellules durables. Mais il n'arrive à l'état parfait de colléma que grâce à l'intervention d'un hyphe germinatif, ou d'hyphes provenant d'un individu adulte de la même espèce.

Anatomie du thalle. — Le point de départ de tout lichen parfait est une spore, petite vésicule qui contient en principe tous les caractères et toutes les aptitudes physiologiques de l'espèce, et qui, une fois séparée de la cellule qui l'a produite, développe, dans un milieu favorable, un filament primordial, embryon de l'individu, auquel nous donnons le nom de *prothalle*.

Ce prothalle est à la base de la vie individuelle ; il correspond au promycelium des champignons, et comme cet organe, devient l'origine à la fois des éléments de l'organisme et de ses fonctions. Dès qu'il a atteint une certaine longueur, il se cloisonne, se ramifie, et dès lors le lichen se trouve constitué dans ses parties essentielles, son germe est formé, ses éléments différenciés, et il n'a plus qu'à s'accroître.

Les ramifications du filament germinatif se multiplient, s'allongent, et, en raison de la simplicité de leur structure, s'anastomosent rapidement aux points où le hasard les met en contact. Il en résulte un tissu feutré plus ou moins sensible, un plexus d'apparence byssoïde, analogue par la structure et les fonctions au mycelium des champignons, et portant le nom de *protothalle*.

Toutefois le protothalle n'est pas comme le mycelium apte à produire immédiatement des réceptacles, et il n'est pas destiné à devenir la révélation évidente de l'unité individuelle ; le but de son évolution est certainement là, mais il n'y arrive que par la formation à sa surface d'un tissu plus étroitement contexté, qui doit constituer presque en entier le lichen adulte.

Tant que celui-ci est réduit au protothalle, il est vraisemblable qu'il vit en saprophyte ; car les réserves plasmiques de la spore doivent être rapidement épuisées, et il ne peut s'accroître que par une absorption d'éléments capables de le nourrir ; mais le genre de vie se trouve modifié par l'introduction dans l'organisme de cellules vertes en assez grand nombre pour que leur respiration voile la respiration des filaments, et pour que leur activité puisse entretenir l'individu, et lui fournir le carbone qui lui est nécessaire.

A cette époque, le rôle du protothalle est fini, et comme tout organe inactif il tend à disparaître. Dans certaines espèces, il s'oblitère complètement, de telle sorte que la page inférieure des expansions apparaît lisse et glabre ou seulement munie de quelques fibres raides ; dans d'autres, il persiste sous la forme d'un tomentum formé d'un duvet laineux mêlé aux prolongements rhizoïdes qui fixent l'individu à son support. Le protothalle qui affecte cette forme dans le lichen adulte devient l'*hypothalle* ; il est bien évident dans les Peltigères où il se compose d'hyphes d'un diamètre assez grand, cloisonnés de distance en distance, et réunis en courts faisceaux.

Le plus souvent, l'hypothalle s'absorbe dans la substance de l'individu et devient invisible ; dans les thalles appliqués contre leur substratum, il rampe à la surface de celui-ci, mais en couche si mince qu'elle n'est pas distincte ; chez les autres, il ne peut avoir d'action utile qu'aux points d'attache, et il est évident qu'on ne peut le retrouver sous les lobes, quand ceux-ci ne sont pas le produit d'une différenciation superficielle, mais le résultat d'une expansion. Chez les Peltigères, il est probable que son évolution n'est pas limitée à la production des éléments du thalle, mais qu'il constitue une couche distincte ayant un rôle normal, ce qui explique sa persistance.

L'hypothalle, dans son rôle actif, ne s'étend pas ordinairement au delà des limites du thalle auquel il donne naissance : cependant, dans certains cas, il dépasse ces limites, montrant son tissu coloré tantôt en élégantes ramifications qui bordent les lobes dont se composent les expansions, tantôt en zône marginale limitant les individus et indiquant leur forme propre (*périthalle*).

Le périthalle se compose d'un simple tissu médullaire, constitué par des hyphes enchevêtrés, colorés, à paroi plus ou moins fragile, et à tubulure ordinairement étroite. Dans les représentants de quelques Lécidées, qui ont le thalle amorphe ou pulvérulent, les hyphes périthallins ajoutent au lichen en voie de développement une zône confervoïde qui s'étend à mesure que les éléments du thalle se différencient et s'ajoutent les uns aux autres.

Dans *Lecidea petræa*, les filaments du périthalle prennent un grand développement ; ils sont très-minces, très ténus, élégamment ramifiés, d'un beau vert noirâtre, et ressemblent à certaines Oscillariées. Dans *Pertusaria*, la zône marginale périthalline se compose des mêmes éléments que le thalle, mais avec une coloration différente.

Sur l'hypothalle se différencient les éléments thallins. Si ces éléments sont disposés en cou-

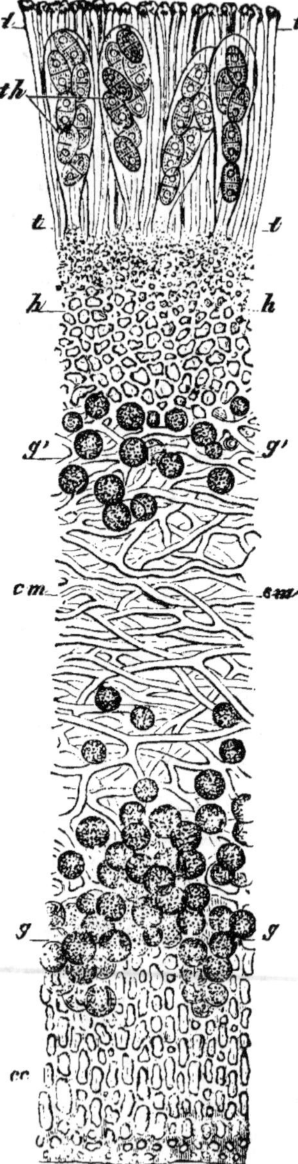

Fig. 44. — Coupe perpendiculaire d'un thalle hétéromère. (*Physcia aipolia*).

ches superposées, le thalle est dit *stratifié* ou *hétéromère*; si, au contraire, les hyphes et les gonidies sont mélangées sans ordre en une masse homogène et partout semblable, le thalle est dit *non stratifié* ou *homœomère*.

Le thalle hétéromère se compose normalement de quatre assises de cellules dans les thalles foliacés ou plans à développement centrifuge, et de trois couches concentriques dans les thalles filamenteux centripètes.

Dans ces thalles, la partie la plus extérieure est constituée par un réseau d'hyphes très serrés, confluents et contextés, étroits, peu allongés, formant une cuticule tantôt persistante, tantôt déliquescente, c'est-à-dire, se résolvant en poussière.

Au dessous de la cuticule est un stratum vert composé de gonidies.

Enfin, le centre du thalle est occupé par des hyphes thallins filamenteux, réunis en un cylindre médullaire assez mou, creux ou plein, formant la charpente squelettique des individus.

La partie la plus interne de ce cylindre, soit qu'elle limite un canal longitudinal, comme dans les podéties des cladoniés, soit qu'elle soit pleine et homogène, comme chez les Usnés, correspond à la cuticule supérieure des thalles foliacés ; l'enveloppe externe représente l'hypothalle, et c'est ce qui explique sa tendance à tomber en poussière et à produire des squamules : on peut considérer les filaments comme des thalles foliacés roulés sur eux-mêmes, la partie supérieure servant d'axe et les bords étant normalement soudés.

Une coupe perpendiculaire d'un thalle hétéromère foliacé (*fig.* 44) montre bien distinctes les couches de cellules superposées.

A la partie supérieure est la *zone corticale*. épiderme composé d'un tissu cellulaire serré, incolore ; ce tissu comprend plusieurs assises d'hyphes irrégulièrement arrondis, contextés, à paroi épaisse, et à cavité tubulaire ou polyédrique. Les cellules des assises inférieures sont vides, ou contiennent seulement quelques granulations incolores ; les cellules supérieures renferment un lichénochrome variable.

Ce lichénochrome apparaît d'une manière plus sensible dans la cuticule ou *épithalle*. qui se nuance de vert sous l'influence de l'humidité, et qui consiste en une mince pellicule sans traces d'organisation, qui court sur toute la surface du lichen, et qui est tantôt terne, tantôt luisante et vernissée.

D'après le D' Nylander, l'épithalle émane directement des hyphes épidermiques, qui, dans son voisinage, sont très petits et à peine creux ; il est dû à une induration des parois des cellules superficielles au détriment de leur cavité.

Au dessous de la zone corticale est la *zone go-*

nidiale, constituée par des gonidies thallines. Ces gonidies sont isolées et distinctes les unes des autres, mais dans le thalle elles se pressent mutuellement, de telle sorte que leur ensemble apparaît simplement comme une bande verte ou glauque d'épaisseur variable ; elles ne se montrent avec leur forme globuleuse que lorsqu'on les obtient hors du thalle.

Elles sont souvent mêlées à des hyphes globuleux qui leur ressemblent morphologiquement, mais qui n'ont point de lichénochlore ; de plus, quelques hyphes filamenteux courent dans le stratum gonidial et viennent se perdre, sans qu'il soit facile de voir le point précis où ils se terminent, parmi les cellules les plus inférieures du cortex.

Les gonidies sont généralement rassemblées en une couche spéciale, dans ce cas toujours située sous l'épiderme ; quelquefois on trouve une couche secondaire à la partie inférieure de la médulle, sur l'hypothalle, et il n'est pas rare de rencontrer des gonidies isolées disséminées dans tout le tissu hyphique.

Quoiqu'il en soit, la réunion très régulière des gonidies, dans la grande majorité des espèces, en un stratum distinct, nous paraît démontrer évidemment que ces gonidies constituent bien un organe du lichen, et par suite qu'elles ont la même nature, la même essence que ses autres éléments.

A la couche gonidiale succède la médulle, ou *zone médullaire*, composée d'hyphes filamenteux allongés, ramifiés, anastomosés et enchevêtrés en un tissu spongieux ou fibrilleux, généralement blanc.

La médulle est parfois très confluente avec le cortex ; dans certains thalles, particulièrement

dans quelques espèces filamenteuses (Usnées),
elle est distincte, et forme une nerville facile à
isoler.

La *zone hypothalline* est la plus inférieure du
thalle ; ses attributions sont assez obscures, de
telle sorte qu'elle paraît manquer dans un grand
nombre de formes.

Normalement, elle constitue la couche utricu-
laire du thalle confluente avec le protothalle, et
représente par suite une sorte de cortex inférieur.
Dans plusieurs espèces, spécialement dans les
thalles foliacés, elle consiste en une ou plusieurs
assises de cellules analogues aux petits hyphes
de la cuticule épidermique.

Dans ce cas, la couche hypothalline est glabre :
mais il est d'autres formes où elle se confond
avec un hypothalle filamenteux en un tomentum
plus ou moins laineux.

Les nervures qu'on observe à la page obscure
de plusieurs thalles (Peltigérés, Stictés) sont formées par des protubérances de la médulle recouvertes d'un épais réseau filamenteux.

Il faut distinguer de la zone hypothalline les
rhizines et les cils rhizinoïdes.

Les rhizines ne sont pas un organe de nutrition ; elles ne servent qu'à fixer le lichen à son
substratum. Elles sont composées de plusieurs
séries presque parallèles d'hyphes filamenteux,
cloisonnés, qui descendent de la médulle à travers
l'hypothalle ; selon les cas, et surtout en raison
des obstacles qu'elles rencontrent dans leur développement, elles se prolongent dans le support
en fibres linéaires simples, ou bien se bifurquent,
se ramifient, envoient latéralement de petites séries d'hyphes presque divariquées, qui leur donnent au microscope un aspect velu. Si elles rencontrent un corps dur, elles s'épaississent et

produisent terminalement un verticille de menues fibres.

Quant aux cils, ils sont anatomiquement semblables aux rhizines, mais n'en accomplissent qu'accidentellement les fonctions. Ils se composent simplement d'hyphes, et ne comprennent pas de gonidies.

Ils représentent des divisions thallines ténues, mais ils ont une tendance à se fixer par leur extrémité ; s'ils rencontrent un corps solide, un thalle ou un lobe placé au-dessous d'eux, ils se renflent en un bourrelet terminal qui ne contracte pas immédiatement adhérence, mais qui produit, comme les rhizines, une couronne de prolongements capillaires.

Voilà la disposition normale des couches dans les thalles stratifiés cortiqués.

Dans les espèces qui n'ont pas de cortex, dans les thalles lépreux, pulvérulents, les gonidies ne sont pas réunies en une zone spéciale : on les trouve en abondance libres et distinctes, et elles se propagent rapidement par partitions répétées.

Les sorédies superficielles, dues à des excroissances gonidiques qui se font jour à travers les hyphes, représentent des états pulvérulents localisés. Elles peuvent reproduire l'individu à la manière des éléments des thalles pulvérulents, qui unissent leur vitalité pour donner naissance à d'autres lichens.

D'après M. Nylander, les gonidies rassemblées en stratum à la partie inférieure de la cuticule se produisent et sont d'abord renfermées dans les cellules épidermiques, et deviennent successivement libres à mesure que le cortex s'accroît.

Le développement du thalle progresse des parties extérieures aux parties intérieures.

Les éléments les plus externes sont les plus

jeunes ; au contraire, les hyphes internes ou médullaires sont les plus âgés, et leur tissu se transforme souvent en un crassamentum, masse épaisse tartareuse.

On peut ainsi assimiler, jusqu'à un certain point, les lichens aux polypes du corail et aux madrépores ; ils localisent leur activité vitale dans une mince portion de leur organisme, dans la couche gonidiale et la zone corticale ; quant aux parties les plus internes, elles sont presque sans vie et forment un simple stratum pour ainsi dire déposé par voie de sécrétion ; aussi n'est-il pas rare d'y trouver des débris de la couche médullaire, consistant en tronçons de filaments et en cristaux brisés.

Les thalles subpulvérulents des Lécidées présentent une organisation spéciale.

« Dans la division des *Biatora*, les éléments cellulaires des thalles amorphes ou pulvérulents sont épars sur des filaments incolores et fragiles, presque privés de cavité intérieure ; çà et là se montrent de petits coussinets blanchâtres, formés à l'intérieur de gonidies sphériques, à membrane très-mince, et extérieurement d'utricules épidermiques, qui ont la même forme que les gonidies et des parois fort épaisses. Ces utricules sont remplies d'une matière solide et blanchâtre que l'iode colore en brun ; elles sont liées les unes aux autres par une abondante matière intercellulaire qui se colore en bleu sous l'action de l'iode, employé après l'acide sulfurique (1). »

Chez les véritables lécidées, la plus grande partie du thalle se compose d'un stratum médullaire, formé par des hyphes blancs, entrelacés, réunis

____

(1). T. P. BRISSON. *Lichens du département de la Marne*, p. 92.

en un tissu dense et friable, plus serré vers la partie qui adhère au support.

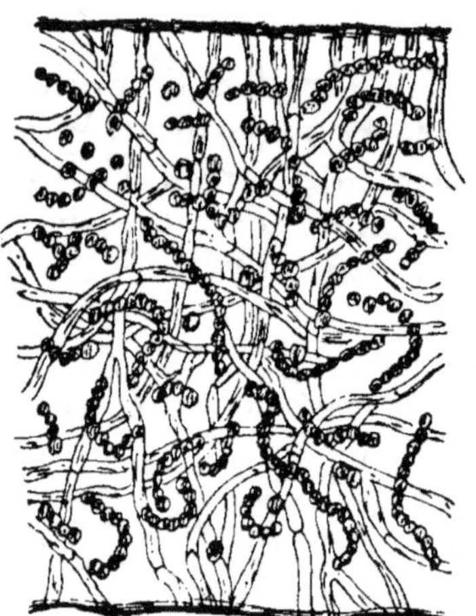

Fig. 45.— Coupe perpendiculaire d'un thalle homœomère (*Collema conglomeratum*).

Nous arrivons à l'étude du thalle homœomère (*fig.* 45), qu'on ne rencontre que dans la famille des Collémacés.

Il est d'apparence gélatineuse par les temps humides, sec, coriace, plissé par les temps secs ; sa couleur extérieure est le plus souvent d'un vert sombre.

Il ne présente pas d'assises cellulaires distinctes et superposées. Mais ses divers éléments sont mélangés dans une substance glaireuse amorphe, verdâtre, que leur paroi secrète évidemment.

Dans son état imparfait (nostoch), il forme la transition immédiate aux algues, et pour un grand nombre de naturalistes, le nostoch est une algue. Ses expansions se composent, ainsi que nous l'avons dit, de filaments présentant de distance en distance des hétérocystes, ou cellules stériles ; entre les hétérocystes serpentent des hormogonies, séries moniliformes de zoogonimies.

Mêlez à ces hormogonies quelques rares hyphes articulés, et vous aurez la constitution anatomique du thalle parfait des collémacés. Les éléments des thalles stratifiés sont ici intimement reliés par le mucus ; seule, la couche gonidiale, qu'on retrouve identique en tous les points de l'individu, apparaît distincte sous la forme de chapelets contournés.

L'hypothalle est peu distinct, et seulement représenté, dans quelques espèces, par quelques rhizines courtes et rares.

Aux sorédies correspondent sur le thalle gélatineux des papilles isidioïdes, petites excroissances composées de gonidies et d'hyphes, qui en se détachant de l'individu producteur, peuvent le multiplier dans sa forme parfaite.

Les gonimies ne sont pas limitées aux thalles gélatineux ; on les trouve quelquefois réunies en stratum dans des espèces hétéromères ; ces espèces correspondant morphologiquement à d'autres types munis de gonidies, il en résulte que, si l'on écarte les collémas, chez lesquels l'appareil gonimique prédomine et existe presque seul, on arrive à cette conclusion que les gonimies et les gonidies créent chez les lichens des séries parallèles de genres et d'espèces.

CHAPITRE V

Appareil reproducteur

Réceptacles. — Thalame, paraphyses, thèques. — Cellules-mères à produit exogène. — Valeur biologique de la spore. — Spores endogènes ou thécaspores. — Spores exogènes ou stylospores. — Spermaties.

I. — *Cellules-mères.*

Réceptacles. — Nous avons vu que les organes femelles ou sporifères des lichens peuvent se rapporter à deux formes normales de conceptacles qui, selon qu'ils sont plans et discoïdes ou concaves et fermés, prennent le nom d'apothécie ou le nom de périthécie. Il y a de plus des poches fertiles supplémentaires, qu'on nomme pycnides, et des spermogonies, cavités pleines de corpuscules sporoïdes, ou spermaties, qu'on n'a pu jusqu'à présent faire germer, et que par suite on regarde généralement comme des éléments mâles.

Avant de montrer quel peut être le rôle des germes et l'action des spermaties, il importe de faire connaître leur structure anatomique, leur genèse, et la nature des réceptacles qui les produisent.

La périthécie est le réceptacle qui se rapproche le plus de l'appareil correspondant chez les champignons ; elle représente le lien le plus étroit qui unisse, au point de vue morphologique, l'organisme lichénique à l'organisme fungique.

L'apothécie est spéciale aux lichens ; son enveloppe est anatomiquement semblable à celle de la périthécie.

Que l'excipule soit thallin ou propre, sa partie la plus externe est toujours formée par un cortex plus ou moins résistant, analogue à la cuticule du thalle.

L'intérieur est rempli d'une médulle qui descend rejoindre la couche intermédiaire de l'expansion sur laquelle l'apothécie prend naissance.

A la surface de la médulle est ordinairement une couche gonidiale, sur laquelle repose le disque ou thalame, partie essentielle de l'apothécie; mais souvent cette couche manque, et alors les organes sporigènes émanent directement de la médulle, ou même constituent une assise discrète à la base, où est une cavité seulement traversée par quelques hyphes fibrilleux.

C'est au-dessus de la zone gonidiale ou de la médulle de l'excipule que sont situées les parties essentielles du réceptacle. A proprement parler, en effet, l'excipule n'est qu'accessoire. Comme le velum des champignons calycarpes, comme les enveloppes des fleurs chlamydées, il joue simplement un rôle protecteur, efficace, mais non indispensable, puisque dans certains cas il manque complètement. Il ne protège d'ailleurs l'apothécie que dans son jeune âge, puisque, sauf chez les pyrénodés, le disque est rapidement découvert.

La partie la plus inférieure de l'apothécie est représentée par l'*hypothécie*, peu sensible au dehors et moulée pour ainsi dire sur la cavité excipulaire.

Elle consiste en une ou plusieurs couches de petits hyphes polyédriques, à paroi assez épaisse et à cavité étroite, très analogues aux cellules de la cuticule épidermique, et, comme ces cellules, souvent remplis d'un endochrome spécial.

Les hyphes hypothéciens sont d'autant plus petits qu'on s'approche davantage de la lame proligère; finalement ils deviennent indistincts.

Comme toutes les parties du lichen, ils absorbent rapidement l'humidité, et quand ils sont pleins d'eau, ils suivent la courbure de l'excipule, et non celle du tissu hyménien, de telle sorte qu'ils se séparent de la base de ce tissu.

Il faut voir là une disposition favorable à l'éjaculation des spores ; l'hypothécie, en s'éloignant ainsi, à un moment donné, modifie pour cette fin ses tendances normales, puisque sa nature la rapproche plutôt des thèques que des hyphes de l'excipule.

D'ailleurs, toute l'organisation des parois conceptaculaires tend au même but, l'émission des germes.

« Les parois de la poche apothéciale (conceptacle, hypothecium), sont formées par un tissu qui se distingue en général assez nettement de celui du thalle sur lequel il repose ; il est plus dense, formé de cellules plus petites, moins distinctes, souvent colorées. Parfois il comprend trois assises distinctes de cellules, et celles-ci sont d'autant plus petites et moins colorées qu'elles sont plus rapprochées de la cavité. L'une de ces trois assises, la plus profonde, est celle qui forme le rebord si développé des apothécies des Verrucaires. De même que le péridium de certains gastéromycètes, les parois des apothécies portent souvent, entre deux couches de cellules, des filaments courts, juxtaposés, (filaments ostiolaires). destinés à aider à l'expulsion des spores (1). »

La même organisation se retrouve chez les pycnides, avec cette différence que les conceptacles

_____

1) Dr H. BOCQUILLON. *Anatomie et physiologie des organes reproducteurs des champignons et des lichens*, p. 47.

sont plus petits, et que l'hypothécie est remplacée
par une couche d'hyphes
donnant naissance non
pas à des thèques, mais
à des cellules-mères à
sporification exogène.

Les cavités des sper-
mogonies (*fig.* 46) sont
creusées à la surface du
thalle ; elles sont dues
à un relèvement de la
zone corticale, et leur
base est limitée par un
tissu d'hyphes allongés

Fig. 46. — Coupe verticale d'une
spermogonie de *Xanthoria parietina.*

et contextés, unis à quelques gonidies.

Une couche superficielle de petites cellules
produit les prolongements capillaires qui se couvrent de spermaties. Les parois, comme celles
des apothécies, absorbent facilement l'humidité,
et c'est grâce à l'hygroscopicité de leurs éléments
qu'a lieu l'éjaculation des spermaties, envelop-
pées dans une gélatine spermatique insensible à
l'action de l'iode.

Thalame ; paraphyses ; thèques. — Émanant
directement des hyphes hypothéciens est une couches de cellules perpendiculaires réunies en un
stratum compacte, ou *thalame*, et présentant
deux formes distinctes (*fig.* 47).

Les unes, *paraphyses*, se rapprochent morphologiquement des hyphes thallins, et on peut
arriver facilement à leur réalisation par une simple métamorphose de ces hyphes, devenus simples ou peu rameux, perpendiculaires à la surface du thalle et parallèles entre eux, et de plus
limités au sommet et à la base par une cloison
confluente, ici plane et transversale, là arrondie

et convexe, soudant simplement les bords de manière à former à l'extrémité des filaments une proéminence obtuse.

La forme la plus ordinaire des paraphyses est celle de tubes capillaires extrêmement ténus, intimement unis, souvent difficiles à distinguer, quelquefois cloisonnés et articulés, rarement rameux et anastomosés ; dans ce cas, les paraphyses forment un véritable tissu, et on est ramené ainsi

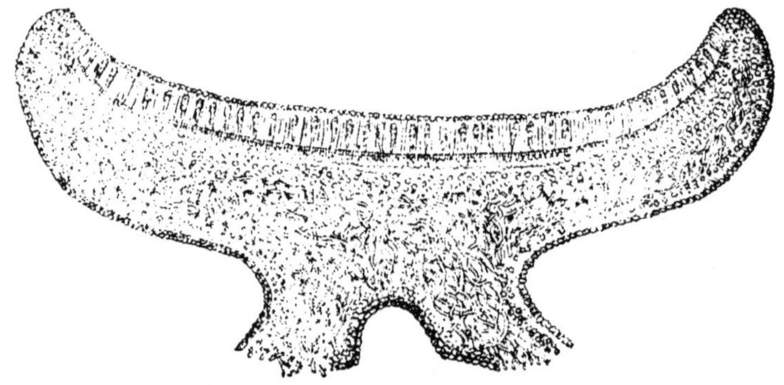

Fig. 47. — Cellules hypothéciennes. paraphyses et thèques de *Parmelia liliacea*.

à la disposition anatomique de la médulle du thalle, tout en conservant aux organes de la reproduction les autres caractères qui les distinguent, et qu'ils ne sauraient perdre par le fait même qu'ils occupent une place dans le réceptacle ; par exemple, l'étroit diamètre de la tubulure, la délicatesse et la transparence des parois, et surtout la présence dans la cavité d'un plasma spécial, que les hyphes ne contiennent qu'en principe, et qui acquiert progressivement ses aptitudes à travers la série des éléments de transition dans lesquels il se forme et se perfectionne.

Les paraphyses sont le plus souvent confondues

en un tissu dense, et reliées les unes aux autres par une substance gélatineuse incolore à l'état normal, très avide d'eau, et contenant, dans la plupart des espèces, une assez grande quantité de l'amidon propre aux lichens, ou lichénine.

La présence de cet amidon n'est pas générale, puisque dans certaines espèces la gélatine hyméniale ne devient pas bleue sous l'action de l'iode ; cependant il est rare qu'on n'en trouve pas quelques traces, au moins dans les thalames en voie d'évolution, qui n'ont pas employé tous leurs éléments à la formation des spores.

Quelquefois les parois des paraphyses sont confluentes à la base en une masse en apparence inorganisée, et dans laquelle il est bien difficile de les apercevoir ; leurs extrémités seules, en ce cas, sont libres.

Chez certaines Verrucaires (*fig.* 48), les paraphyses consistent en filaments capillaires allongés, simples, partant de la même base et non confluents entre eux, mais seulement unis par une substance gélatineuse incolore.

Fig. 48.—Portion de nucleus de *Verrucaria nitida*.

Dans d'autres espèces, elles font entièrement défaut, et l'élément principal du thalame est représenté par une abondante gelée hyméniale, contenant ou non de la lichénine, et présentant de petits tractus ou des lignes filamenteuses perpendiculaires, à peine perceptibles, fines, rares, pâles, vestiges de paraphyses atrophiées.

L'enveloppe externe des paraphyses est, comme la paroi de toutes les cellules végétales, formée

de cellulose ; contre cette enveloppe, à l'intérieur
le plasma secrète une membrane mince qui sui
exactement ses contours et la double.

On regarde généralement les paraphyse:
comme des cellules-mères abortives et stériles
et véritablement leur forme allongée, souven
dilatée au sommet et épaissie en massue, le:
rapproche des thèques.

Toutefois, il nous paraît plus rationnel de voi
dans ces cellules des éléments constitutifs, c'est
à-dire, ayant un rôle constant et déterminé à
remplir, et non pas dus à une atrophie, mêm
normale, d'autres éléments ; ceux-ci, s'ils son
plus parfaits, procèdent simplement de ceux qu
leur sont immédiatement inférieurs, et, l'évolution des cellules comme celle des organismes,
qui ne sont après tout que des cellules multiples,
tendant toujours vers un plus grand degré de
perfection, il n'y a pas de raison pour penser
que les thèques puissent revenir à la condition
d'hyphes stériles.

Combien plus logique est la progression qui
conduit simplement des cellules végétatives aux
cellules fécondes par des états successifs, ayant
tous leur raison d'être, et par suite leur rôle et
leur utilité.

Les filaments se réduisent d'abord à de petites utricules, qui ne paraissent pas aptes, au point
de vue morphologique, à se transformer en paraphyses, mais qui se distinguent déjà de l'appareil végétatif par leur contenu. Leur plasma
a un rôle multiplicateur, et leur évolution ultime
se fait non plus par une ramification, mais par
une véritable division, la cellule produite étant
limitée à la base par une cloison.

Grâce à leur faculté d'absorber l'humidité, les
cellules hypothéciennes ont pour fonction d'ai-

der à la dissémination des germes, en contractant le thalame.

On retrouve dans les paraphyses des traces de leur double origine : leur forme allongée les rattache aux hyphes, leur plasma, aux utricules de l'hypothécie ; de plus, comme ces utricules, elles contiennent souvent, et spécialement dans leur extrémité dilatée, un endochrome granuleux : la réunion des extrémités ainsi colorées forme l'*épithécie*, étalée en disque chez les discocarpés, rétrécie en pore chez certains pyrénodés ; l'épithécie manque chez les Verrucarioïdés.

Les paraphyses ont pour rôle particulier de faciliter la dissémination des germes en se dilatant sous l'action de l'humidité, et en comprimant ainsi les parois des cellules-mères.

Morphologiquement, elles conduisent aux *thèques* (*fig.* 47 *et* 48), dont elles sont, non pas un état atrophié, mais une indication, et elles représentent en quelque sorte des thèques dont le plasma n'a pas encore acquis, à un degré suffisant pour qu'elles soient actives, ses aptitudes multiplicatrices.

Nous avons vu que les organismes unicellulaires se reproduisent par d'autres cellules qu'ils différencient en leur fournissant une enveloppe membraneuse et une petite masse de plasma. Les thèques peuvent être individualisées, et rapprochées, au point de vue physiologique, des cellules isolées ; il faut toutefois, pour arriver à une interprétation rationnelle des phénomènes, établir cette différence primordiale que les spores des êtres unicellulaires reproduisent des individus unicellulaires, tandis que les spores des thèques contiennent en principe non pas une autre thèque, mais tout un ensemble de thèques ayant pour base un substratum végétatif.

Les thèques consistent essentiellement en vésicules allongées, rétrécies à la base et dilatées au sommet, disposées parallèlement aux paraphyses et entièrement contenues dans le thalame, qui les dépasse à la partie supérieure et les englobe de toutes parts ; elles sont plus ou moins nombreuses parmi les paraphyses, et on en trouve généralement, dans une même apothécie, à tous les degrés de développement.

Chez les champignons, les thèques peuvent former plusieurs couches, les cellules de nouvelle formation se développant à la base des anciennes et les refoulant vers le sommet ; mais chez les lichens, les cellules-mères ne forment qu'un seul stratum, limité d'un côté à l'hypothécie, et de l'autre à l'épithécie.

Les dimensions des thèques sont assez variables, mais constantes pour une même espèce et souvent pour un même groupe d'espèces ; elles peuvent atteindre deux dixièmes de millimètre en longueur et deux à trois centièmes en largeur.

Elles sont presque toujours en forme de massue, quelquefois, mais plus rarement, linéaires, aussi larges à la base qu'au sommet, quelquefois encore subglobuleuses. La déhiscence se fait le plus souvent par une déchirure irrégulière et terminale de l'enveloppe, déterminée par la pression des paraphyses gonflées par l'humidité.

La membrane enveloppante des thèques est double ; l'extérieure est de nature cellulosique, comme celle des paraphyses ; l'intérieure est exclusivement plasmique et secrétée par le liquide interne condensé à la périphérie. Dans le jeune âge, les deux parois sont intimement confondues et difficiles à distinguer, et de plus elles forment une enveloppe très épaisse.

D'après M. Meisner, l'épaisseur serait due à

l'interposition entre les deux membranes d'un liquide mucilagineux qui peu à peu serait résorbé. et servirait à la formation des spores. Il est un fait certain, c'est que la membrane des jeunes thèques bleuit souvent sous l'influence de l'iode, ce qui indique la présence d'un élément amylacé, et que les thèques mûres ne présentent plus cette réaction, ou ne la présentent qu'à leur partie supérieure. de telle manière que les paraphyses seules et les thèques en voie d'évolution deviennent bleues, les cellules-mères adultes restant incolores ou offrant une coloration différente.

Dans certaines espèces (*Pertusaria*), les thèques adultes bleuissent entièrement. les spores présentant une autre réaction; mais la faible épaisseur de la coloration décèle la présence d'une simple cuticule adhérant intimement.

Comme chez les champignons, la paroi extérieure des thèques est résistante et sèche, mais très ruptile ; l'intérieure est élastique, et exerce une pression énergique en sens inverse de celle des paraphyses, d'où résultent la rupture de la membrane externe et l'éjaculation des spores.

La cavité de la thèque adulte est toujours plus grande que le glomérule formé par les germes, ce qui fait que les spores ne sont pas contiguës à la paroi : ce fait s'explique facilement si l'on considère que le plasma liquide dilate la cellule-mère, et que ce plasma se trouve résorbé pour la formation des spores et surtout de leurs enveloppes.

Cette formation a lieu d'une manière très simple, par bipartitions répétées d'un nucleus primitif dû à une première condensation du liquide plasmique.

Chez les champignons typiques, les spores sont

disposées dans l'asque en une seule série linéaire;

chez les lichens, qui ont les thèques plus renflées, les spores affectent une disposition moins régulière (*fig.* 49) assez difficile à caractériser en raison des contractions successives de la paroi interne, qui changent la place respec-

Fig. 49. — Disposition des spores dans les thèques (*Physcia stellaris*).

tive des germes, après qu'ils se sont isolés, et jusqu'au moment où ils se trouvent définitivement expulsés.

Les spores sont généralement en nombre pair dans les thèques : on en trouve le plus souvent huit, quelquefois six ou quatre, accidentellement trois, cinq ou sept, et dans ce cas, l'une d'entre elles plus développée que les autres ; les thèques de *Pertusaria* sont normalement monospores ; dans *Myriospora*, on trouve un nombre considérable de spores.

Dans toute la série des épiconiodés, les thèques se brisent rapidement et spontanément; les spores deviennent libres à la maturité, sans quitter le réceptacle, et elles forment alors à la surface de l'hymenium une couche pulvérulente étalée, ou une masse sporale globuleuse ; la dissémination des spores ainsi mises en liberté se fait par la pluie.

Cellules-mères à produit exogène. — A l'intérieur des pycnides, émanant d'un stratum particulier d'hyphes courts arrondis, est une couche de cellules-mères allongées, perpendiculaires (*fig.* 50), que nous nommons *clinobasides*.

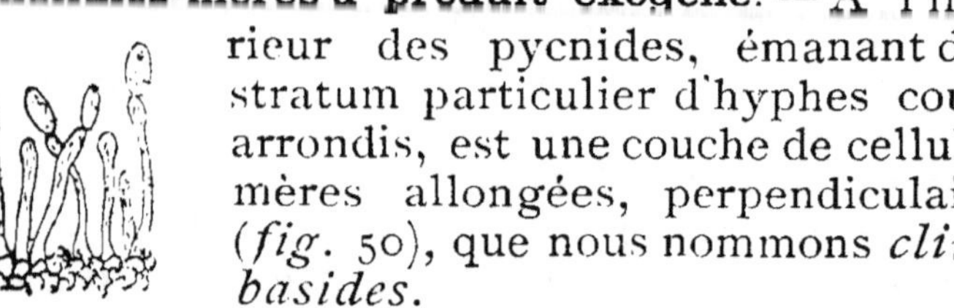

Fig. 50. — Clinobasides de *Peltigera rufescens*.

Ces cellules-mères rappellent dans leur forme, leurs caractères et leurs

aptitudes les éléments des champignons connus
sous le nom de basides ; leur cavité est simple, et
elles sont ordinairement en forme de massue,
rétrécies à la base, légèrement dilatées et obtuses
au sommet.

A la différence des basides, qui produisent normalement des spores en nombre pair, les clinobasides ne donnent naissance qu'à un seul germe
(*stylospore*).

Les thèques n'évoluent bien qu'à la lumière,
ce qui fait qu'on ne les trouve ordinairement qu'à
la page éclairée ; les basides au contraire ne se
trouvent qu'à la face inférieure. Cette disposition
s'explique facilement si l'on considère que les basidiospores, étant très légères et ayant une paroi
assez épaisse, par suite ne contenant que peu de
plasma, ne tombent pas toutes à terre au-dessous
de l'individu qui les produit, mais sont empor-
tées par le vent dès qu'elles tombent de la baside, tandis que les thécaspores, lourdes et pleines de plasma, d'ailleurs généralement plus
grandes, ont besoin d'être éjaculées par des contractions des cellules-mères, cette condition non
remplie exposant l'individu à ne se multiplier que
sur un espace très restreint.

Il résulte de là que les clinobasides, qui correspondent physiologiquement aux basides, devraient naître à la face inférieure du thalle ; mais
on remarquera que, celui-ci étant le plus souvent adhérent au substratum, les germes qui nai-
traient dans cette situation ne pourraient se disséminer. Les clinobasides apparaissent par suite
à la surface supérieure, mais leur tendance normale à éviter la lumière est servie par ce fait
qu'elles sont contenues dans des réceptacles qui
ne s'ouvrent que par un pore terminal.

Il en est de même des stérigmates, cellules-mères également exogènes, qui produisent de menus corpuscules nommés spermaties ; les stérigmates tapissent la paroi interne des spermogonies ; ils sont généralement très-petits, dépassent rarement 5 µ, et sont libres ou confluents soit sur toute leur surface, soit sur une partie seulement de leur étendue ; leurs sommets sont connivents.

On distingue deux sortes de spermatophores.

Les uns, *stérigmates* proprement dits, (*fig.*51), sont simples, c'est-à-dire, ni cloisonnés ni étranglés. Ils ont toujours l'extrémité amincie, subaiguë ou conique : mais ils peuvent être ou exactement cylindriques, ou bien dilatés inférieurement, ou encore renflés à la base en forme de bouteille ; ils sont droits ou courbés.

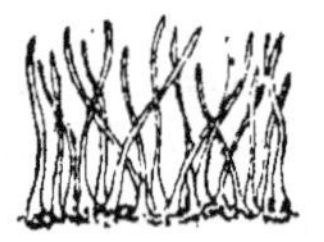

Fig. 51. — Stérigmates simples.

Les autres, stérigmates articulés ou *arthrostérigmates* (*fig.*52), présentent de distance en distance des étranglements, et offrent par conséquent une apparence moniliforme.

Ils sont ordinairement plus longs et plus épais que les stérigmates simples ; leur paroi est tantôt mince et peu distincte, tantôt très apparente, ne limitant que des cavités d'un faible diamètre. Ces cavités tendent à la forme globuleuse, mais avec les modifications résultant de la pression qu'elles supportent à leurs points de contact avec les cavités voisines ; dans le corps de l'arthrostérigmate, elles sont régulièrement renflées à leur partie moyenne, rétrécies à leur sommet et à leur base ; quelquefois elles émettent des

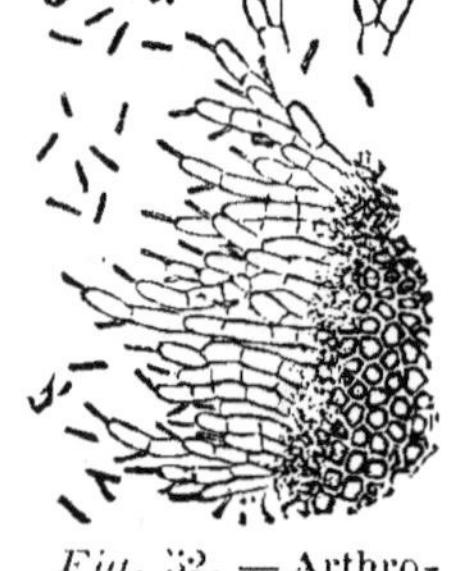

Fig. 52. — Arthrostérigmates.

branches secondaires uni-pluricellulaires. La cellule terminale est cylindrique. mais s'atténue en une pointe plus ou moins longue. ou *spicule*, qui correspond physiologiquement à un stérigmate simple, et produit une spermatie.

L'indépendance des éléments des arthrostérigmates se révèle dans l'évolution ultime de leur plasma, qui peut faire produire à chacune des cavités une protubérance dans laquelle il passe pour former une spermatie ou une série de spermaties ; de telle sorte qu'un arthrostérigmate correspond en quelque sorte à une réunion de stérigmates simples capables d'évoluer séparément ; cependant, une grande partie des cellules restent stériles, et on ne trouve ordinairement sur un même arthrostérigmate que deux à cinq spicules, le nombre des loges étant double ou triple.

Les spermaties tombent assez facilement des stérigmates ; elles sont renfermées en nombre incalculable à l'intérieur des spermogonies, et unies par une *gélatine spermatique* insensible à l'action de l'iode.

L'éjaculation des spermaties se fait, comme celle des spores, grâce à l'hygroscopicité des parois conceptaculaires.

II. — *Cellules-filles.*

Valeur biologique de la spore. — La reproduction n'est pas à proprement parler une création d'êtres nouveaux, mais plutôt une séparation et une propagation d'organes typiques, en ce sens qu'un être vivant qui donne naissance, par la génération, à d'autres individus qui lui ressemblent ne se multiplie pas, dans la véritable acception du terme, mais continue simplement son évolution propre, dans des organismes qui dérivent du sien, et qui ont d'abord vécu de sa vie.

Ce qui revient à dire que tout germe n'est qu'un organe terminal, au-delà duquel l'individu qui lui a donné naissance ne peut plus rien produire, mais qui, en s'isolant, déplace le développement momentanément arrêté.

Dès que le germe, en effet, est apte à vivre de sa vie propre, il développe une forme définie par des caractères extérieurs, et cette forme ne diffère en rien, aussi bien dans ses attributions matérielles que dans ses aptitudes physiologiques, de la forme-mère dont elle procède : on y retrouve, dans les manifestations de sa vitalité, le même enchaînement des mêmes phénomènes, les mêmes tendances, les mêmes exigences, la même sensibilité aux influences extérieures.

Dans les fonctions, rien n'est changé, et celle-ci continue l'évolution de celle-là. Seulement, il y a entre les deux états une solution de continuité, ou, si on le préfère, une période de repos, un temps d'arrêt, occupé par la mystérieuse condensation des propriétés héréditaires au sein d'un organe instable, qui ne ressemble ni à l'individu producteur ni à l'individu produit, mais qui forme une transition sensible de l'un à l'autre.

Chez les végétaux, cet organe se présente sous deux aspects très distincts.

Tantôt le germe contient en principe, et avec l'ébauche de leurs caractères morphologiques, les parties essentielles de l'être dont il est la base ; on y trouve les rudiments de la racine, de la tige et des feuilles, en un mot de l'appareil végétatif ; les fleurs, qui sont le point de départ d'un nouveau déplacement de l'évolution, se différencieront plus tard grâce aux transformations combinées du tronc et de ses appendices.

Tantôt le germe ne renferme qu'une masse homogène, liquide, dans laquelle on découvre à peine quelques granulations, et qui ne présente en aucune manière de parties distinctes ni même de caractères spécifiques appréciables.

Dans le premier cas, le germe s'appelle graine ; dans le second cas, il s'appelle spore.

Il y a entre la graine et la spore une différence très grande, et certainement, à première vue, on ne saurait assimiler un petit amas amorphe de plasma et un ensemble harmonieux de tissus organisés.

Mais la physiologie, qui remonte des conséquences aux principes, qui ne se contente pas d'accepter les faits, et qui recherche leur genèse et leur processus, établit que la spore est une graine en formation, disons mieux, un embryon en devenir ; que la graine n'a de plus que la spore que l'acquisition d'une enveloppe devenant inutile à un moment donné ; que par suite l'époque de l'éjaculation constitue toute la distinction qui sépare la spore de la graine.

C'est là une proposition facile à établir, et nous pensons ne pas sortir des limites de notre étude en démontrant que les lichens, qui font partie des végétaux à spores, ne sont pas privés d'embryon ; seulement, cet embryon ne se forme pas chez eux au même moment que chez les plantes à graines.

Peut-être même cette différence ne tient-elle pas aux propriétés particulières des spores et des graines, mais aux influences organiques qui peuvent agir sur la cellule primordiale qui est l'origine de tout être vivant, particulièrement à la fécondation, ou à l'arrivée sur cette cellule du fluide séminal.

Comment se développe la graine ? Son origine

est toujours une cellule unique, qui apparaît à la face interne d'une cavité particulière appelée ovaire. Le liquide du pollen arrive jusqu'à cette cellule, non pas pour y créer de toutes pièces un embryon rudimentaire qui n'aurait plus qu'à s'accroître, mais pour la féconder, c'est-à-dire, par sa mystérieuse influence, pour la rendre apte à séparer ses éléments amorphes en parties différenciées. Dès lors, le jeune ovule se trouve constitué, et on peut y voir en germe une radicule, des cotylédons, une tigelle, une gemmule. Une enveloppe extérieure se forme, destinée à protéger le jeune individu, et que celui-ci abandonnera dès que se manifestera en lui sa vitalité propre.

La spore n'est qu'une graine dans son premier état. Toutefois, et cette différence est assez importante, une fécondation n'est pas rigoureusement indispensable pour l'élever au rang d'embryon.

Celui-ci se forme selon trois modes. Ou bien l'influence mâle est absolument nulle, et le sporophore engendre, sans le concours d'aucun élément étranger, des spores normalement fécondes ; ou bien ce sporophore tout entier est le produit d'une copulation, le résultat de la jonction de deux filaments contenant des granulations plasmiques de sexe différent ; ou bien chaque spore est due à une fécondation immédiate, et dans ce cas, elle se produit généralement au point de rencontre de deux cellules copulatrices, entre les portions de parois en contact.

De quelque manière qu'elle se produise, d'ailleurs, la spore ne saurait être regardée comme l'embryon de l'individu ; elle constitue simplement une vésicule embryonnaire, et son enveloppe devient l'analogue du testa de la graine.

A l'époque de la germination, qui peut se faire,

à l'inverse de la plupart des graines, sans période de repos intermédiaire, cette enveloppe est abandonnée, et le plasma qu'elle contient, s'allongeant en une expansion filiforme, se secrète extérieurement une membrane en tube. Ce tube (prothalle, promycelium) devient l'origine de l'embryon (protothalle, protomycelium), qui se différencie non plus au sein de l'enveloppe générale du germe, mais après être sorti de cette enveloppe.

De cette marche particulière des phénomènes il résulte que l'embryon des cryptogames n'a pas besoin pour s'accroître de rester quelque temps dans un état d'imperfection défini, mais que les organes de l'individu, une fois ébauchés, peuvent se développer immédiatement.

Ces généralités sur le rôle et la valeur de la spore étant établies, nous abordons l'étude de la constitution et des formes de cet organe chez les lichens.

Spores endogènes ou thécaspores. — On rencontre chez les lichens deux sortes de corpuscules reproducteurs. Les plus communs, qui se trouvent dans toutes les espèces, sont les *thécaspores* (1). Elles se forment dans les cellules-mères que nous avons décrites, en quantité variable, mais toujours normalement en nombre pair.

Les thécaspores représentent l'agent ordinaire de la multiplication ; elles contiennent en principe les caractères spécifiques, et le lichen ne peut les acquérir qu'autant qu'une thécaspore mêle à son stratum gonidial ses hyphes germinatifs.

(1) Dans le lichen *Cora*, qui se rapproche des Auriculariés, les cellules-mères sont, d'après les observations de M. O. Mattirolo, des basides monospores.

Elles comprennent trois parties :

La substance active, qui constitue la spore proprement dite, ou *endospore,* est représentée par un petit amas de plasma tantôt homogène, tantôt contenant des granulations oléagineuses isolées ou réunies en nucleus, le plus souvent hyalin ou transparent, et offrant quelquefois des vacuoles arrondies.

Il est ordinairement répandu également dans la spore : dans quelques espèces, bien qu'il ne renferme pas de granulations d'une autre nature, il se divise en deux portions, l'une plus liquide, plus claire, moins dense, l'autre plus épaisse, plus réfringente, et réunie en une masse centrale ou en deux masses apicales.

A la surface de l'endospore est la *périspore,* membrane très mince, incolore, souvent difficile à apercevoir, et dont l'analogie de structure fait seule deviner l'existence. Cette périspore limite exactement l'endospore, et elle doit probablement son origine à une condensation superficielle sur une faible épaisseur du protoplasme interne.

L'*épispore,* membrane protectrice qui recouvre la périspore et en suit les contours, provient plutôt du plasma de la thèque. Elle a seule une forme définie, et décrire cette forme, c'est décrire la forme de la spore. Elle comprend très souvent de la lichénine dans ses éléments, et passe au bleu ou au violet sous l'influence de l'iode ; cependant, à l'état adulte, elle reste, dans un grand nombre d'espèces, insensible à l'action de ce réactif ; la périspore reste également incolore ; quant à l'endospore, elle se colore le plus souvent en jaune brun.

Les dimensions des spores sont assez variables : elles sont ordinairement limitées entre 7 et 40 μ :

mais elles peuvent atteindre jusqu'à trois dixièmes de millimètre en longueur : leur largeur est comprise entre 2 et 18 μ.

Chez les lichens, l'épispore est plus uniforme que chez les champignons, et on n'y trouve pas ces appendices élégants qui aident à la dissémination des spores chez les Sphériacés. Elle est presque toujours lisse, quelquefois un peu ondulée (*Amphiloma*), exceptionnellement couverte de ponctuations qui lui donnent un aspect granuleux (*Solorina saccata*) ou hérissée de pointes fines (*Thelotrema exanthematicum*).

Dans la grande majorité des espèces, les spores sont incolores : l'épispore présente quelquefois, dans les germes adultes, une coloration pigmentaire brune, rougeâtre, verdâtre, jaunâtre ou glaucescente.

La cavité sporique est simple ou bi-pluriloculaire. Dans ce dernier cas, la spore était autrefois regardée comme multiple, c'est-à-dire, comme composée de plusieurs germes individualisés, de telle sorte qu'on arrivait à une organisation reproductrice assez compliquée. De Flotow voit dans la fructification des *Parmentaria* (*fig.* 53) un enchaînement complexe d'organes : d'abord, des thèques générales ; puis, des thèques partielles ; puis, des sporidies ; enfin, des spores : « D'après mon opinion, il

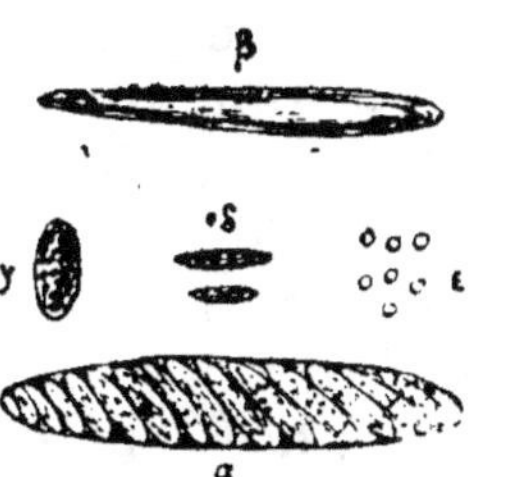

Fig. 53. — *Parmentaria chilensis* Fée. α, thèque générale adulte (*glomerulus* Fée); β, thèque générale en formation (*glomerulus ætate prima*) ; γ, thèque partielle ; δ, sporidies ; ε, spores.

faut partir de la spore et remonter par elle autant que chaque structure le demande. Spores et sporidies se trouvent dans tous les lichens, plus rarement les thèques. *Ascus* et *glomerulus* peuvent s'employer également, *ascus* autant d'une sporidie sans contenu que d'une sporidie avec spores, *glomerulus* autant d'un groupe de sporidies que d'un groupe de thèques sans l'*ascus (1).»

Cette terminologie obscure est aujourd'hui reléguée dans l'oubli, et il n'y a plus que des thèques et des spores. Les spores multiples ne sont pas des thèques partielles ; leurs cloisons n'apparaissent souvent qu'après la formation de l'enveloppe générale ; d'ailleurs, les phénomènes de l'acte germinatif démontrent que leurs éléments sont solidaires les uns des autres.

Un état intermédiaire se présente entre les spores simples et les spores à plusieurs loges ; il est fourni par quelques espèces dont les spores différencient intérieurement des masses arrondies, généralement blanchâtres, plus ou moins nombreuses, et qu'on nomme *sporoblastes*. Ces sporoblastes se retrouvent dans les jeunes spores pluriloculaires, et il est évident qu'ils représentent, dans les spores normalement simples à l'état adulte, l'indication des loges.

Pour arriver à une notion complète de la morphologie des spores chez les lichens, il est nécessaire de combiner la forme originaire des spores simples avec les modifications qui doivent résulter de la formation des cloisons. Les divers types procèdent d'ailleurs les uns des autres, et peuvent se rapporter à deux séries primordiales :

1° Spores *uniloculaires*. Leur endospore est simple, c'est-à-dire, non partagée par des cloisons. On en distingue deux formes principales :

A. Spores *continues*, à cavité sporique remplie d'un plasma homogène ; elles sont ou bien

____

(1) De Flotow, in Fée, Mém. lichén., p. 65.

globuleuses (*Coniocybe*, *Cyphelium*, *fig* 54).
incolores ou colorées, ou bien elliptiques (dans
la plupart des genres à spores simples, *fig.* 55).
ou bien fusiformes (*Biatora*), atténuées aux
deux extrémités ou à l'une seulement.

Fig.54.—Spore unilocu-　　Fig 55.— Spore unilocu-　　Fig.56. — Spore unilo-
laire continue de　　laire continue de *Parme-*　　culaire pleiosporoblas-
Cyphelium.　　*lia*.　　tée de *Lecanora*.

B. Spores *mono-di-pleiosporoblastées*, présentant au sein de leur plasma des sporoblastes
en nombre variable, non constant pour une
même espèce. Ces sporoblastes (*fig.* 56) apparaissent en masses globuleuses, sans ordre régulier, tantôt en une seule ligne suivant l'axe
longitudinal de la spore, tantôt en une ligne

Fig.57.—Spore uniloculaire pleiosporo-　　Fig. 58. — Spore uniseptée de
blastée de *Synechoblastus*.　　*Physcia*

brisée. On trouve généralement à côté des masses principales, d'autres sporoblastes très petits.
Ces spores sont subglobuleuses ou plus souvent
elliptiques, quelquefois allongées (*Biatora*) et
présentant en ce cas plutôt de véritables loges
internes que des sporoblastes (*fig* 57).

2° Spores *pluriloculaires*. Leur endospore

est partagée par des cloisons longitudinales ou transversales en plusieurs masses secondaires ayant chacune leur périspore, et renfermées dans une épispore commune. Elles comprennent plusieurs formes faciles à distinguer :

A. Spores *uniseptées*, divisées par une cloison transversale en deux loges généralement subégales et symétriques, confluentes à leur base ; la cloison peut-être aussi large que le diamètre moyen de la spore (*fig.* 58), ou plus étroite, de telle sorte que la spore est étranglée en son milieu (*Solorina*). La spore uniseptée peut être droite (*Physcia*), ou coudée en son milieu (*Ramalina*), elliptique, à extrémités obtuses (*Lecanora*), à extrémités subaiguës (*Psora*), arrondie d'un côté et atténuée en pointe de l'autre (*Sagedia*), très rarement subfusiforme (*Biatora*).

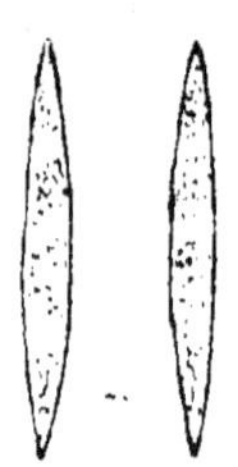

Fig. 59.— Spores pluriseptées fusiformes de Peltigera.

B. Spores *pluriseptées*. La cavité sporique est divisée en plusieurs segments contigus par des cloisons transversales auxquelles ne correspondent pas des étranglements extérieurs. Les cloisons sont rudimentaires dans les spores fusiformes de *Peltigera* (*fig.* 59), où les portions granuleuses d'endospore ne sont isolées que par des aires plasmiques moins denses et plus claires. L'épaisseur de la paroi générale est très variable ; elle peut être presque nulle (*Biatora*), et atteint quelquefois la cinquième partie du diamètre transversal de la spore (*Pyrenula*) ; dans ce cas, les loges n'apparaissent que comme de petites excavations arrondies, analogues à des sporoblastes. Dans *Verrucaria* (*fig.* 60), les cloisons des spores humides sont peu apparentes, et entre ces cloisons les endospores partielles se

montrent sous la forme de petits noyaux sphériques dans lesquels on aperçoit des tractus linéaires ou fusiformes rayon-
nant du centre à la périphérie.
Lorsqu'elles sont sèches, la paroi se ride et les cloisons deviennent bien visibles. Les
spores pluriseptées sont tan-

Fig.60.— Spore pluriseptée
elliptique de *Verrucaria*
(α, sèche : β, humide).

tôt nettement elliptiques (*Nephroma*), tantôt fusiformes (*Peltigera*), tantôt subfusiformes aiguës
aux deux extrémités (*Sticta*), courbées à leur
partie moyenne (*Roccella*), terminées
d'un côté par une loge arrondie, et de
l'autre par un prolongement plus étroit,
aigu (*Biatora*, fig. 61) ou obtus (*Stereocaulon*, fig. 62)

C. Spores *moniliformes*. Elles ne
diffèrent des spores pluriseptées qu'en ce
que les cloisons sont plus étroites que le
diamètre moyen de la spore, de telle

Fig. 61. —
Spore pluri-
septée aci-
culaire de
Biatora.

sorte que ces cloisons correspondent à
des étranglements extérieurs, et que les
loges prennent une forme subglobuleuse,
qui donne aux spores un aspect toruleux (*fig.* 63).
Elles sont typiques dans plusieurs Collémacés.

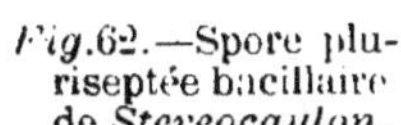

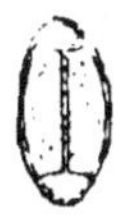

Fig.62.—Spore plu-
riseptée bacillaire
de *Stereocaulon*.

Fig.63.—Spore monili-
forme de *Collema*.

Fig.64.—Spore polari-
biloculaire de *Xan-
thoria*.

D. Spores *polaribiloculaires*. C'est une forme de spore particulière aux lichens et caractérisée par la présence aux extrémités de la spore

de deux loges dites apicales (*fig.* 64). Ces loges sont limitées à la base par un diaphragme bombé vers l'intérieur de la cavité, et non plan, ce qui donnerait simplement une spore biseptée. Les spores polaribiloculaires sont toujours régulièrement elliptiques ; la paroi des loges est mince (*Borrera*) ou épaisse (*Placodium*); quelquefois les cavités sont réunies par un tube capillaire longitudinal (*Xanthoria*) ; sous l'influence de l'iode, les cellules apicales offrent généralement une réaction différente de celle du reste de la spore ; dans *Xanthoria parietina*, les cellules et le tube qui les unit se colorent en jaune, l'endospore restant incolore.

E. Spores *murales*. L'endospore est partagée par des cloisons transversales et longitudinales,

correspondant ou non à des étranglements de l'épispore, toujours droites ou presque droites et perpendiculaires les unes sur les autres (*fig.* 65) Quelquefois les cloisons longitudinales ne se continuent pas jusqu'aux parois, et il en résulte que certaines loges ont pour largeur le diamètre transversal entier de la spore, tandis que les loges contiguës n'ont que la moitié de ce diamètre. Dans certains cas, l'insertion des cloisons est si régulière que les loges paraissent disposées comme les briques d'un mur ; d'où le nom des spores.

Fig. 65. — Spore murale de *Gyalecta*.

F. Spores *parenchymateuses*. Elles procèdent des spores murales, et elles en diffèrent essentiellement en ce que leurs cloisons ne sont plus perpendiculaires, mais insérées les unes sur les autres sans ordre régulier (*fig.* 66). Il en résulte, au sein de la spore, une sorte de tissu lâchement

Fig. 66. — Spore parenchymateuse d'*Umbilicaria*.

celluleux. Les cloisons sont généralement minces ; l'épispore, qui est souvent colorée, est elliptique allongée ou subglobuleuse.

Spores exogènes ou stylospores. — Les thécaspores ne font défaut dans aucun lichen ; la plupart des espèces offrent en outre des *stylospores*, corpuscules capables de germer, qui se forment par évolution acrosporée sur des cellules particulières, clinobasides, au sein de conceptacles superficiels qu'on nomme pycnides.

Il faut considérer les stylospores comme une forme supplémentaire de fructification, mais deux routes s'ouvrent pour arriver à leur réalisation en prenant pour point de départ les spores endogènes.

Si l'on admet que la tendance générale des germes homogènes des cryptogames les pousse, dans leur évolution la plus parfaite, à se produire à l'extérieur de leurs cellules-mères, ce processus étant plus complexe que la formation endosporée ou représentant du moins un degré plus élevé dans l'évolution physiologique, on peut considérer les stylospores comme correspondant à une révélation active de cette tendance ; elles constitueraient en conséquence le commencement d'un renversement complet des aptitudes normales, et l'indication rudimentaire du but ainsi assigné au perfectionnement morphologique de l'organisme lichénique ; en d'autres termes, dans les conditions actuelles de la vie, elles seraient simplement des germes secondaires pour devenir, ces conditions venant à changer, l'unique agent de la reproduction des futures espèces de lichens, qui seraient ainsi différenciées des espèces que nous connaissons par l'absence absolue de thécaspores.

Cette manière de voir s'éloigne peut-être de la réalité ; en ce cas, une seconde hypothèse se présente, qui regarde les stylospores comme des organes de transition entre la vie pélagique et la vie aérienne, entre les algues qui ne se développent normalement que dans l'eau, et les champignons dont les germes n'ont besoin, pour la plupart, que d'une humidité restreinte et ne végètent pas, en général, submergés.

Il est un fait certain, c'est que les stylospores contiennent moins de plasma, ont une paroi plus sèche, et sont ordinairement plus petites que les thécaspores : elles se rapprochent par ces caractères des basidiospores, qu'on considère comme les germes les plus parfaits des champignons, mais elles s'en éloignent par ce fait qu'elles ne germent absolument que dans l'eau. On peut donc les regarder comme exactement intermédiaires entre les germes exogènes et les germes endogènes.

Les pycnides ne constituent pas chez les lichens, comme chez les champignons qui en présentent, une condition secondaire procédant d'un état différent et capable d'en engendrer un autre pour compléter un cycle déterminé ; elles apparaissent en même temps que les apothécies, quoiqu'elles n'aient avec elles aucune relation, et par suite n'en dérivent pas.

Quoique dichlamydées, la nature de leurs parois assure aux stylospores une plus grande légèreté qu'aux thécaspores, ce qui fait que, pendant que celles-ci ne se répandent qu'autour de l'individu producteur, les stylospores peuvent se disséminer et reproduire au loin la partie hyphique de leur espèce. Ne saurait-on attribuer aux stylospores la formation de la médulle et de la couche corticale des espèces qui dans certains climats, où elles sont cependant très abondantes, ne produisent pas de thécaspores ?

Comme les thécaspores, les stylospores comprennent trois parties : une endospore plasmique, ici toujours simple et non partagée par des cloisons ; une périspore due à une condensation de l'endospore à sa partie extérieure, et enfin, une épispore, membrane plus épaisse provenant de l'enveloppe de la clinobaside, et qui se déchire à la germination.

Leurs dimensions varient généralement entre 3 et 14 μ. ; elles sont transparentes, hyalines ou incolores, le plus souvent elliptiques (*fig*. 50), ordinairement continues, présentant quelquefois des nucleus mal différenciés.

Spermaties. — On appelle *spermaties* des cellules isolées, naissant sur des stérigmates, très analogues aux stylospores, mais monochlamydées, c'est-à-dire, n'offrant qu'une seule enveloppe très-mince. Elles sont transparentes, hyalines, assez variables de forme, à endospore toujours continue et simple ; cette endospore, de nature plasmique, est très peu volumineuse. Elles peuvent atteindre en longueur 40 μ. ; leur diamètre transversal varie entre 0,5 et 2 μ.

Le rôle des spermaties est encore assez mal défini. Quelques auteurs, considérant qu'on les trouve en grand nombre au voisinage des apothécies, et que la plupart des essais de germination sont restés infructueux, les regardent comme des organes mâles. Cette hypothèse est possible : elle a même pour elle quelque vraisemblance ; mais elle est d'autant plus difficile à défendre qu'on ne saurait indiquer exactement l'organe femelle sur lequel pourrait s'opérer l'action fécondante des spermaties.

M. Cornu (1), qui n'a jamais réussi à faire ger-

(1). Cfr. Cornu, *Reproduction des ascomycètes, stylospores et spermaties*, in Ann. Sc. nat., 6e s., t. III.

mer les spermaties des lichens, a pu souvent développer les organes correspondants des champignons ascidés ; et de ses essais, ce savant conclut, par analogie, que partout où elles se rencontrent, les spermaties terminent l'évolution physiologique dont les thécaspores représentent la première étape et les stylospores la deuxième, à savoir, la transformation de la reproduction aquatique en reproduction aérienne.

D'où l'on pourrait conclure que les spermaties, extrêmement ténues et légères, constituent « les agents de dissémination à grande distance ; elles sont très nombreuses, très petites ; leur masse semble avoir été allégée de la réserve de nourriture que contiennent les autres spores. Pour leur premier développement, elles ne s'accroissent que lorsqu'elles sont arrivées sur le substratum qui leur convient ; là seulement elles germent et y demeurent. »

Par une compensation fréquente dans la nature organisée, les spermaties produites par les arthrostérigmates sont généralement plus petites que celles qui naissent sur les stérigmates simples.

Voici les formes les plus ordinaires des spermaties :

A. Spermaties *elliptiques* (*fig.* 67). Elles sont

  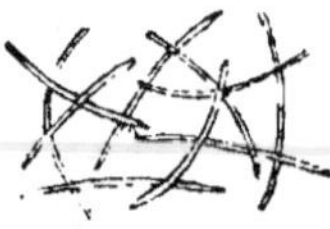

Fig. 67.— Spermaties el-   Fig. 68.— Spermaties   Fig. 69. — Spermaties ba-
liptiques de *Gonionema*.   aciculaires d'*Usnea*.   cillaires de *Squamaria*.

allongées, oblongues, obtuses aux deux extrémités, quelquefois subglobuleuses. Elles sont portées sur des stérigmates simples et ordinairement courts (*Lecanora, Lecidea*).

B. Spermaties *aciculaires* (*fig.* 68). Elles procèdent des précédentes, et en diffèrent en ce qu'une de leurs extrémités s'atténue en pointe aiguë. Elles adhèrent aux stérigmates par leur extrémité obtuse

C. Spermaties *bacillaires* (*fig.* 69). Elles ont un diamètre très étroit et une longueur relativement considérable (jusqu'à 40 μ). Leurs extrémités sont subaiguës. Elles peuvent être courbes ou droites.

CHAPITRE VI

Genèse et évolution des organes

Formation de l'appareil végétatif. — Formation des réceptacles. — Évolution des cellules-mères. — Genèse et développement des cellules-filles.

Formation de l'appareil végétatif. — Plongée dans l'eau, dans une exposition favorable, entourée des conditions atmosphériques nécessaires, la spore germe, c'est-à-dire, développe un prothalle, filament primitif qui va devenir l'origine et le substratum de l'embryon. Dans la grande majorité des cas, la spore déchire, sous l'influence de l'humidité qui pénètre dans la cavité par osmose, et qui gonfle l'endospore, sa paroi la plus externe. Il se forme ainsi une ouverture superficielle, à travers laquelle la périspore vient faire hernie, distendue et poussée par son contenu devenu plus volumineux.

Par la cicatrice béante, qui s'ouvre généralement vers l'extrémité du germe, l'endospore s'allonge progressivement, avec une plus ou moins grande rapidité, sous la forme d'un boyau cylindrique obtus, translucide et dans lequel passe tout le protoplasme primitivement contenu dans la cavité

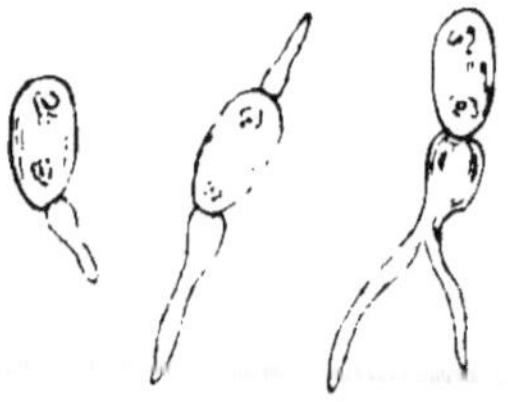

Fig. 70. — Spores en germination.

(*fig.* 70). Dans l'acte de la germination, l'épispore seule paraît apte à absorber l'eau ambiante, et c'est grâce à cette absorption qu'elle se dilate et se déchire ; quant à la périspore, elle se trouve simplement projetée en filaments allongés, par une tendance d'expansion centrifuge, qui ne peut se réaliser que grâce à la rupture de l'enveloppe externe.

Vers la spore, le tube-germe est le plus souvent un peu dilaté, et l'ouverture qui lui a livré passage est à peine sensible. Il n'est quelquefois pas isolé, et la spore produit un second filament en un point diamètralement opposé au premier. Généralement, lorsque l'endospore produit plusieurs filaments germinatifs, ils sont en nombre pair, et disposées symétriquement. Les hyphes prothallins produits par les grosses spores unicellulaires de *Pertusaria*, *Megalospora*, sont très nombreux.

Une nouvelle évolution du prothalle, consistant dans la ramification de ses filaments, nous conduit au protothalle, ou embryon du lichen. Cet embryon représente l'individu adulte dans ses traits essentiels. Il est dû à la confluence des rameaux issus des hyphes primaires, qui s'anasto-

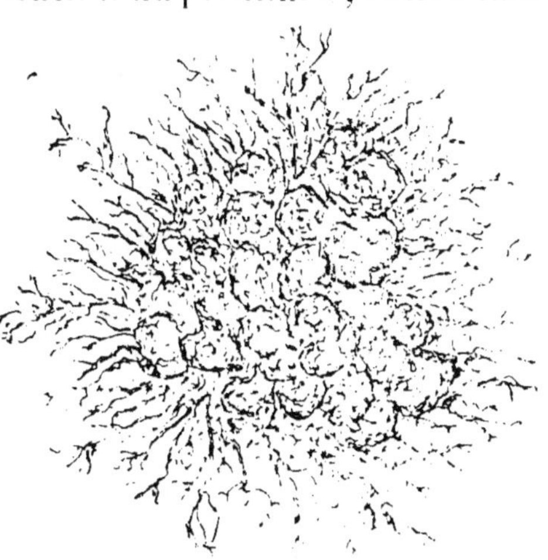

Fig. 71. — Évolution du thalle.

mosent en un tissu feutré plus ou moins serré, sur lequel se développe une première assise de cellules, les unes vides, les autres remplies de matière plastique.

L'accroissement du protothalle, qui devient l'hypothalle dès qu'une médulle thalline et une cuticule recouvrent ses éléments, est visiblement centrifuge (*fig.* 71), et toutes les parties de l'individu obéissent à la même tendance. Si l'on suit l'accroissement d'un jeune lichen, on découvre vers la marge des filaments rayonnants, écartés par leurs extrémités, sinueux, flexueux, rameux, s'anastomosant vers la partie la plus organisée de l'individu, qui occupe le centre de l'expansion.

Cette partie qui s'accroît peu à peu, étendant l'aire d'évolution de son hypothalle, et le forçant, à mesure qu'elle se développe, à augmenter la prolifération hyphique qui lui sert de substratum, se divise en petits lobes arrondis, expansions partielles en quelque sorte individualisées, mais solidaires les unes des autres, et réunies pour assurer, par leur végétation particulière, la vie d'un même être, issu d'une spore unique.

On conçoit parfaitement que la médulle et la couche corticale dérivent des filaments de l'hypothalle, mais la formation des gonidies, si différentes morphologiquement et physiologiquement, est plus difficile à expliquer. Cette formation, comme nous l'avons dit, admet deux modes : ou bien, et, à notre avis, c'est le cas le plus ordinaire et le processus normal, elles proviennent d'un autre individu de la même espèce, s'insinuent entre les jeunes hyphes, et y développent, à la place et dans la forme réglés par les caractères spécifiques, la zone gonidiale ; ou bien, lorsque le thalle en voie d'évolution ne trouve pas dans son voisinage les cellules vertes susceptibles d'être unies à ses éléments, il produit directement ses gonidies, soit dans des hyphes uniques appartenant au cortex, et qui, se rompant, mettent en liberté des essaims de jeunes cellules vertes, soit par des renflements terminaux ou latéraux, qui deviennent globuleux, se remplissent de phyllochlore, s'étranglent, et finalement s'isolent pour constituer une gonidie-mère apte à se multiplier par endoscissiparité.

Quant à la médulle et au cortex, ils sont dus simplement à des ramifications anastomosées des cellules primitives, qui se transforment suivant la place qu'elles occupent et le rôle qu'elles doivent remplir, ici en hyphes allongés incolores, là en vésicules arrondies ou polyédriques colorées.

Une fois pourvu de tous ses éléments constitutifs, le thalle s'accroît, selon les espèces, par un développement centrifuge ou par un développement centripète. Dans le premier cas, partant comme centre de la spore d'où il provient, il s'étale en rayonnant, et c'est ce qui explique la régularité fréquente des thalles plans : la force d'expansion est égale partout, et donne naissance à des rosettes orbiculaires. Dans le mode centripète, les éléments proliférant de la périphérie au centre, le thalle ne forme plus des plaques planes, mais la partie centrale, refoulée par les cellules nouvelles formées à la marge, et ne pouvant descendre dans le substratum, s'élève nécessairement en lobes dressés. Cette tendance très générale s'alliant aux aptitudes spécifiques, qui réglent la forme, le nombre, la direction des digitations, explique tous les types de thalles fruticuleux ou filamenteux.

Le thalle, composé d'éléments très simples et n'ayant à accomplir que des fonctions rudimentaires et toujours semblables, ne porte pas en lui-même le germe de sa mort ; sa destruction, quand elle arrive, est due à l'influence d'agents extérieurs, presque toujours de nature physique : elle commence par une oblitération des réceptacles, puis le cortex change de couleur, affecte ordinairement une nuance plus foncée et souvent verdâtre ; ses éléments ne tardent pas à se désagréger.

Au premier rang des causes destructrices il faut placer, suivant nous, les alternatives trop fréquentes de sécheresse et d'humidité, l'eau pénétrant, dans les organismes trop complètement desséchés, avec une force et une rapidité qui distendent les cellules au-delà de la limite normale et préparent leur désunion ; ajoutez-y l'effet de la gelée, et l'action mécanique des ruptures de l'épiderme des troncs sur lesquels les individus se développent, ruptures qui déterminent le déchirement des thalles et par suite portent atteinte à la vitalité individuelle qui, si rudimentaire qu'on la suppose, n'est cependant pas nulle, puisque chaque lichen n'a qu'une seule origine.

Formation des réceptacles. — Dans la grande majorité des espèces, l'apothécie est endogène, c'est-à-dire, se forme à l'intérieur du thalle, vers la partie superficielle, mais sous la cuticule, et sa première indication est neutre, aucune distinction de sexe ne se manifestant dans les filaments qui s'anastomosent et copulent pour constituer son ébauche.

En général, cette ébauche apparaît à la partie supérieure de la médulle ; elle consiste en « une petite pelote arrondie de filaments enchevêtrés ; sur la face tournée vers l'extérieur, se produit une forêt de minces paraphyses entourée, en bas et sur les côtés, par une couche spéciale, l'*excipulum*. Celui-ci s'accroît en surface et forme de nouvelles paraphyses qui s'insinuent entre les anciennes ; leur production s'arrête de bonne heure au centre, mais se continue longtemps à la périphérie (1). »

(1) M. Rietsch, *Reproduction des cryptogames*, 1882, p. 101.

Ainsi, à l'origine du réceptacle, il n'y a pas de différence entre le tissu stérile et le tissu fertile. Tous deux sont dus à la réunion des mêmes filaments, qui se ramifient et s'anastomosent. Un nouveau progrès dans l'évolution crée la distinction. L'excipule, qu'il soit thallin ou propre, ce qui dépend simplement de la forme qu'affectent les éléments qui doivent le constituer, tient encore à l'appareil végétatif; il forme la transition en différenciant à sa partie supérieure, creusée en coupe, des hyphes allongés, simples, obtus, asques rudimentaires ou paraphyses, qui conduisent à l'appareil reproducteur.

Au dessus de l'excipule apparait un stratum particulier, hypothécie, parfois épais et dense, plus souvent mince et peu apparent, qui donne naissance aux paraphyses de seconde formation, destinées à accroître l'étendue du thalame.

Vers la portion externe supérieure de l'hypothécie se montrent les hyphes véritablement multiplicateurs, dont le plasma est doué d'aptitudes très particulières. Ces hyphes, qui renferment des granulations abondantes, sont épais, ramifiés, forment un tissu peu dense dans lequel ils s'entrelacent sans jamais diviser leur cavité par des cloisons. Les asques sont constitués par les extrémités dilatées de certains de ces filaments, qui se dressent perpendiculairement à leur substratum et s'insinuent entre les paraphyses; quant aux hyphes producteurs, ils restent réunis en une couche sous-hyméniale parallèle à la cuticule. Elle se montre d'abord au centre, s'accroît vers la périphérie où son activité se confine bientôt; ses filaments forment un système très-distinct de l'ensemble des autres hyphes thallins.

L'apparition au dehors de l'apothécie est le résultat de son développement. En s'accroissant, elle écarte peu à peu les hyphes de la médulle, puis perce la cuticule d'une ouverture régulière, la soulève en rebord nettement terminé à la marge externe de l'excipule, sans solution de continuité ; la partie centrale de la portion soulevée disparaît rapidement ou bien reste plus ou moins long-temps adhérente sous forme de velum membraneux ou pruineux.

C'est là le mode le plus général de formation de l'apothécie ; on en connaît un autre, dans lequel on a cru voir les spermaties jouer le rôle d'organes mâles : nous indiquerons son processus en étudiant la fécondation.

La même genèse des parties se retrouve dans l'évolution des pycnides et des spermogonies. Elles consistent originairement en petites pelotes hyphiques, formées par les anastomoses de filaments particuliers asexués ; ces pelotes se creusent à leur partie supérieure, où se différencie le tissu fertile. Celui-ci ne consiste plus en hyphes étalés donnant naissance à des thèques perpendiculaires ; il est représenté par de petites cellules analogues à celles qui forment l'hypothécie, et qui portent des utricules-mères, clinobasides ou stérigmates, disposées en un hymenium intérieur.

En s'accroissant, les jeunes conceptacles soulèvent la cuticule, la distendent et finalement la rompent ; ils viennent alors proéminer au dehors, et mettent en liberté les cellules-filles produites dans leur cavité.

L'origine des pycnides est quelquefois, non plus une simple agglomération d'hyphes allongés et réunis au hasard, mais une véritable assise parenchymateuse. Dans ce cas, un hyphe superficiel de la médulle se renfle, se dilate ; des cloisons transversales apparaissent à l'intérieur, en nombre constant et dans la forme réglée par les caractères spécifiques ; le filament se trouve ainsi divisé en loges subcylindriques, brusquement tronquées aux extrémités.

De chacune des loges émanent latéralement des filaments capillaires de plus en plus nombreux, rayonnants autour de l'hyphe primordial : en même temps, aux cloisons transversales s'ajoutent des cloisons longitudinales, de telle sorte que le centre du petit amas est occupé par un noyau celluleux, tandis qu'à la périphérie sont des fibrilles très ténues, abondamment ramifiées, flexueuses, s'anastomosant en un plexus plus ou moins dense.

La cavité interne se produit grâce à l'accroissement du noyau, qui s'étale et se déprime : sa cuticule est formée par le plexus filamenteux qui à cette époque paraît constituer la partie prédominante et la base du réceptacle, alors qu'il n'en est en réalité qu'une partie secondaire, sa véritable origine étant due au développement du centre celluleux. La partie supérieure de l'amas central produit des hyphes perpendiculaires, appelés à jouer le rôle de cellules-mères. Quant à l'orifice, il est bordé et même composé de courtes cellules cylindriques, dont le plasma n'a point d'aptitude multiplicatrice.

On pourrait peut être voir dans les anastomoses des hyphes des traces de sexualité, les cellules en contact paraissant se rapprocher par copulation. Aucune différence dans les éléments, toutefois, aucune tendance marquée dans l'un à se joindre à l'autre, n'autorisent à penser qu'il y ait dans ces phénomènes de confluence autre chose qu'une réunion fortuite. Cette réunion est d'ailleurs nécessaire, et il est permis de croire que son processus, qui peut être rapporté entièrement aux aptitudes générales des hyphes. est cependant déterminé par une obligation organique plus précise et plus particulière ; il est hors de conteste, en effet, que le plasma des cellules-mères, qui constituent la phase ultime de l'évolution des hyphes végétatifs, diffère du plasma de ces hyphes, ce qui autorise à penser que ses propriétés varient progressivement avec la forme des éléments qui le contiennent, et que par suite il possède déjà, dans les hyphes qui forment la base des réceptacles, une tendance spéciale, bien que cette tendance ne l'amène pas à se partager en portions de sexe différent.

Evolution des cellules-mères. — Nous avons considéré les thèques comme des paraphyses fertiles ; l'évolution de chacune d'elles, ou, en d'autres termes, les diverses phases par lesquelles elle passe sont absolument identiques aux progrès successifs que la morphologie théorique suppose pour passer des paraphyses aux cellules-mères fécondes.

Les hyphes d'où dérivent les thèques sont réunis en une couche spéciale, dite sous-hyméniale. Ils procèdent des filaments excipulaires, et consistent en cellules allongées, parallèles au substratum, jamais cloisonnées, presque toujours ramifiées.

Ces cellules, sur lesquelles reposent les bases des paraphyses, émettent des prolongements renflés, obtus, un peu claviformes, mais offrant cependant, à l'origine, un diamètre basique à peine inférieur au diamètre de la portion supérieure dilatée. Les prolongements, perpendiculaires sur les filaments qui leur donnent naissance, se dressent, s'insinuent parmi les paraphyses qu'ils écartent. et avec lesquelles ils ne contractent aucune adhérence.

Il est en général facile de les distinguer des éléments stériles qui les entourent ; l'iode leur donne ordinairement une coloration particulière. D'ailleurs, dans beaucoup d'espèces, ils sont colorés. et leur plasma est visiblement plus épais, plus granuleux que celui des paraphyses, qui sont translucides et incolores, sauf dans leur partie supérieure.

Les thèques comprennent deux enveloppes : l'externe, de nature cellulosique et amylacée. bleuissant souvent sous l'action de l'iode, est due simplement à l'élongation en un boyau obtus des parois de l'hyphe sous-jacent : quant à l'interne, plus difficile à distinguer, mince, transparente, elle doit être attribuée, comme la périspore, à une condensation superficielle, sur une faible épaisseur, du protoplasme contenu dans la cavité. Ce protoplasme constitue la partie active de la cellule-mère ; c'est de son accroissement que résultent l'agrandissement de la cavité et la dilatation des parois.

Les granulations plasmiques sont évidemment fournies aux thèques par les cellules qui leur ont également procuré les éléments de leurs enveloppes ; cependant, on ne saurait rationnellement croire qu'en passant de ces cellules dans les thèques, il ne subit pas de modification : son aspect très différent démontre le contraire.

A mesure que le plasma se trouve absorbé en plus grande quantité. la jeune thèque évolue vers l'état adulte. La base ne se dilate pas, mais la longueur totale et le diamètre de la massue apicale augmentent rapidement ; en même temps se produisent des phénomènes de partition intime, corrélatifs du développement général, et ayant le même terme que lui ; ces phénomènes ont pour résultat la production des spores, qui arrivent à maturité en même temps que la thèque parvient à son état parfait.

Les thèques sont distinctes des paraphyses, et bien qu'elles en procèdent morphologiquement, elles sont loin d'avoir la même origine immédiate : le développement des deux organes se fait suivant un mode propre, et ils ne sont pas solidaires les uns des autres. Il en résulte que, bien qu'ils croissent côte à côte, ils ne deviennent pas confluents latéralement et ne se soudent pas : cependant, la pression mutuelle que les paraphyses et les thèques exercent les unes sur les autres détermine entre elles un contact si intime qu'il est difficile d'isoler une thèque des éléments stériles qui l'entourent.

La formation des clinobasides et des stérigmates est absolument analogue à celle des thèques, et il n'en saurait être autrement, ces diverses cellules ne différant pas dans leur rôle, mais seulement dans le mode suivant lequel se manifeste leur activité. Les unes et les autres sont simplement des prolongements des cellules sous-jacentes, étranglés ou non à la base, dressés, perpendiculaires, et, par le fait même, convergents vers le centre de la cavité conceptaculaire.

Les arthrostérigmates consistent en hyphes allongés, dans lesquels apparaissent des cloisons transversales, qui tantôt évoluent avec l'hyphe, de telle manière que celui-ci est parfaitement continu, tantôt se trouvent entièrement formées avant son complet accroissement, et déterminent ainsi des étranglements qui lui donnent un aspect toruleux, moniliforme.

Genèse et développement des cellules-filles. —
Les thécaspores en évolution ne sont pas, comme
les ovules des phanérogames ou les spores exogènes, fixées sur un placenta qui leur fournisse
les éléments plasmiques dont elles ont besoin :
elles se forment de toutes pièces du liquide contenu dans la cavité de la cellule-mère, différencient peu à peu dans son sein leurs diverses parties, et ne se mettent jamais, à aucune époque
de leur vie, en communication directe avec les
parois ; à l'origine, elles sont cependant absolument contiguës à ces parois, qui ont même nature qu'elles ; il n'y a pas toutefois d'adhérence
sensible, et l'isolement s'accentue rapidement :
il ne devient absolument complet qu'à la maturité, époque à laquelle, sous l'influence des
agents mécaniques et en particulier de la pression des paraphyses, se font la déhiscence et la
dissémination.

Si l'on suit le développement progressif des
grandes thécaspores
de *Pertusaria com-
munis*, (*fig*. 72),
dont les phases sont
analogues aux phé-
nomènes d'évolution
de toutes les spores
simples, on trouve à
leur origine une sim-
ple masse de proto-
plasme granuleux,

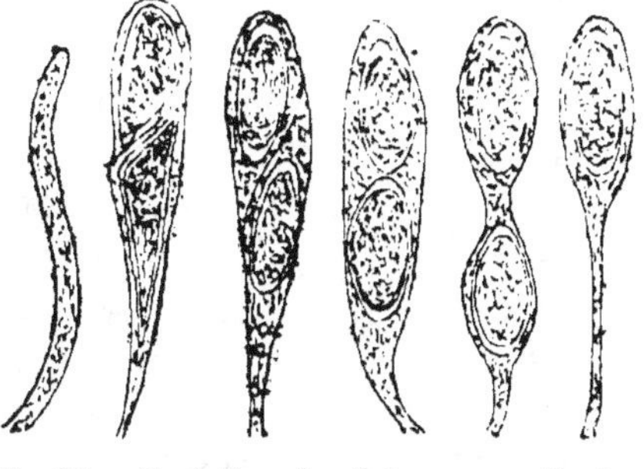

Fig.72.—Évolution des thécaspores (*Pertusaria*).

disposée dans une utricule allongée subcylindrique analogue à une paraphyse.

Cette utricule s'accroît en longueur et se dilate à sa partie supérieure ; en même temps, la
membrane plasmique qui tapisse intérieurement
son enveloppe de cellulose s'accuse plus nette-

ment ; les granulations quittent la périphérie, où se montre une aire translucide, et se réunissent en un amas qui se retire vers la partie renflée, mais avec une tendance moins active que chez les champignons à se localiser au sommet de la massue.

A cette époque, le liquide interne est encore homogène; sous l'influence de l'humidité, il a une tendance à se disposer en noyaux radiés. Dans *Pertusaria*, dont les thèques ne produisent ordinairement que deux spores, le vaste nucleus primitif se divise obliquement et transversalement en deux portions, l'une elliptique subglobuleuse, occupant la partie supérieure, l'autre, placée dans la partie inférieure de la thèque, et en forme de massue tronquée.

Rien encore n'indique la forme future des thécaspores : les deux germes contenus dans la même thèque apparaissent très différents, et il n'est pas facile de voir par quelle suite de phénomènes ils arriveront à se développer en deux organes semblables ; en tout cas, il est évident que le processus ne saurait être identique pour la spore supérieure et pour la spore inférieure.

L'une et l'autre sont entourées d'une portion translucide, égale, peu épaisse, qui paraît être l'indication de leur enveloppe future ; à la partie supérieure du nucleus inférieur comme à la partie inférieure du nucleus supérieur, cette portion est un peu plus large ; les deux aires ne se confondent pas, grâce à l'interposition très évidente d'une membrane incolore plasmique, sorte de diaphragme disposé obliquement.

La bipartition du noyau primaire amène comme conséquence dans la plupart des thèques, mais non dans toutes, un rétrécissement passager de la cellule enveloppante, vers la partie de cette cellule qui touche au diaphragme ; ce rétrécissement est par suite non pas exactement orbiculaire, puisqu'il n'est pas perpendiculaire à l'axe longitudinal de la thèque, mais elliptique : il est d'ailleurs peu prononcé, souvent plus marqué du côté ascendant du diaphragme que vers sa partie descendante, et par suite la portion qui correspond à la spore elliptique se trouve légèrement déjetée ; peut-être toutefois n'y a-t-il là qu'une apparence, due à la grande transparence des membranes qui empêche de distinguer exactement leurs contours.

Il va sans dire que l'étranglement qui se produit ici parce que la partition est transversale et qu'elle ne se fait qu'une fois, ne se retrouve pas chez les thèques qui différencient un plus grand nombre de spores, et que d'ailleurs il y serait impossible en raison de la scission répétée du nucleus primitif, qui ne se partage pas exclusivement dans le sens transversal.

Tout au plus dans ce cas peut-on supposer une sorte d'appel exercé sur la membrane interne par le vide des sillons, appel insuffisant pour déterminer autre chose qu'une ride interne imperceptible, et surtout pour amener un étranglement de la membrane cellulosique.

Quand la thèque contient plus de deux spores, le noyau plasmique primitif se divise d'abord en deux masses plus petites, qui se divisant à leur tour donnent quatre nucleus de troisième formation ; les nucleus de quatrième formation se montrent alors par la bipartition des quatre masses déjà formées, bipartition qui constitue généralement la fin des manifestations actives du protoplasme, parce que les huit spores qu'elle donne représentent une quantité normale pour la plupart des espèces.

Acloque. Lichens.   15

Ici, il n'y a pas formation originaire d'enveloppe caduque pour séparer les nucleus; chacun d'eux présente à sa périphérie une aire translucide, confluente avec celle du nucleus voisin, et origine de sa future enveloppe: les formes des germes ainsi limités ne sont pas d'ailleurs plus régulièrement semblables que dans Pertusaria, les unes représentant des cônes à base convexe, d'autres des cylindres, d'autres des sphères; elles sont d'ailleurs souvent inégales.

Le développement est presque simultané, et se fait assez rapidement. Après l'apparition des aires translucides, et, dans notre exemple, après la formation de la membrane transversale, les spores occupent encore la totalité de la cavité ascique, sauf une partie basique en communication avec l'hyphe producteur, et qui parait vide.

Si l'on prend une thèque plus avancée, on constate que la masse sporique se contracte pour prendre sa forme normale, qu'elle ne doit plus modifier jusqu'à la germination: ce nouveau progrès s'explique facilement par l'extension régulière et centrifuge des granulations internes plasmiques, qui refoulent l'enveloppe aux points où le diamètre est trop petit, amenant, en raison de son peu d'élasticité, sa rétraction aux points où ce diamètre est trop grand.

L'aire translucide périphérique est plus nette, assez mince contre les parois longitudinales, plus développée et formant une sorte de cône étalé aux extrémités de l'ellipse: nous ignorons la cause de cette différence d'épaisseur, qui n'est pas d'ailleurs constante pour les autres espèces, mais qui, chez la Pertusaire, persiste dans les spores adultes. A ce moment, la membrane transversale existe encore, mais elle ne détermine plus un étranglement; elle divise pour ainsi dire la thèque en deux cellules-mères dissemblables ; le plasma renfermé dans ces cellules, en dehors des enveloppes sporiques, est encore assez abondant, visiblement granuleux, mais moins dense que le plasma contenu dans les jeunes spores. Il n'est pas résorbé ; il paraît au contraire passer par osmose ou absorption directe dans la cavité sporique.

Ces divers phénomènes nous permettent déjà de conclure que les thécaspores sont simplement des propagules endogènes formés par scission en nucleus d'une substance active située dans une cellule-mère, et capable de former tous leurs éléments grâce à la double faculté qui la caractérise de manifester sa vitalité tout en conservant l'apparence liquide, et de s'organiser en membrane.

Dans les spores exogènes, l'endospore et la périspore sont évidemment des émanations du protoplasme de la cellule-mère : mais leur épispore dérive de l'enveloppe de la baside ou de la clinide ; ici, la paroi de la cavité ascique ne joue qu'un rôle de protection, ou même plus simplement ne constitue qu'un réceptacle ; elle ne fournit à l'épispore aucun élément, et cette épispore, comme la membrane ténue qui la double et son contenu liquide, provient exclusivement du plasma interne ; c'est ce qui explique l'absence chez les thécaspores des appendices verruqueux ou granuleux si fréquents dans les basidiospores.

Toutefois, dans certaines espèces, l'intervention de la paroi cellulosique des thèques dans la formation des germes n'est peut-être pas absolument nulle, puisque certaines formes de thécaspores deviennent bleues sous l'influence de l'iode ; il est probable que dans ces espèces, la membrane ascique se désagrège partiellement, cédant ainsi aux spores quelques-unes de ses granulations amylacées ; une action plus directe de sa part est impossible.

Après l'apparition des enveloppes de la spore, l'évolution des thèques de la Pertusaire entre dans une nouvelle phase, caractérisée par la disparition de la membrane oblique qui sépare les spores, ou *diaphragme caduc*. Ce diaphragme, qui paraît entourer les spores d'un velum protecteur, et constituer en quelque sorte un conceptacle dans la cellule-mère, n'a plus sa raison d'être dès que l'épispore se trouve assez constituée pour remplir le rôle qui lui était dévolu ; il disparaît dès lors aussi rapidement qu'il s'était formé, sans qu'il soit facile de voir par quel processus : il est vraisemblable que, formés du plasma interne, ses éléments se désagrègent, ou même se liquéfient, retournant à leur premier état pour se mêler aux granulations plasmiques qui existent encore après la formation des spores, et qui sont destinées à les nourrir.

Rien ne s'oppose à cette hypothèse, et ces phénomènes d'apparition et de disparition successives et répétées dans l'évolution d'un même organe sont très communs dans la nature vivante ; ils se présentent à toutes les étapes du développement, parfois sans but apparent, mais ayant évidemment, par le fait même qu'ils sont visibles, une destination particulière : cette destination, à la conception théorique de laquelle on arrive surtout par les analogies fonctionnelles, se trouve généralement renfermée entre des limites dont nous ne saisissons pas la raison d'être, de telle sorte qu'aucune cause sensible ne nous paraît déterminer la naissance et la fin de l'organe appelé à jouer un rôle passager.

Il est certain, par exemple, qu'on ne saurait

définir l'utilité particulière du diaphragme caduc dans les thèques de *Pertusaria*, puisque ce diaphragme ne se retrouve pas chez les autres thèques ayant un développement très semblable ; on peut supposer toutefois que dans ces thèques il est rudimentaire, indiqué par la portion médiane des aires translucides qui délimitent les sporidies, et qu'il se trouve réalisé dans la pertusaire grâce à la condensation temporaire de cette portion ; en tous cas, il est très fugace, et il disparaît bien avant la maturité des spores.

Si l'on n'accepte pas cette hypothèse, la fructification de la pertusaire devient, pour la formation normale des spores chez les lichens, non plus un point d'arrivée, mais un point de départ. On peut supposer en effet que les cavités formées à l'intérieur de la thèque pour produire chacune une spore, et limitées obliquement par le diaphragme caduc, constituent autant de cellules-mères à évolution distincte, bien qu'elles partent d'une même origine, à savoir la partition du nucleus ascique primitif.

Dans ce cas, la fructification normale de la pertusaire serait monospore, et la thèque typique serait représentée, comme le montre notre dessin, par une cellule allongée renflée à sa partie supérieure, où le plasma actif différencie une cellule-fille, mais très étroite à la base et gardant dans toute sa partie inférieure son apparence paraphysienne ; cette forme de thèque est parfaitement réalisée dans la nature, et nous en avons rencontré de nombreux exemples.

Une nouvelle tendance, provoquée en quelque sorte par l'aptitude différente des formes à spores plus nombreuses, nous conduit aux thèques dispores, qu'on trouve mélangées sur le même individu aux thèques monospores. Seulement, l'évolution des deux spores ne se fait pas encore par le processus le plus simple, qui est ici comme ailleurs l'accomplissement le plus parfait de l'acte physiologique ; ce processus, représenté dans les autres formes par une segmentation du nucleus, se complique dans la pertusaire de l'apparition d'un diaphragme solide plasmique qui provoque, pour la création de chaque spore, la formation d'une cellule-mère particulière : on pourrait trouver un argument en faveur de cette hypothèse dans ce fait que les thèques sont souvent étranglées au niveau du diaphragme, entre les deux spores, ce qui permet de supposer que les deux cavités ne sont pas solidaires, dans leur développement, l'une de l'autre. On trouve quelquefois des thèques à trois spores : elles présentent deux diaphragmes : mais nous n'en avons jamais rencontré qui fussent étranglées.

Un nouveau progrès dans l'évolution morphologique conduit aux thèques dispores non étranglées, dont procèdent évidemment les thèques à trois spores : mais elles ne sont pas encore débarrassées de leur diaphragme. L'absence absolue de cet organe devient normale pour les thèques qui différencient plus de quatre spores, et c'est la grande majorité : dès lors, la fructification arrive à son résultat ultime par le mode le plus simple, c'est-à-dire, le plus parfait.

Une fois différenciée et munie de ses enveloppes, la spore simple arrive rapidement à maturité ; elle absorbe en le condensant tout le plasma qui l'entoure et devient libre dans la cavité. Le même terme attend le développement des spores septées et pluriloculaires, mais elles doivent, avant de devenir libres, différencier leurs cloisons.

Nous avons vu qu'elles procèdent des spores à sporoblastes : elles constituent à l'origine (*fig.* 73) des spores simples dans lesquelles on aperçoit, parmi les granulations plasmiques, des gouttelettes arrondies ou nucleus rudimentaires : ces nucleus deviennent peu à peu plus volumineux, et ne tardent pas à se réunir en autant de portions globuleuses translucides qu'il doit y avoir de loges : nous avons ainsi des spores pleiosporoblastées.

Fig. 73 — Spores septées à différents âges (*Physcia*).

Peu à peu, les nucleus s'allongent, se déforment, se remplissent de plasma : une aire plus claire les circonscrit, et au centre de cette aire apparaît une lame translucide, qui constitue la cloison ; l'évolution s'arrête là, et ne va pas jusqu'à la séparation des loges, qui ne sont jamais indépendantes, ce qui empêche d'assimiler les spores multiples à des thèques partielles.

Ainsi on retrouve dans l'accroissement des spores septées le même enchaînement de phénomènes que celui qui transforme une paraphyse privilégiée en une thèque féconde ; de plus, l'évolution morphologique entière de la spore à travers les divers types des lichens se résume dans la différenciation progressive d'une spore composée ; ses diverses formes représentent chacune l'acquisition d'un nouveau caractère, pour elle fixé et héréditaire, mais qui se modifiera dans les organismes plus élevés, jusqu'à son état final.

Pour la formation des stylospores et des spermaties, corpuscules exogènes, l'intervention de la paroi externe de la cellule-mère est nécessaire ; quand le plasma interne sent s'éveiller en lui son aptitude génératrice, il se réunit en nucleus, puis désagrège ses éléments et se retire à la partie supérieure ; en même temps l'enveloppe s'allonge terminalement en un spicule plus ou moins large à la base, généralement dilaté pour les clinobasides et étroit pour les stérigmates; la partie la plus extérieure de ce spicule se renfle, et prend la forme du corpuscule dont elle est l'origine, c'est-à-dire, devient elliptique, fusiforme, bacillaire ou aciculaire; le plasma de la cellule-mère passe rapidement dans la cavité de la cellule-fille, y forme l'endospore, et, s'il y a lieu, la périspore; puis, cette cellule-fille s'étrangle soit à la base, et dans ce cas elle est sessile et sans prolongement, soit au sommet du spicule, et elle est alors stipitée et sans prolongement; soit vers le milieu du spicule, ce qui donne une spore stipitée et apiculée. Le spicule constitue un organe intermédiaire entre la cellule-mère et le propagule, un simple conduit par lequel passe le plasma nutritif; aussi ne forme-t-il pas longtemps une partie distincte. Il se divise le plus souvent vers sa partie médiane, l'un de ses tronçons restant adhérent, sous forme de prolongement subulé, à la cellule-mère, l'autre, en mamelon obtus, à la cellule-fille. Quelquefois il se dilate si insensiblement que le propagule ne fait qu'un avec lui; c'est le cas des spermaties aciculaires.

Les arthrostérigmates produisent des spicules latéraux, mais non toutefois sur toutes leurs cellules, sans qu'il soit facile de voir aucune relation entre le nombre des loges fertiles et le nombre des loges stériles; il est probable que le protoplasme de ces dernières est analogue aux granulations des hyphes végétatifs; peut-être aussi passe-t-il dans les cellules fécondes, grâce à un courant osmotique ou à un appel exercé par les spermaties en voie de développement.

CHAPITRE VII

FONCTIONS DE NUTRITION

Assimilation : respiration. — Produits de la nutrition ;
composition chimique. — Réactions.

Assimilation ; respiration.— La vie de l'organisme lichénique n'est pas une : elle représente la
résultante de l'activité des hyphes et de l'activité
des gonidies, manifestées dans une direction divergente ; elle n'est par suite normale qu'autant
que ces deux activités tendent à se faire équilibre,
ou plutôt qu'autant que la nutrition des gonidies
est égale ou supérieure à celle des hyphes.

Les lichens, comme tous les autres végétaux,
ont besoin de carbone : quel est l'organe qui le
leur fournit ?

Nous savons que le stratum hyphique, considéré comme un individu, vit à la manière des
champignons et des animaux, c'est-à-dire, fixe
de l'oxygène et exhale du carbone ; d'un autre
côté, ce stratum n'emprunte rien à son support,
et il est incapable d'extraire de l'air atmosphérique la quantité de carbone qui lui est nécessaire.

Dans ces conditions, l'absorption du carbone
est entièrement attribuée aux gonidies, que la
phyllochlore rend aptes à cette fonction. L'exha-
lation carbonée des hyphes ne dépasse-t-elle pas
l'assimilation de carbone des gonidies?

Cette question résolue dans le sens affirmatif
conduit à deux conséquences : ou bien la mort
du lichen ; ou bien la nécessité pour ce lichen de
puiser son carbone directement dans son substratum, déterminant chez lui la faculté de vivre en
saprophyte.

La première conséquence est purement hypothétique, les lichens jouissant ordinairement d'une grande résistance vitale qui ne permet pas de supposer qu'ils manquent d'un élément indispensable.

Quant à la seconde, elle se trouve infirmée par plusieurs faits certains. D'abord, il est établi que certaines espèces peuvent vivre, se développer, fructifier loin de tout support : telles les Lécanores comestibles, qui ont causé à certaines époques les phénomènes connus sous le nom de pluies de lichens. Nous ne parlons pas des Nostochs, lichens imparfaits absolument arrhizes, mais qui, n'offrant pas de filaments, vivent comme les algues et exhalent de l'oxygène.

En second lieu, on a reconnu qu'en plongeant dans l'eau, jusqu'à une certaine hauteur, un lichen fruticuleux, et même en le laisant submergé pendant quelque temps, le liquide ne s'élève jamais dans la partie avec laquelle il n'est pas en contact direct. D'où l'on peut conclure que le stratum médullaire et le cortex ne sont pas le siège d'une absorption active, et que les lichens n'empruntent rien à leurs supports.

Théoriquement, la respiration des gonidies l'emporte donc sur celle des hyphes ; cette proposition a été établie expérimentalement par M. Henri Jumelle.

Ayant reconnu que certains lichens laissaient prédominer l'acte phyllochlorien des cellules vertes, de telle manière que la respiration des hyphes était complètement voilée, ce savant eut l'idée de poursuivre ses recherches et de les étendre à un assez grand nombre d'espèces pour pouvoir en tirer des lois générales.

Pour la commodité et la précision des observations, il divisa les lichens étudiés en trois séries comprenant, la première, les espèces à thalle largement foliacé et vert ou verdâtre, la seconde, les espèces à thalle encore foliacé, mais coloré, la troisième, les espèces à thalle crustacé, qui n'ont souvent, on le sait, qu'un stratum gonidique imparfaitement développé et très pauvre en éléments.

Ces trois séries ont été étudiées successivement par M. Henri Jumelle sous l'action de la lumière diffuse et de la lumière directe.

Les lichens de la première série, qui comprennent une couche gonidiale presque aussi importante que la charpente hyphique, ont accusé dans les deux cas un gain de carbone considérable; le même résultat, un peu moins accentué, a été atteint par les lichens de la deuxième série. Quant aux formes crustacées, elles ont nécessité, pour laisser prédominer l'acte phyllochlorien, l'intervention de la radiation directe, la lumière diffuse ayant amené une déperdition de carbone : mais celle-ci a rapidement pris fin sous l'action des rayons solaires.

De ces observations on peut tirer deux conclusions également importantes : l'une particulière, à savoir que les lichens crustacés ne se rencontrent pas dans les stations où ils pourraient nuire, par la raison que, la tendance au saprophytisme n'étant pas normale chez eux, ils ne peuvent habiter les milieux qui rendraient nécessaire la réalisation de cette tendance, et que dans les autres milieux, la respiration de leurs gonidies suffit à leur procurer le carbone indispensable ; la seconde générale, à savoir que les lichens ne nuisent aux arbres sur lesquels ils s'implantent que par l'interposition d'un corps opaque entre leur écorce et la lumière.

Cette action purement mécanique n'a qu'une

importance tout-à-fait secondaire; en effet, les vieilles écorces ne contiennent plus guère de cellules vertes, et leurs couches extérieures jouent elles-mêmes le rôle d'écran; quant aux jeunes écorces encore vertes, elles ne se couvrent jamais de végétations lichéniques.

La seule indication qu'on puisse tirer de la présence de lichens sur des arbres est qu'ils sont déjà âgés, et, de plus, si les lichens qui s'y développent appartiennent au type crustacé, que la station où se trouvent ces arbres réunit les conditions de caloricité et de lumière le plus favorables à leur développement, puisque ces conditions sont nécessaires au développement des lichens.

N'empruntant rien à leurs supports, les lichens ne sauraient leur nuire; leur vitalité n'est nullement comparable à celle des végétations parasites, mousses et champignons, qui, bien qu'ordinairement limitées aux individus malades, amènent parfois le dépérissement des individus sains. En outre, leurs couleurs franches et gaies ajoutent à la variété et au pittoresque des sites campagnards, et l'œil s'y repose avec plaisir.

Il n'y a donc aucune raison de les traiter en ennemis. D'ailleurs l'homme, cet infatigable destructeur qui s'imagine corriger la nature parce qu'il la torture ou la paralyse, ne peut rien contre eux; l'extirpation directe est impossible, et l'emploi des produits chimiques, quelquefois utile contre les mousses, reste sans effet contre les lichens.

Les lichens, n'ayant pas en général besoin de vivre en parasites, ne le sont pas; quelques-uns cependant conservent les tendances physiologiques qui leur sont transmises par les champignons, et développent leurs apothécies privées d'appareil végétatif sur les thalles d'autres lichens. Ce sont pour la plupart de minuscules productions appartenant à la famille encore peu connue des Péridiés : deux ou trois se rattachent au genre *Verrucaria*.

Nous pensons inutile de revenir ici sur ce que nous avons dit au premier chapitre des conditions ordinaires de la vie des lichens, de leurs préférences, de leurs habitudes et de leurs stations. Nous appellerons seulement l'attention sur le mode curieux de végétation du Nostoch, colléma imparfait dont les expansions gélatineuses n'adhèrent en aucun point au sol, et ne vivent que par les temps humides, donnant ainsi une évidente démonstration des deux aptitudes générales des lichens : la réviviscence et l'indépendance complète des individus et des supports.

Produits de la nutrition ; composition chimique. — Le principal produit élaboré par l'organisme lichénique est la *lichénine*, amidon particulier à la famille des lichens, et dont le trait caractéristique est de former dans l'eau une solution gluante, et non un véritable empois.

La lichénine est par elle-même insipide, incolore, analogue par sa composition à la fécule ordinaire, très soluble dans l'eau chaude et la potasse ; l'ébullition dans l'eau la transforme en dextrine ; sous l'influence des acides étendus, elle se change en glycose, et en acide oxalique par l'action de l'acide nitrique.

Elle se trouve dans toutes les parties du lichen, et sa présence constitue un moyen sûr de distinguer les lichénohyphes des mycétohyphes : elle entre dans la composition de l'enveloppe des gonidies, ce qui prouve bien que ces organes appartiennent à l'essence lichénique : elle est moins abondante dans les filaments.

La paroi des jeunes thèques en est ordinairement formée, ainsi que l'enveloppe des paraphyses, ce qui fait que cette enveloppe présente une réaction différente de celle du contenu, qui est de nature plasmique. Elle disparaît généralement à mesure que la thèque s'accroit et que les spores se différencient ; dans *Pertusaria*, elle persiste presque jusqu'à la maturité.

La gélatine hyméniale, mucus qui unit toutes les parties du thalame, en est presque exclusivement formée, ce qui donne à penser que ce mucus provient d'une secrétion externe des parois paraphysiennes. Dans le *thecium*, elle se présente sous la forme d'une gelée normalement incolore, très avide d'eau, et par suite apte à se dilater, et à déterminer l'éjaculation des spores en exerçant, comme les paraphyses, une pression sur les enveloppes des thèques.

Bien qu'à l'état normal, la lichénine devienne bleue sous l'action de l'iode, la gélatine hyméniale peut, en raison probablement de la présence de certains sels, passer au rose, au rouge vineux, au violet ou au brun : quelquefois, elle reste incolore, et ne présente en ce cas que quelques traces de lichénine.

La coloration que prend la gélatine hyméniale sous l'influence de l'iode est ordinairement indiquée dans les descriptions ; elle est le plus souvent constante, mais peut donner naissance à des erreurs de diagnose, en raison des changements qui peuvent y être apportés selon la dose d'iode employée dans la solution.

C'est à la lichénine que les lichens doivent leurs propriétés nutritives : aussi utilise-t-on comme aliments, dans les pays où on les rencontre, certaines espèces qui la contiennent en quantité suffisante. L'usage des lichens est indiqué dans les

convalescences qui exigent des substances faiblement toniques : ils seraient inutiles dans les
cas où les forces doivent être réparées rapidement.

Dans quelques contrées, les lichens sont utilisés pour l'alimentation : en Perse, on mange les
Lécanores comestibles ; dans les pays du Nord,
le lichen d'Islande. La Cladonie des Rennes forme
la base de la nourriture des rennes, et, dans ces
mêmes contrées, elle sert à engraisser les chèvres,
les bœufs, les moutons. Il en est de même de
Stereocaulon paschale.

La plupart des espèces contiennent un mucilage
qui provient en partie de l'enveloppe des gonidies, en partie des hyphes. Ce mucilage possède
des propriétés adoucissantes, utiles dans les affections de poitrine.

Le principe actif des lichens est le *cétrarin*
ou acide cétrarique (Knopp et Schedermann),
ainsi nommé parce qu'il se trouve très développé
dans le *Cetraria islandica*. Il se présente sous
la forme d'aiguilles blanches, inaltérables à
l'air, insolubles dans l'eau, à peine solubles dans
l'éther et l'alcool froid, très solubles dans l'alcool bouillant et les carbonates alcalins.

L'acide cétrarique est très amer : il se trouve
dans toutes les espèces, en plus ou moins grande
quantité, donnant à toutes des propriétés variables en intensité, mais toujours toniques et
fébrifuges.

Outre le *cétrarin* et la *lichénine*, on trouve
encore chez les lichens :

De la *cire* ;

De la *phyllochlore*, verdâtre, verte ou jaunâtre, limitée aux gonidies ;

Du *sucre* incristallisable ;

De la *gomme* ;

Des substances amorphes colorées, ou *lichénochromes*;

Du *surtartrate de potasse* :

Du *phosphate de chaux*.

On rencontre souvent, dans les hyphes du stratum médullaire, des cristaux d'oxalate de chaux : ces cristaux ne sont pas particuliers aux lichens, et on les retrouve dans un grand nombre de champignons, les clavaires, les exidies, les myxomycètes, l'*Hygrophorus conicus*, où ils n'occupent pas seulement les espaces intercellulaires, mais encore les cellules elles-mêmes.

Ces aptitudes semblables ne sauraient toutefois suffire pour assimiler les lichens aux champignons, puisque, ainsi que nous l'avons dit, les mycétohyphes ne renferment jamais de lichénine.

Quelques espèces peuvent fournir de l'alcool. On a établi en Suède et en Norwège des distilleries de *cladina rangifera* et d'autres formes analogues. L'idée de cette fabrication nouvelle, qui remonte à 1868, est due à M. Stenberg, professeur de chimie à Stockholm.

L'alcool lichénique se fabrique également en Finlande et surtout en Russie.

Il y a dans la plupart des formes, et on pourrait dire dans toutes, des substances colorantes dont des essais répétés ont établi la valeur, et qui peuvent fournir des teintures plus ou moins fixes.

L'industrie n'utilise plus guère aujourd'hui que les espèces de *Roccella* dont les plus importantes à ce point de vue sont :

1° *R. tinctoria*, qui croît aux Canaries, à la Sénégambie, aux Indes, dans l'Amérique du sud, au cap de Bonne-Espérance, et dont on trouve quelques rares représentants sur les côtes de la Manche ;

2° *R. phycopsis*, qui habite les côtes de la

Méditerranée, les Canaries, le Pérou, Madagascar, l'Ascension ;

3° *R. fuciformis*, commune au cap Vert ;

4° *R. Montagnei*, qu'on trouve à Madagascar sur les arbres de la région maritime, à Java, à Angola.

Cette dernière espèce est la plus riche en principes colorants : elle a par suite une assez grande valeur au point de vue industriel. Toutes portent le nom d'*Orseille de mer* : le commerce en distingue plusieurs sortes : orseille du Cap, orseille de Madagascar, orseille de Madère, orseille de Mogador. On les importe telles qu'elles sont récoltées.

On employait autrefois, pour la préparation de l'orseille, la totalité de la substance du lichen : on n'utilise plus aujourd'hui que le tapis pulvérulent qui les recouvre, et dans lequel sont comme accumulés les principes chromogènes. Ces principes sont représentés par divers acides :

L'acide *érythrique* ($C^{22} H^{13} O^9$), fourni par *R. tinctoria* et *R. Montagnei* ;

L'acide *orsellique*, fourni par une variété de *R. tinctoria* qui habite l'Amérique du sud.

L'acide *roccellique*, ($C^{17} H^{16} O^4$) qu'on trouve dans *R. fuciformis*.

D'autres genres offrent également des principes colorants constitués par des acides :

L'acide *vulpinique* (1), dans *Evernia vulpina* :

L'acide *évernique*, dans *Evernia prunastri* :

L'acide *lécanorique*, ($C^{20} H^9 O^9$) fourni par les Lécanores et les Pertusaires (*Variolaria dealbata, V. lactea*).

L'acide *usnéique*, fourni par les diverses variétés de l'*Usnea barbata* ;

(1, HÉBERT, *Journ. de pharmacie*, t. XVII, p. 696.

ACLOQUE. Lichens. 16

L'acide *chrysophanique*, dans *Xanthoria parietina*.

Par l'action combinée de la chaleur et des alcalis, ces acides donnent naissance à un principe sucré, cristallisable quoique volatile, non azoté, et appelé *orcine* ($C^{18} H^{12} O^8 = C^{18} H^7 O^3 + 5 H O$).

Sous l'influence de l'air humide et de l'ammoniaque, l'orcine se transforme en une belle matière colorante connue dans le commerce sous le nom d'*orcéine* ($C^{18} H^{10} O^8 Az$) (1).

Pour obtenir les teintures, on isole et on concentre dans des cuves les principes colorants : on ajoute de l'ammoniaque, et on laisse la solution au contact de l'air en l'agitant constamment, afin de hâter la réaction.

Les couleurs fournies par l'orseille sont peu fixes : aussi ne les emploie-t-on ordinairement que pour obtenir différents tons de lilas et de violet. Les marbriers s'en servent pour tracer des veines bleues dans le marbre blanc.

Le tournesol en pains a pour origine des principes colorants contenus dans la poussière grisâtre qui recouvre certaines espèces. Pour préparer les papiers de tournesol usité comme réactif des acides et des bases, on immerge du papier blanc dans une décoction de tournesol neutralisé ou non, puis on le fait sécher.

Réactions. — Diverses substances chimiques réagissent d'une manière très sensible sur les organes des lichens, et amènent des changements de coloration qui peuvent être utiles pour reconnaître un grand nombre d'espèces.

Dans les analyses microscopiques, on emploie

(1) D'après R. Kane. Cfr. GUIBOURT et PLANCHON, *Histoire naturelle des drogues simples*, 7ᵉ éd., 1876, t. II, pp. 62 et seqq.

surtout l'iode. La teinture d'iode donne d'excellents résultats, mais elle a l'inconvénient de corroder rapidement les éléments trop délicats, de les dessécher ; elle enroule les thèques, et rend les spores opaques. Aussi se sert-on plus ordinairement de la solution aqueuse.

Il serait utile, pour arriver à des résultats susceptibles d'être comparés, d'employer une solution dans laquelle les éléments soient en proportion constante : en effet, la dose plus ou moins grande d'iode influe sur les réactions : c'est ainsi que dans *Lecanora rubra* et *Lecidea cinereo-virens*, l'hypothécie, sous l'influence d'une très faible solution d'iode, se colore en bleu clair ou reste incolore, tandis qu'avec une solution plus forte elle se colore en vineux très vif, précédé d'une teinte bleue.

La solution suivante est bien suffisante pour provoquer une réaction utile ; elle a de plus l'avantage de ne pas rendre les éléments opaques, et par suite de ne pas masquer leurs détails :

> Iode 0.05
> Iodure de potassium. . 0.14
> Eau distillée. . . . . 20. »

Voici d'après la *Cryptogamie illustrée* de M. Roumeguère, les couleurs constantes dont l'apparition se manifeste dans les organes de plusieurs lichens sous l'action de la solution aqueuse d'iode :

Brun : Les éléments du thalle et la matière verte des gonidies (*Cladonia pyxidata*).

Brun jaunâtre: Les éléments du thalle, mais non la matière mucilagineuse (*Collémés*) ; spores (*Endocarpon sinopicum*) ; épispore et contenu de la spore (*Peltigera horizontalis* et *P. canina*) ; les paraphyses et les thèques (*Verrucaria actinostoma*) ; le nucleus de la spore (*Phys-*

cia parietina) : la matière plastique des paraphyses (*Peltigera horizontalis*).

Jaune verdâtre : La couche corticale (*Physcia ciliaris*).

Jaune : Les fibres centrales du thalle (*Evernia flavicans*) : cellule interne de la paraphyse et matière organisable qui la remplit.

Jaune pâle : Les paraphyses (*Collema lacerum, C. Jacobœfolium*).

Bleu très foncé : La membrane cellulaire des gonidies (*Cladonia pyxidata*) : la membrane des thèques et des paraphyses, à l'exception des cellules terminales (*Physcia parietina*) : thèques et paraphyses (*Peltigera horizontalis, Pertusaria*) : mucilage hyménial, sommet des thèques (*Parmelia aipolia*) : sommet des thèques (*Collema lacerum*).

Bleu vif : Couche corticale (*Evernia flavicans*) : mucilage hyménial, thèques et paraphyses (*Verrucaria immersa* et *V. tephroïdes*) : hypothécie (*Verrucaria actinostoma*).

Bleu : Éléments du thalle (*Chlorea vulpina*); gélatine hyméniale et paraphyses (*Endocarpon sinopicum, Peltigera aphthosa* et autres *Peltigera*) : gélatine hyméniale, thèques et paraphyses (*Lecidea morio, Calycium turbinatum*); gélatine hyméniale et spores (*Graphis cometia*) : les spores de la section des graphidés, dont le *graphis scripta* est le type : membrane des thèques avant la maturité des spores (*Lecanactis urceolata*).

Bleu pâle mêlé de jaunâtre : Thèques (*Verrucaria atomaria*) : spores (*Placodium murorum*).

Violet : Spores du *Lecanactis Montagnei*.

Rose : (*Thrypethelium uberinum, Myriangium Duriœi*).

Parties insensibles à l'action de l'iode : La matière verte de l'épiderme (*Chlorea vulpina*); membrane de la thèque (*Endocarpon sinopicum*); spores (*Peltigera aphthosa*); mucilage hyménial (*Pertusaria communis* et *P. Wulfenii, Verrucaria gemmata*); la membrane des thèques lorsque la maturité des spores est accomplie (*Lecanactis urceolata*); la matière incolore qui réunit les deux nucleus de la spore (*Physcia parietina*); spores (genre *Pertusaria*); la gélatine hyméniale et les spores (*Graphis Afzelii*).

L'iode ne peut servir qu'à faire apprécier la nature de la couche hyméniale par la couleur qu'elle prend sous son influence. Si l'on veut séparer les éléments pour les étudier isolément, il faut le plus souvent s'aider de l'action dissolvante des acides.

Quand l'apothécie est tendre, aqueuse, petite, il suffit, pour l'observer au microscope, de la poser au milieu d'une goutte d'eau, entre deux lames de verre, qu'on fait glisser légèrement l'une sur l'autre; l'apothécie se trouve alors divisée, et les cellules-mères apparaissent facilement avec leurs spores parmi la forêt des paraphyses; le seul inconvénient est que les thèques sont quelquefois brisées.

Si au contraire, l'apothécie est d'une consistance dure et sèche, on l'introduit dans un microtome, et on en détache avec un scalpel une tranche mince, perpendiculaire à sa base; on laisse tomber une goutte d'acide sulfurique sur un porte-objet; on y place la coupe, et on recouvre le tout d'une lamelle mince.

L'acide désunit les thèques et les paraphyses; il détruit le mucus qui les relie, et met souvent les spores en liberté. Il colore quelquefois les éléments du thalle en rose, en rouge ou en vert;

cette dernière coloration doit être attribuée au stratum gonidial qui apparaît à travers les hyphes détruits.

On réussit souvent à séparer les éléments du thalame par l'emploi de la solution de potasse caustique (K). Cette même solution sert quelquefois dans l'étude du thalle : elle rend évidente la différence qui sépare le *Parmelia perforata*, dont elle colore la médulle en rouge, du *Parmelia perlata*, sur lequel elle ne produit qu'une légère teinte jaunâtre.

On utilise encore le chlorure de chaux, qui colore en rose le thalle de *Lecidea grisella*, *Parmelia Borreri*.

Le seul inconvénient dans l'application des réactifs à l'étude des lichens, est que ces réactifs s'altèrent rapidement, et par suite peuvent donner naissance à de fausses indications, à des erreurs de détermination.

Il faut les tenir dans des flacons bien bouchés, et les renouveler souvent : ces précautions étant prises, ils peuvent être fort utiles, en permettant surtout, dans les herborisations, de se débarrasser sur place des échantillons sans valeur.

CHAPITRE VIII

FONCTIONS DE REPRODUCTION

Multiplication végétative. — Transmission des caractères
spécifiques. — Fécondation; rôle des spermaties. —
Reproduction de l'état parfait.

Multiplication végétative. — Nous avons vu
que toute espèce de lichen comprend deux formes indépendantes, l'une inférieure, exclusivement composée de gonidies, l'autre supérieure
ou parfaite, constituée à la fois par des cellules
vertes et des hyphes. La première peut se transformer en lichen parfait si elle rencontre dans
son évolution un stratum hyphique ou des filaments germinatifs provenant d'une spore de la
même espèce; quant à l'état parfait, il ne peut
retourner à sa première condition que partiellement, une gonidie issue de son thalle reproduisant des éléments semblables à elle sans l'adjonction d'aucun hyphe.

Chacun de ces états différents a son mode propre de multiplication; mais il est évident que
les produits qui résultent de cette multiplication
ne peuvent pas être supérieurs à leur condition
originaire.

Par le fait même qu'il se rapproche davantage
de l'état parfait dont il constitue la première
indication, le stratum formé par les gonimies
libres est plus complexe dans ses caractères et
dans ses fonctions que le stratum gonidial isolé,
beaucoup plus éloigné du thalle qui peut en dériver. La reproduction du nostoch, réalisation
principale de ce stratum, a lieu par un double
processus, l'un normal et constant, l'autre accidentel et supplémentaire.

A l'état ordinaire, et quand les conditions nécessaires d'humidité et de caloricité se trouvent réunies, les hormogonies se séparent des hétérocystes, et sont mises en liberté grâce à la diffluence spontanée de l'enveloppe gélatineuse. Ces hormogonies, quelquefois réduites à une simple cellule verte, acquièrent alors la mobilité et se déplacent dans l'eau, mais seulement à la surface de leur substratum, par une sorte de reptation ou une série de mouvements contractiles.

Une fois fixées, elles se multiplient par un mode très simple (*fig*. 74). Parallèlement à l'axe

Fig. 74.— Schema de la multiplication des hormogonies.

longitudinal de l'hormogonie apparaissent dans chaque cellule des cloisons qui partagent la phyllochlore interne en loges d'abord cylindriques : ces loges se déforment peu à peu : de plus, la centrale devenant libre, les latérales se réunissent deux à deux : il en résulte que la totalité du système se dispose en une ligne sinueuse à angles encore peu ouverts : les hétérocystes se différencient plus tard.

Les divers filaments, ou colonies zoogonimiales renfermées dans un même thalle, se forment de la même manière : quant à la gangue glaireuse, elle est due à la gélification partielle externe des parois des hormogonies, ce qui rend la forme des expansions très irrégulière : cependant, comme elles sont le plus souvent planes et partout d'égale épaisseur, on est conduit à penser que leur accroissement se fait grâce à une tendance centrifuge active non pas autour d'un centre, mais autour d'un axe.

Dans quelques formes particulières, l'hormogonie ne se divise plus longitudinalement : mise

en liberté, elle se fixe par ses deux extrémités,
et ses cellules différencient alors des cloisons internes transversales; le nombre des loges se
trouve ainsi accru, et le filament, ne pouvant
s'allonger puisqu'il est fixé terminalement, se
courbe et devient flexueux, ondulé.

Telle est la reproduction de l'état gonimique
du colléma; si une gonimie sort d'un thalle parfait comprenant des hyphes, et si elle ne rencontre pas d'hyphes dans son voisinage, elle se
multiplie par le même processus; toutefois, il est
évident que l'origine des syngonimies n'est pas
une hormogonie limitée par des hétérocystes:
celles-ci, qui font partie des caractères du colléma, mais seulement dans sa condition nostochoï-
de, n'apparaissent qu'assez tard dans les expansions où ne se différencie aucun élément hyphique.

Nous avons indiqué les raisons qui nous semblent démontrer les relations d'identité générique
du nostoch et du colléma, nous basant surtout
sur la difficulté d'expliquer, dans les essais synthétiques qui ont été faits, et qui ont pour la plupart été couronnés de succès, la disparition des
hormogonies et leur remplacement progressif par
des syngonimies moniliformes.

On objectera peut-être à notre hypothèse qu'à
part certains cas encore rares, on ne peut déterminer exactemeut la forme de colléma correspondant à un nostoch donné. Cette objection
perd de sa valeur si l'on considère que des phénomènes analogues se retrouvent ailleurs, sans
qu'ils soient contestables. Le polymorphisme
des écidiés, par exemple, des sphériacés, est aujourd'hui universellement admis.

Et cependant, pour un grand nombre d'*Æci-
dium*, de *Sphæria*, de *Torrubia*, de *Nectria*,
dont on connaît bien les écidiospores ou les thé-

caspores, les recherches les plus persévérantes n'ont pas amené la découverte des urédospores, des stylospores, des spermaties correspondantes.

Faut-il en conclure que ces urédospores, ces stylospores, ces spermaties n'existent pas ? Non, mais seulement, ou bien qu'elles sont très rares, ou bien que, entourées de circonstances spéciales qui les rendent inutiles, elles avortent ou s'atrophient normalement, ne se manifestant dans la série des organes que par une production rudimentaire.

D'ailleurs, de même que chez les lichens l'état hyphique ne se rencontre jamais isolément, il peut se faire que la condition parfaite chez certains êtres polymorphes, ne se développe en aucun cas, bien que la tendance à se perfectionner existe dans leur premier état. Les collémas auxquels ne correspond aucun nostoch connu seraient ainsi des êtres complets incapables de produire une condition secondaire gonimique viable, et les nostochs auxquels ne correspond aucun colléma connu deviendraient des productions en quelque sorte indépendantes, se reproduisant exclusivement dans leur forme, grâce à l'avortement constant ou presque constant du stratum hyphique qui devrait se réunir à leurs cellules vertes pour amener leurs expansions au rang de lichens complets.

On rencontre dans les conditions nostochoïdes des collémas un mode supplémentaire de fructification, actif seulement tant que les hyphes restent étrangers au thalle : il consiste en la production de spores ou plutôt de *cellules durables*.

Quand les circonstances deviennent défavorables, que la sécheresse ou la gelée se prolonge, certaines cellules des filaments épaississent leur membrane, de telle sorte qu'il y a non pas précisément formation d'organes nouveaux, mais seulement modification de vésicules déjà existantes : ces cellules dilatent leur cavité, s'allongent, différencient intérieurement un plasma granuleux ; elles constituent dès lors des propagules germinatifs.

Ces propagules apparaissent en nombre variable dans chaque filament : ils sont quelquefois solitaires, et dans ce cas, occupent une place quelconque ou sont immédiatement contigus à une hétérocyste ; ils affectent, dans cette dernière disposition, une apparence cylindracée ou elliptique. L'endospore donne ordinairement des séries de cellules germinatives accolées bout à bout, et représentant des hormogonies qui différencient plus tard des hétérocystes et secrètent une gelée glaireuse.

Si le stratum gonimique représente un individu nettement limité, dont toutes les parties sont cohérentes grâce à l'interposition d'une substance gélatineuse, il n'en est pas précisément de même des conditions gonidiques, d'ailleurs assez rares, se transformant rapidement en lichens parfaits, et dépourvues, quand il ne s'y mêle point d'hyphes, de caractère spécifique ; dans cet état, cependant, on a souvent, en l'absence de tout élément de détermination, considéré leurs parties constitutives comme des êtres individualisés ne comprenant qu'une cellule et appartenant à la nature algoïde.

Le mode ordinaire de reproduction des gonidies est constant, qu'elles soient isolées et libres, ou réunies en une couche spéciale au sein d'un thalle stratifié. La formation des jeunes gonidies est endogène

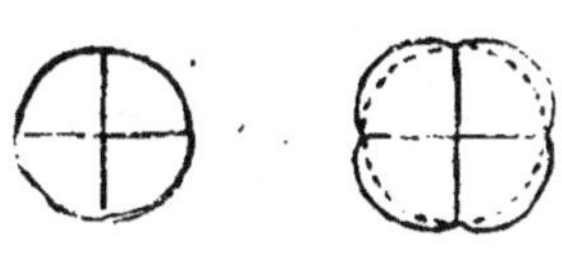

Fig. 75.—Schema de la multiplication des gonidies.

(*fig.* 75) ; elle a lieu grâce à la scission spontanée, le plus souvent par une double bipartition, de la substance verte, qui se partage en masses bientôt séparées par une aire translucide, probablement plasmique, qui se solidifie en une membrane incolore.

En même temps, des étranglements se forment à l'extrémité des cloisons, qui ne sont pas extensibles, par l'accroissement des nouveaux globules.

Cet accroissement a pour but et pour terme la séparation des globules qui s'isolent, emportant avec eux la portion d'enveloppe primitive qui les entourait d'abord en partie, et qui persiste sur toute la périphérie, puisque la membrane entourante offre en tous ses points la réaction de la lichénine.

Une question encore assez discutée est celle de la formation des zoospores. Il est certain, et c'est sur ce point que s'appuie M. Nylander pour repousser cette formation qu'il regarde comme hypothétique, que des zoospores produites au sein des gonidies thallines n'auraient aucune utilité, puisqu'elles ne pourraient se mouvoir, et que dans ces circonstances, leur production n'est pas vraisemblable, la nature ne créant pas d'organes sans leur donner une destination.

On remarquera toutefois que les essais n'ont pas porté sur des gonidies encore emprisonnées dans le thalle, mais sur des gonidies mises en liberté. Ces corpuscules se rapprochant morphologiquement et surtout physiologiquement des algues, il n'est pas impossible que l'analogie soit complète, et qu'ils aient comme les algues, la faculté de se multiplier par des germes animés.

Pour notre part, nous admettons volontiers que, cette aptitude étant commune à un grand nombre de cellules végétales, on la rencontre également dans les gonidies, seulement, qu'elle demeure inactive tant que les circonstances ambiantes la rendent inutile et sans but, et qu'elle ne se réalise que dans des conditions physiologiques favorables, par exemple, quand les gonidies se trouvent isolées de tout thalle, qu'elles soient alors solitaires ou réunies avec d'autres en un stratum pulvérulent.

Nous aurions ainsi l'analogue de ce qui se passe chez les Nostochs, dont les zoogonidies ne sont mobiles que lorsqu'elles sont sorties de la gangue glaireuse.

Il se peut d'ailleurs encore que des zoospores se produisent quelquefois accidentellement au sein des thalles, quoiqu'elles n'en puissent sortir pour germer, et cela, grâce à une aberration de la tendance à produire des zoospores qui serait exclusivement normale pour les gonidies libres.

Le processus de la zoosporification, indiquée par MM. Famintzin et Boranetzky, est très simple : il consiste en un cloisonnement de la matière verte consécutif à une condensation de cette même matière, et identique au phénomène qui, selon Nägeli, se produit, dans le même but, chez les *Cystococcus*. Il est probable que la paroi de la gonidie forme un sac conceptaculaire, un zoosporange ; en tout cas, les petites masses délimitées sont mises en liberté et acquièrent le mouvement.

Transmission des caractères spécifiques. — L'état gonidique, sans l'intervention des hyphes, ne reproduit jamais qu'un thalle imparfait semblable à lui, ce qui démontre bien qui si les gonidies procèdent des hyphes, ainsi que l'affirment Tulasne et les homœogonidistes, les hyphes ne procèdent pas des gonidies, celles-ci étant incapables, par conséquent, de retourner même partiellement à leur forme originaire.

La formation de la charpente celluleuse, qui délimite seule les caractères spécifiques, puisqu'elle est la base de la forme et de l'étendue des individus, doit être attribuée à l'évolution d'un élément particulier, tantôt primordial, tantôt dérivé ; dans le premier cas, cet élément est représenté par des filaments germinatifs, dans le second, par des filaments adultes.

Toutes les propriétés héréditaires se transmettent par la spore, et seulement par la spore ou les organe qui en procèdent immédiatement : cette proposition devient évidente si l'on considère que l'appareil gonidial est dépourvu de tout caractère spécifique, que par suite il ne saurait donner ce qu'il ne possède pas lui-même, et que la spore, terme de l'évolution des hyphes, doit nécessairement représenter le résumé des aptitudes progressivement plus complexes dont nous avons suivi l'apparition dans les filaments du thalle, et le perfectionnement dans les cellules hypothéciennes, puis dans les paraphyses, et enfin dans les thèques : ces aptitudes représentant les attributions des espèces, et se trouvant réunies en principe dans la spore, il en résulte que celle-ci est l'agent de la transmission des caractères héréditaires.

Comment se fait cette transmission ?

Nous avons vu que tout germe pouvait être considéré comme un organe terminal, empruntant sa vie, pendant un temps limité, à l'individu qui le produit, puis demeurant, pour une période également définie, quelquefois très longue, quelquefois presque nulle, dans un état d'imperfection et d'inactivité, et finalement continuant le développement de l'être dont il provient, grâce à une manifestation active initiale qui confère à son produit le titre d'individu.

C'est le propre, en effet, des productions issues d'une graine ou plus généralement d'un œuf par les voies ordinaires de la génération, d'avoir un commencement apparent, la multiplication par scission chez les animaux, par bourgeonnement chez les végétaux, ne permettant pas de mettre une distinction sensible entre l'évolution des parents et l'évolution des descendants, celle-ci étant trop visiblement la continuation de celle-là.

Partant de ce principe, il nous est facile de voir comment la spore, terme actuel du développement d'un lichen, reproduit, par le fait même qu'elle germe, les caractères de ce lichen. Quel doit être en effet le résultat de son activité ?

Certainement la production d'hyphes qui, réunis à des gonidies de la même espèce, s'anastomoseront, de manière à former une charpente médullaire et un cortex dont la réunion constituera des expansions semblables à celle qui a produit la spore. On ne conçoit pas évidemment que cette spore donne le thalle d'une espèce différente.

Il faut cependant faire la part des causes de variation, qui ne peuvent agir efficacement que sur l'organe contenant le germe des aptitudes spécifiques, à savoir la spore, et c'est ce qui constitue une différence essentielle entre la formation d'un lichen, étant donné un stratum gonidique, par l'intervention d'une spore, et la formation de ce même lichen par l'introduction d'hyphes adultes.

Le tissu de ces hyphes ne peut être modifié que par un agent extérieur et mécanique, donnant lieu à des accidents qui ne se transmettent pas, de même qu'une forme anormale d'un organe, due à une lésion, à une atrophie, à une hypertrophie, à une greffe spontanée, en un mot, à une cause localisée, ne devient pas un caractère héréditaire.

Il n'en est pas de même du stratum issu de la spore. Le développement de celle-ci représente une continuation idéale, mais non réelle ; il y a entre elle et l'évolution de l'individu qui l'a produite une période de repos qui, introduite dans la vie des hyphes adultes, serait suffisante pour les faire périr. D'où il résulte que la spore, unique réservoir des principes héréditaires, est l'origine d'un produit dans la forme duquel les agents extérieurs pourront intervenir.

Nous sommes ainsi amenés à formuler cette loi que *les caractères transmis par la spore égalent les caractères de l'individu dont elle dérive, plus un certain quantum de variabilité, réalisée ou non selon les cas, mais se traduisant toujours par une plus grande sensibilité à l'influence modificatrice du milieu.*

C'est dans cette loi que réside l'explication de la transmission des caractères spécifiques typiques chez les lichens, et de la formation de leurs variétés. Nous pourrons constater ses résultats en étudiant les types et leurs dérivés.

Fécondation ; rôle des spermaties. — Etant donné que l'intervention de la spore est nécessaire pour arriver à la réalisation lichénique parfaite, il convient d'examiner sa formation surtout au point de vue de la localisation dans son sein des aptitudes héréditaires, localisation qui n'est normale qu'autant qu'elle est due au concours d'éléments de sexe différent, bien que dans certains cas la fécondation se réduise à la copulation de deux cellules semblables, et même à une simple anastomose de filaments thallins.

Nous avons vu que l'origine de l'apothécie est le plus souvent neutre, c'est-à-dire, que son ébauche primitive consiste simplement en une petite pelote de filaments ne présentant morphologiquement aucune différence qui puisse autoriser à attribuer aux uns une action fécondante sur les autres.

Il n'est pas impossible cependant que cette réunion d'hyphes, nécessaire pour former la trame de l'excipule, que ces anostomoses et leurs ramifications offrent l'indication d'une copulation rudimentaire.

En effet, il n'y a pas ici une simple juxtaposition de filaments sinueux et enchevêtrés, une greffe spontanée ne détruisant en aucune manière les parois en contact, et les suturant seulement sur une portion de leur longueur tout en permettant aux éléments qu'elles limitent de se développer isolément ; l'anastomose s'opère par un phénomène plus complexe.

Elle unit si intimement les filaments qu'au point de jonction les membranes se résorbent, de telle sorte que, s'ils sont divergents, ce qui a lieu dans la plupart des cas, ils apparaissent comme un tube bifurqué ; de plus, les cavités sont mises en communication, ce qui amène comme résultat très important la possibilité pour la substance contenue dans l'un de se mêler à la substance contenue dans l'autre.

Il se produit dans certains êtres une véritable fécondation par un processus beaucoup plus simple, les éléments mâles venant se fondre dans le plasma femelle par un échange osmotique, sans qu'il y ait rupture des membranes enveloppantes. Ici, cette rupture a lieu, ce qui nous donnerait un mode déjà complexe de fécondation, si les filaments, anatomiquement semblables, sont différents au point de vue physiologique.

C'est là une constatation très difficile à faire, l'observation directe étant en quelque sorte impossible et ne pouvant d'ailleurs donner naissance qu'à de vagues indications ; le raisonnement toutefois nous permet de formuler au moins une possibilité.

Il est certain, en effet, que dans la formation neutre de l'ébauche apothécienne, bien avant la différenciation des tissus en couche fertile et en couche stérile, il y a réunion intime des petits hyphes nés par voie de bourgeonnement de filaments quelconques du thalle, et que cette réunion va jusqu'à la véritable anastomose.

Ce fait étant constant, faut-il y voir simplement l'intervention toujours efficace d'une cause purement fortuite, soit extérieure et dépendant des circonstances qui entourent le développement de l'individu, soit intérieure et dérivant des aptitudes propres des hyphes ? Nous ne le pensons pas, et nous préférons voir dans cette confluence nécessaire des éléments hyphiques une disposition naturelle, indication ou vestige d'une différenciation sexuelle plus complète.

D'ailleurs, ces phénomènes ne sont pas tellement simples qu'on puisse trouver qu'ils ne représentent pas une fécondation rudimentaire. Ils se retrouvent très analogues chez un grand nombre de champignons, en particulier chez les Agaricinés, où, autour d'une branche mycélienne, apparaissent des bourgeonnements filamenteux rayonnants et dressés, qui viennent appliquer leurs extrémités sur le rameau central.

L'échange des éléments, s'il est réel, n'est pas visible ; et cependant, si l'on considère que la formation du réceptacle est consécutive à ces phénomènes de rapprochement, ne saurait-on conclure légitimement que la branche centrale et les bourgeons latéraux resteraient stériles, s'ils n'unissaient les aptitudes probablement contraires qu'ils possèdent, et qui se complètent l'une par l'autre?

Dans le *Ryparobius*, champignon périsporiacé, la formation du fruit est absolument identique à la formation des apothécies : on y trouve à l'origine un petit tapis composé de bourgeonnements enchevêtrés, anastomosés, qui différencie intérieurement une vésicule dissemblable, destinée à produire les asques.

L'apparition du stratum fertile des apothécies ne se fait pas autrement : jamais les réceptacles ne se montrent aux points du thalle où n'apparaissent pas de pelotes hyphiques : celles-ci ne sont-elles pas dues, comme la périthécie du *Ryparobius*, comme l'hyménophore des agaricinés, à une copulation unique ou multiple entre des filaments de sexes différents?

A notre avis, la question de la fécondation chez les êtres inférieurs, et plus particulièrement chez les végétaux rudimentaires, encore aujourd'hui si discutée, recevra une solution, quand on sera parvenu à définir nettement la véritable nature de cette fonction, ses conditions d'accomplissement, son processus général, ses attributions indispensables.

On admet ordinairement qu'elle se trouve indiquée par des phénomènes progressivement plus complexes à mesure que les formes se perfectionnent, et que ces phénomènes sont corrélatifs de la différenciation plus grande des parties, mais qu'ils n'ont de véritable signification que s'ils s'accompagnent d'une distinction morphologique entre les organes qui en sont le siège.

A la base de cette évolution fonctionnelle, on place « la bipartition cellulaire, la formation des zoospores qui propagent l'espèce dans l'espace, la formation des spores durables qui la propagent dans le temps (1). » Ici, point de distinction préexistante entre les parties, aucune action sensible d'un élément sur l'autre : les phénomènes se réduisent à une simple manifestation végétative, ayant en apparence plutôt qu'en réalité un but autre que l'entretien de la vie individuelle ; les savants par suite n'admettent point de traces de sexualité dans les corpuscules organisés qui en résultent, et qui sont dits agames.

Ces corpuscules, dans un état plus élevé, se fusionnent, copulent entre eux, bien qu'ils soient analogues, et reproduisent l'individu par cette fusion qui paraît toujours due à des rencontres purement fortuites.

Un nouveau progrès, et les éléments deviennent différents : leurs dimensions varient ; les uns deviennent fixes, les autres restant mobiles, et les deux protoplasmes, ici complémentaires l'un de l'autre, ne sont féconds et aptes à engendrer qu'autant qu'ils se fondent en une même masse ; dès lors les caractères de la véritable et évidente fécondation sont déterminés, acquis : l'appareil femelle reste immobile au point où il se développe, et l'appareil mâle, sollicité par des tendances particulières, différencie des éléments animés qui, en s'unisssant aux jeunes ovules, détermineront leur accroissement et la formation des embryons.

Voilà les étapes successives de l'acte fécondateur à travers la série des formes : il n'apparaît manifeste pour les observateurs que lorsque dans

______

(1) M. RIETSCH, *loc. cit.*, p. 210.

son accomplissement se révèle l'action combinée de deux éléments dissemblables.

Mais entre ce processus déjà compliqué et la simple bipartition cellulaire ou la formation de zoospores agames, n'y a-t-il pas place pour un autre mode de manifestation sexuelle ? Ne pourrait-on supposer, par exemple, que l'intervention des sexes n'a pas lieu uniquement quand deux éléments se réunissent pour en engendrer un troisième, qui deviendra l'origine d'un individu semblable aux êtres dont les éléments copulateurs dérivent, mais qu'elle se révèle plus simplement dans la différenciation des parties, physiologiquement, sinon morphologiquement, orientées vers une destination distincte ?

Dans cette hypothèse, l'ébauche apothécienne serait véritablement neutre, seulement, elle deviendrait un réceptacle, un substratum pour l'accomplissement d'une fécondation ultérieure, qui, manifestée par des anastomoses de filaments, aurait pour résultat la scission du stratum qui en provient en deux tissus, l'un stérile dans l'apothécie, et ayant fourni le protoplasme mâle, l'autre fertile, fructifère, et ayant mêlé son protoplasme femelle à l'autre pour arriver à l'acte final de toute cette évolution, la formation des thécaspores.

Cette hypothèse, la plupart des auteurs ne l'acceptent pas, et imposent à la fécondation des limites beaucoup plus étroites : pour eux, il n'y a de véritable manifestation sexuelle que si un organe mâle apparent, ayant une structure particulière, déverse sur ou dans un organe femelle des éléments figurés animés.

La nature même du mouvement qui doit agiter ces éléments est assez discutée. C'est ainsi que pour certaines espèces de champignons, tout phénomène de fécondation a été repoussé parce que les corpuscules animés présentaient simplement cette sorte de trépidation qui caractérise le mouvement brownien, les anthérozoïdes, qui se meuvent librement, devant offrir une agitation irrégulière, résultat nécessaire de leur motilité spontanée et non soumise à des causes physiques.

C'est aller un peu loin, et à notre avis, si l'on refuse le caractère sexuel aux anastomoses des hyphes, on peut au moins voir une copulation dans la fusion d'un protoplasme contenu dans une cellule spéciale avec des corpuscules émanés d'une autre cellule ou d'un conceptacle distinct, qu'ils soient animés ou non.

Bien que ce mode complexe de fécondation soit peu commun chez les lichens, il est loin d'y être inconnu, ce qui semble indiquer que l'ébauche absolument neutre est un rudiment, une indication des phénomènes plus évidemment différenciés dans les quelques formes qui ont offert aux observations des lichénologues des traces indiscutables de l'union d'un élément mâle avec un élément femelle.

L'élément mâle paraît représenté par les spermaties, petits corpuscules exogènes que nous avons vus naître sous la forme de vésicules hyalines elliptiques ou linéaires, au sommet de cellules-mères particulières, stérigmates, dans des conceptacles ordinairement superficiels, nommés spermogonies.

M. Cornu n'accepte pas le rôle fécondateur des spermaties : se basant sur ce fait qu'il a réussi à les développer dans quelques espèces, il les regarde plutôt comme des spores supplémentaires, plus légères que les thécaspores, pouvant par suite être transportées par le vent à une plus grande distance, et ayant ainsi pour fonction de reproduire les types dans les climats dont les conditions s'opposent à la formation des apothécies.

Il est certain que la reproduction de ces types est assez difficile à expliquer : il n'est pas cependant absolument nécessaire d'y faire intervenir les spermaties, la partie hyphique pouvant être due soit aux filaments germinatifs des stylospores, soit à des portions de thalles adultes : nous reconnaissons toutefois que l'hypothèse offre une certaine vraisemblance si l'on considère que les thalles qui ne peuvent, en raison de l'opposition constante des circonstances atmosphériques, différencier des apothécies, produisent au contraire en grande quantité des spermogonies.

Mais, d'un autre côté, plusieurs indications générales militent en faveur du rôle d'anthérozoïdes attribué aux spermaties.

D'abord, les essais de germination n'ont été couronnés de succès que pour les spermaties des ascomycètes, qui, bien que très analogues aux lichens, n'en possèdent pas cependant les aptitudes physiologiques, de telle manière que deux organes, l'un pris chez les ascomycètes et l'autre chez les lichens, bien qu'ayant la même genèse et bien que se correspondant morphologiquement, peuvent avoir une valeur et une destination différentes.

En second lieu, il est établi que, dans leurs stations normales, certains lichens n'offrent que des apothécies, tandis que d'autres représentants des mêmes espèces, développés dans leur voisinage, ne différencient que des spermogonies. Ne faut-il pas voir dans ce fait l'analogue de la division des aptitudes sexuelles qu'on retrouve chez plusieurs phanérogames, et les individus à apothécies ne sont-ils pas des individus femelles, les autres étant des individus mâles, et les types auxquels ils appartiennent étant des types dioïques ?

En troisième lieu, dans de nombreux cas, les spermaties se sont montrées animées d'un mouvement de trépidation, difficile à rattacher, à cause de son irrégularité, au mouvement brownien, et qui semble indiquer chez elles, comme chez les anthérozoïdes des champignons, une tendance comme instinctive à se mettre à la recherche d'un élément femelle pour y pénétrer : en tout cas, ce mouvement est presque impossible à concilier avec l'idée qu'elles constituent des spores, celles-ci étant des agents de reproduction purement passifs : il faudrait alors les assimiler aux zoospores ; mais les zoospores sont toutes endogènes, et semblent puiser leurs aptitudes dans le plasma de la cellule-mère, qui les constitue entièrement sans différenciation sensible, par une simple partition, ce qui n'a lieu en aucune manière pour les spermaties.

Enfin, des observations particulières ont permis de voir l'action directe des spermaties, considérées comme des éléments mâles, sur le rudiment de l'apothécie, considéré comme l'appareil femelle. Elles sont dues à M. Stahl, et elles ont porté originairement sur une espèce gélatineuse du genre Colléma, puis sur plusieurs Physcies et Parmélies. Elles permettent toutes de conclure que la différenciation des deux tissus peut s'établir de très bonne heure dans le jeune réceptacle, ce qui fait supposer qu'elle est due à une intervention sexuelle.

Il est facile de trouver sur le thalle de *Collema microphyllum* de nombreuses apothécies à tous les degrés de développement, et de suivre par suite la marche progressive des phénomènes successifs qui constituent la fonction.

L'origine de l'apothécie formée par voie de fécondation est un hyphe thallin, en aucune manière différent des autres, ce qui autorise à supposer que tous sont également aptes à devenir la base des mêmes manifestations. De cet hyphe émane un prolongement latéral encore semblable, mais très régulier, parfaitement cylindrique et d'un diamètre partout égal.

La partie inférieure de ce prolongement est le plus souvent composée de douze cellules ; elle se contourne en spirale, et constitue le carpogone ou *ascogone*, origine des thèques et de tout le tissu fertile.

Quant à la partie supérieure, contiguë à la première et composée d'un même nombre d'éléments, elle ne s'enroule pas en spirale, mais se dirige suivant une direction droite ou courbe vers la surface éclairée du thalle, où sa pointe vient proéminer sous la forme d'une très légère saillie aiguë ; elle représente le *trichogyne*, organe de transition disparaissant dans l'apothécie adulte, et ayant pour fonction probable de recueillir le protoplasme fécondateur des spermaties.

Ces ascogones sont souvent très nombreux, de telle sorte que le thalle se trouve hérissé de pointes de trichogynes ; leur apparition, comme celle des filaments analogues des champignons, dont les anastomoses doivent donner naissance à un hyménophore, ne paraît pas due à une aptitude spéciale à un point précis de l'appareil végétatif, mais à des influences mécaniques, soit directement, soit par l'intensité plus grande qu'elles communiquent à l'activité vitale : telle, une humidité abondante.

Ils se forment en abondance par les temps de pluie, qui favorisent aussi l'éjaculation des spermaties hors des spermogonies, placées sur le même thalle ou sur un thalle voisin. Sous l'influence de l'humidité, les spermaties se répandent au-dehors en une petite masse mucilagineuse, unies à une substance particulière ou gélatine spermatique.

Soit qu'elles obéissent simplement à leur mouvement intrinsèque de trépidation, soit que l'eau les transporte directement, les spermaties arrivent sur les pointes saillantes des trichogynes, qui, recouvertes d'un mucus gluant, paraissent très aptes à retenir les corps étrangers. Les spermaties ne se fondent pas directement dans les cellules supérieures du trichogyne; mais il s'établit, au point de contact, un prolongement tubulaire; en même temps, la portion externe de la paroi qui limite ce prolongement et la partie contiguë de l'enveloppe de la pointe trichogynienne se résorbent, et le protoplasme de la spermatie passe dans la cavité de cette pointe; le prolongement qui permet la réunion des deux protoplasmes et par suite la fécondation, est dit *pont de copulation*.

Ces phénomènes sont purement superficiels; mais, sans qu'il soit possible de savoir exactement la nature et les propriétés de la substance cédée au trichogyne par la spermatie, ils deviennent l'origine d'une rapide différenciation interne des parties, qui n'a pas lieu si les spermaties ne rencontrent pas le trichogyne, l'avortement des ascogones étant, dans la grande majorité des cas, corrélatif d'un développement imparfait des spermogonies, et par suite de l'absence des spermaties.

Cette différenciation interne des parties commence à la périphérie de la jeune ébauche apothécienne représentée par l'ascogone ; son origine est la production d'une enveloppe corticale, formée aux dépens non de l'ascogone lui-même. mais des hyphes thallins environnants : quoique ces hyphes la constituent ordinairement en totalité. il peut se faire qu'il s'y mêle quelques hormogonimies moniliformes ; dans ce cas, ces hormogonimies, qui n'ont ici aucune utilité, sont rapidement résorbées.

Le développement de l'apothécie est dès lors très analogue à celui de l'ébauche formée sans l'intervention d'un trichogyne et d'un ascogone. Les filaments corticaux de la partie supérieure donnent naissance aux éléments stériles du thalame, aux paraphyses, qui se dressent réunies en un stratum perpendiculaire, et parmi lesquelles les cellules de l'ascogone, devenues les hyphes hypothéciens, envoient des prolongements fertiles, ou thèques.

Ici comme dans la formation neutre du réceptacle, les deux tissus, stérile et fertile. une fois différenciés, restent constamment distincts. La seule dissemblance dans l'évolution, mais elle est capitale, est la présence dans les apothécies consécutives à la fécondation d'une pelote particulière de cellules destinées à se développer grâce à l'ingérence d'un élément étranger.

Cette dissemblance est évidemment très importante, et elle crée, entre les apothécies fécondées et les apothécies neutres, un abîme impossible à franchir, étant donné qu'il n'y a pas de mode intermédiaire entre la simple anastomose interne de filaments semblables, et la différenciation de deux tissus résultant de la fusion de deux éléments différents ; car, en disant que l'anastomose est une indication de la fécondation complexe par les spermaties, nous avons eu plutôt en vue le but général de la fonction que les actes qui la composent.

La formation des apothécies par copulation a été vue encore dans plusieurs lichens à thalle foliacé. Parmélies et Physcies, mais elle est inconnue dans les formes crustacées, Lécidées, Cladonies, Béomycés, Pertusaires, chez lesquelles l'ébauche apothécienne, antérieure à la différenciation des hyphes, est due à un simple bourgeonnement des filaments thallins.

La fécondation que nous venons de décrire est commune chez les algues : aussi est-ce chez un lichen très voisin des algues qu'elle atteint son plus haut degré de perfection ; elle persiste chez les espèces qui, grâce à l'étendue de leur thalle, ont encore un stratum gonidial suffisamment développé pour offrir les manifestations physiologiques qui leur viennent des algues.

Elle se réduit progressivement à mesure qu'on se rapproche des champignons, et elle finit par devenir nulle, ou du moins presque nulle, s'il convient d'en voir les dernières traces dans les anastomoses des filaments thallins.

La sexualité n'est donc en aucune manière ni générale ni nécessaire chez les lichens : « les fruits, dit à ce sujet M. Rietsch, développés à la suite de la fécondation, ne diffèrent en rien de ceux qui, dans les mêmes groupes, se forment par un simple bourgeonnement, et l'acte luimême de la fécondation affecte, en général, une autre allure que dans les végétaux pourvus de chlorophylle. On ne peut donc attribuer à la sexualité l'importance qu'elle possède ailleurs, et il semble bien difficile de ne pas admettre dans les champignons (1), une dégradation consécu-

(1) M. Rietsch est partisan de l'hétérogonidisme.

tive du parasitisme, non seulement dans les organes sexuels et dans les fruits qu'ils produisent, mais encore dans tous les organes de propagation, ce qui n'implique en aucune façon une diminution de la faculté reproductrice. »

Les lichens ne sont en aucune manière parasites. Cette restriction étant faite, il est certain que leurs manifestations vitales les plus sensibles sont analogues à celles des champignons ; il est par suite légitime que la fécondation soit chez eux aussi réduite que chez les champignons, bien que dans ce dernier groupe la différenciation moindre de ses phénomènes soit le résultat d'une exigence vitale que les lichens ne connaissent pas ; toutefois, les aptitudes physiologiques des algues intervenant dans leur vie, leurs fonctions doivent nécessairement être dans les formes les plus voisines des algues, en relation avec ces aptitudes : l'étude de la fécondation montre réalisées ces diverses obligations.

Reproduction de l'état parfait. — Chacune des deux conditions des lichens a son mode de multiplication propre, dont le produit est quelquefois inférieur, jamais supérieur à la condition originaire : en d'autres termes, les gonidies mises en liberté peuvent développer un stratum gonidial, et les thécaspores, issues de leurs cellules-mères et germant, donnent naissance à une charpente hyphique établie selon les caractères de leur espèce, et capable de différencier, dans des conditions données, une couche de cellules vertes.

Quant au thalle qui en résulte, s'il se désagrége, comme il ne perd rien de sa vitalité, il devient l'origine, selon que l'une ou l'autre de ses parties se développe séparément ou selon qu'elles s'unissent, tantôt d'un thalle complet, tantôt d'un simple tapis gonidial, le troisième état, l'état hyphique, ne se rencontrant pas, nous l'avons vu, à l'état libre dans la nature.

L'individu ne peut arriver à son état complet qu'autant que les deux modes de multiplication se fusionnent et se combinent. Nous n'avons plus ici à faire la preuve de cette proposition, la synthèse des lichens effectuée par des savants éclairés la démontrant jusqu'à l'évidence : il nous suffira de faire observer qu'on ne peut passer des expansions vertes aux thalles parfaits par une métamorphose des gonidies ou d'une partie des gonidies en hyphes, aucun fait précis ne militant en faveur de la probabilité ni même de la possibilité de cette métamorphose.

Tout thalle parfait nécessite la réunion primordiale d'une gonidie et d'un hyphe, la première donnant naissance à la zone gonidiale, le second à la médulle et au cortex : la nature favorise ce mode de reproduction soit en déterminant la formation de gonidies hyméniales qui sont expulsées en même temps que les spores, soit, dans les espèces qui n'ont pas de gonidies hyméniales, en donnant aux gonidies thallines la faculté de soulever les hyphes superficiels, de les écarter, et de s'échapper ainsi aisément.

Dans les conditions normales, les deux éléments du lichen, physiologiquement si différents, ont donc une origine distincte : le stratum vert est dû à la multiplication d'une ou de plusieurs gonidies issues soit directement du thalle, soit d'une sorédie ou d'une papille isidioïde : sur ce stratum se développe une spore en germination, appartenant à la même espèce ou à une espèce voisine ; les filaments qui en résultent pénètrent dans la couche verte, qui, rappelée en quelque sorte par ce voisinage à sa dépendance, se développe en une place déterminée, pendant que la couche filamenteuse différencie une cuticule superficielle limitant et protégeant une expansion conformée suivant les caractères de l'espèce.

Ce mode de multiplication paraît impossible pour les espèces qui dans certains climats ne développent pas d'apothécies ; il n'est pas invraisemblable que la couche hyphique de ces espèces provienne du développement de leurs stylospores, ou même de leurs spermaties, s'il faut accepter l'hypothèse de M. Cornu, et donner au trichogyne une autre utilité que celle que nous lui avons attribuée.

A notre avis, cependant, la nature emploie un mode plus simple, et permet la réunion nécessaire des hyphes et des gonidies par la formation des sorédies, qui sont constituées par de petits amas superficiels comprenant à la fois les deux organes ; ces sorédies représentent en quelque sorte de petits thalles, qui s'individualisent dès qu'ils sont séparés de l'être producteur, et multiplient ainsi l'espèce.

En faveur de notre hypothèse nous pouvons invoquer ce fait que les sorédies sont surtout fréquentes dans les formes qui ne fructifient pas : l'*Evernia prunastri* nous en offre un exemple familier.

La reproduction par sorédies représente évidemment une dégradation non pas seulement de la sexualité, qui disparaît ici complètement, mais encore de la fonction reproductive, les éléments de la propagation spécifique étant exclusivement empruntés à l'appareil végétatif.

La réunion des hyphes et des gonidies, que nous regardons comme normalement indispensable pour arriver aux thalles parfaits, peut cependant s'accompagner d'un mode supplémentaire de multiplication.

Ce mode consiste, grâce à une extension facultative des aptitudes vitales, dans la formation des gonidies au sein du thalle et aux dépens des éléments hyphiques de ce thalle ; il se manifeste quand un obstacle quelconque s'oppose à l'accomplissement de l'autre mode, les gonidies, par exemple, faisant défaut dans le voisinage des spores en germination.

CHAPITRE IX

TYPES ET DÉRIVÉS

La notion de l'espèce et les caractères spécifiques chez
les lichens. — Réalisation lichénique initiale et formes
qui en dérivent.

La notion de l'espèce et les caractères spécifiques chez les lichens. — L'idée d'espèce n'est nulle part plus qu'en lichénologie vague et dépourvue de limites précises. Les formes les plus disparates sont, dans un grand nombre de cas, reliées par des états transitoires et si étroitement déduits les uns des autres qu'il est presque impossible de définir les caractères typiques capables de se transmettre dans leur intégrité, et ayant par suite une importance spécifique.

Cette grande ressemblance des formes est d'ailleurs presque nécessaire, pour peu qu'on suppose actives quelques causes de variabilité. En effet, l'organisme lichénique est extrêmement simple, moins complexe même que la plupart des champignons, et à peine supérieur aux algues purement cellulaires qui se multiplient sans intervention d'éléments sexués.

On n'y rencontre pas, à la base des réceptacles, de cellules fécondatrices, et, dans les cas peu nombreux où des phénomènes de fécondation ont été entrevus, ces phénomènes ne constituent qu'un processus supplémentaire de la formation des cellules mères, qui ont le plus souvent une origine neutre. La vitalité se réduit à une simple absorption et à une double respiration, dont les résultats se combinent pour fournir à l'une des parties l'élément qu'elle exhale sans pouvoir compenser directement cette déperdition.

Ces manifestations actives, rudimentaires et peu différenciées, n'exigent pas le concours de bien nombreuses circonstances, ce qui fait que les lichens peuvent se développer dans presque toutes les stations indifféremment ; de plus, comme elles sont communes à toutes les formes, il en résulte que toute espèce de lichen peut vivre dans le milieu où vit une autre espèce.

Une faculté d'adaptation si développée amène évidemment des conséquences importantes dans la morphologie, dans l'enchaînement des espèces, dans leur dérivation, dans la combinaison et l'échange de leurs aptitudes et surtout de leurs caractères. L'étude de ces conséquences doit être la base de l'établissement des types, et la connaissance de l'action des conditions physiologiques sur les formes peut seule conduire à une classification rationnelle.

En général, les classificateurs ne tiennent pas compte de cet élément pourtant indispensable, et ils ont un moyen très simple de trancher la question : loin de chercher à connaitre la filiation des formes qu'ils peuvent rencontrer, les types auxquels elles se rapportent et dont une cause facile à connaitre les a fait dévier, ils ne consultent que leur appréciation pour créer des espèces.

Dès que deux individus diffèrent d'une manière appréciable, ils appartiennent à deux réalisations distinctes : nos catalogues sont envahis peu à peu par une foule d'espèces apocryphes, simples modifications de types plus généraux élevées à une dignité qu'elles ne méritent pas.

Ces erreurs, qu'on rencontre dans les classes supérieures, où elles sont plus difficiles à constater, deviennent surtout nombreuses dans les groupes inférieurs ; elles ont pour origine l'insuffisance des caractères distinctifs, insuffisance provenant de ce fait qu'on s'en tient le plus souvent au résultat de l'évolution des formes, sans tenir compte des causes qui ont pu donner à cette évolution une direction différente de la direction normale.

Prenons pour exemples les diverses formes qui gravitent autour de *Lecanora subfusca*, et dont quelques auteurs font autant d'espèces distinctes, tandis que d'autres les considèrent simplement comme des variétés de ce type.

Où trouver une ligne de démarcation exacte pour les séparer ? Enlevez les apothécies, et comparez les thalles : les uns ont les granulations grosses, très convexes, tandis que chez les autres elles sont fines, subplanes, arrondies, et même parfois peu distinctes ; mais voici que dans une forme un peu aberrante de ces derniers thalles, quoiqu'on n'en puisse la détacher, les lobes verruqueux prennent un plus grand accroissement, de telle sorte que toute distinction basée sur leurs caractères devient nulle.

Les apothécies ne fournissent pas de plus importantes indications : ici elles sont planes et même concaves, avec un excipule régulièrement arrondi ; là elles sont difformes, confluentes, et leur excipule est divisé en lobes laciniés. Leur coloration varie d'ailleurs du cendré blanchâtre au noir intense, en passant par toutes les nuances du fauve, du roux et du brun. Si ces caractères étaient absolus, s'ils ne se mélangeaient pas, il est évident qu'ils pourraient fournir des éléments de détermination rigoureuse.

Mais comment définir exactement l'importance qui doit leur être attribuée, quand on les voit réunis, et avec tous les états intermédiaires qui se peuvent concevoir, sur un même thalle ?

Il faut nécessairement en conclure que les limites de la notion de l'espèce, chez les lichens, doivent être reculées, et que l'organisme très simple de ces êtres recèle des tendances variées, qui, servies ou gênées par les conditions extérieures, se réalisent ou ne se réalisent pas et deviennent ainsi l'origine d'une variabilité très étendue.

Ce n'est pas à dire qu'il n'y ait pas en lichénologie de véritables espèces, ni même que les états que nous regardons comme issus de la même souche n'aient pas une origine distincte : toute forme évidemment se rapporte à un type, et il peut se faire qu'un caractère que nous regardons ici comme le signe distinctif d'une variété ait là une importance spécifique, et constitue seulement, dans la variété, l'indication de la tendance réalisée dans l'espèce voisine.

Ainsi, pour éclairer notre pensée d'un exemple, il est parfaitement possible, quoiqu'on trouve sur un même thalle de *Lecanora subfusca* des apothécies brunes ou fauves et d'autres absolument noires, que cette espèce soit distincte de *L. atra*, caractérisée par ses réceptacles noirs ; mais on avouera du moins qu'il y a dans ce caractère, accidentel chez l'une, normal et exclusif chez l'autre, une forte présomption en faveur de leur commune origine, et que par suite, dans tous les cas analogues, la plus grande prudence est nécessaire.

En général, lorsque deux individus ne diffèrent que par un seul caractère, surtout lorsque la différence est peu importante et facile à expliquer par une cause apparente, on peut les considérer comme appartenant à deux variétés de la même espèce.

Mais il n'est pas rare qu'une première différence en entraine une autre, et que la même cause, ayant à agir sur deux organes, les transforme tous deux. Cette création d'une variété par modifications solidaires se trouve réalisée dans un type aberrant de *Graphis scripta*.

A l'état normal, cette espèce produit un thalle plus ou moins arrondi, sillonné par des lirelles disposées en tous sens, rameuses, enchevêtrées, confluentes et serpentant les unes dans les autres.

Si une spore de ce *graphis* vient à se développer sur le cerisier, la direction transversale des fibres de l'écorce détermine une élongation du thalle, qui forme une plaque oblongue et étroite :

Fig. 76. — Variété de *Graphis scripta*, due à sa station sur le cerisier.

en même temps les lirelles, sous l'action de la même cause déformatrice, se disposent en séries parallèles et n'envoient plus de ramifications obliques (*fig*. 76). Voilà une variété bien définie, nettement séparée du type, et due, dans tous ses traits distinctifs, à une seule influence.

Un premier point nous est acquis : l'influence modificatrice du substratum sur la direction et l'insertion relative des éléments. Cette influence est purement mécanique, et ne porte que sur les caractères extérieurs ; mais, quoiqu'il en soit, il nous devient difficile de prendre pour base d'une détermination rigoureuse les relations réciproques des organes.

La couleur des apothécies et celle du thalle n'ont guère plus d'importance : nous avons vu que sur une même expansion on trouvait des réceptacles gris, fauves, roussâtres, bruns et noirs ;

les principes contenus dans le substratum ont une influence incontestable sur la coloration du thalle, qui est d'ailleurs très variable pour une même espèce : *Physcia pulverulenta* est tantôt d'un blanc presque pur, tantôt gris, tantôt cendré, tantôt brunâtre, ou jaunâtre ; pour ces modifications de la nuance, les autres caractères d'ailleurs restent constants.

Reste la forme de l'excipule, des lobes thallins, des thèques, des spores. L'excipule varie avec l'âge du réceptacle ; d'abord lisse et régulier, il devient très facilement irrégulier, déchiqueté, lobé ; quelquefois, il s'oblitère, de telle sorte que l'apothécie, primitivement rebordée, devient à la fin de sa vie biatorine : de plus, les gonidies peuvent développer des squamules phylloïdes superficielles qui lui donnent un aspect hérissé : cette formation purement accidentelle peut-elle constituer une indication constante ?

La forme des lobes nous paraît en relation avec les circonstances qui entourent le développement de l'individu : si celui-ci évolue dans une exposition humide, qui lui assure un accroissement rapide et non intermittent, il nous semble que cette activité vitale intense doit déterminer une grande force d'expansion, se traduisant par la production de digitations nombreuses, larges, vigoureuses, moins intimement appliquées au support, plus distinctes les unes des autres, tandis qu'exposé à une sécheresse fréquente, il ne peut produire qu'un maigre thalle appliqué, poudreux vers le centre, et découpé vers la marge en lobes apprimés, minces, déchiquetés.

Cette idée théorique que nous nous faisons de l'action des circonstances extérieures sur la forme du thalle se trouve réalisée dans les innombrables variétés du *Xanthoria parietina,* qu'on trouve sur tous les support; et dans tous les milieux.

La plus précieuse ressource pour la détermination réside dans les caractères des cellules-mères et surtout des germes qu'elles contiennent : mais il ne faut pas se dissimuler qu'ils ont plutôt une valeur générique qu'une valeur spécifique.

Quoiqu'elles n'y soient pas visibles, la spore contient en principe toutes les aptitudes de l'individu dont elle est l'origine : elle représente, pour ainsi dire, la synthèse de ses caractères. Sa forme étant nécessairement en harmonie avec ces caractères, et étant plus simple encore que leur ensemble, il en résulte le plus souvent que les spores de deux espèces très voisines ne diffèrent pas, et que l'aide qu'on pensait trouver dans l'étude microscopique de ces éléments est absolument nulle : comparez, pour en revenir à l'exemple que je citais plus haut, les spores de *Lecanora subfusca* et celle de *L. atra*.

La spore est presque invariable : sa nuance est typique, constante, et il est un fait certain, c'est que si on parvenait à déterminer d'une manière rigoureuse ses caractères propres, ils deviendraient d'une grande importance dans l'établissement des espèces ; un élément cependant nous paraît susceptible de varier, les dimensions de l'épispore. Les spores contenues dans une même thèque sont souvent très inégales, et il n'est pas impossible qu'une réduction ou une élongation du diamètre se fixe dans une variété d'un type, donnant aux spores de cette variété une apparence très particulière, et devenant une caractéristique suffisante pour que l'observateur non prévenu élève la variété ainsi produite au rang d'espèce.

La forme des spores, si constamment analogue pour les espèces alliées, est certainement le fondement le plus naturel des genres ; il est regrettable cependant qu'on ait poussé sa valeur à l'extrême, qu'on n'ait pas tenu compte suffisamment des transitions qui ne doivent pas, par le fait seul qu'elles n'appartiennent bien ni à l'une ni à l'autre des réalisations qu'elles unissent, être rigoureusement isolées, et qu'on doit rattacher au type dont elles procèdent évidemment, et qui est plutôt l'origine que la fin de la tendance dont elles représentent la première révélation.

En abusant des indications fournies par la spore, on est arrivé à un morcellement exagéré des anciens genres, qui n'a pour résultat, sans grand profit pour la science, que d'en rendre l'étude plus difficile en l'encombrant d'une multitude de matériaux qui auraient pu être plus judicieusement employés, et en augmentant indéfiniment une synonymie déjà trop chargée.

Nous avons montré en quelle défiance on doit tenir les éléments employés dans l'établissement des espèces par les classifications trop systématiques et trop absolues. Toutefois, notre proposition n'est vraie que si on prend ces éléments isolément : comprise autrement, elle conduirait à la négation de toute idée d'espèce chez les lichens.

Dans notre pensée, une espèce lichénique n'est légitime qu'autant qu'elle se sépare de ses alliées immédiates par plusieurs différences non solidaires les unes des autres, comme pour le *graphis* du cerisier : en un mot, elle doit être isolée, suivant l'expression de Fries, par des caractères aigus, dont les déviations les plus importantes soient encore très éloignées des aptitudes propres aux types les plus voisins.

Quant à la formation des variétés, qui s'explique par des transitions réalisées, ce qu'on ne rencontre que bien rarement pour établir le passage entre deux véritables espèces, elle reconnaît deux causes principales, la seconde n'étant en quelque sorte qu'une conséquence de la première, à savoir : l'influence des agents physiques, et les tendances nouvelles qui résultent au sein de l'organisme des effets prolongés de ces agents.

Au premier rang des causes extérieures de variabilité il faut placer l'exposition et les conditions hygrométriques et caloriques de l'air ambiant. Un climat humide et doux est celui qui convient le mieux à la végétation lichénique, et il donne presque exclusivement des formes normales et parfaitement évoluées.

Les climats à variations brusques et fréquemment répétées ne paraissent pas influer sur la morphologie et le développement des organes dans leurs caractères essentiels ; ils ne représentent donc pas une cause de variabilité, et n'ont d'action que sur les fonctions, qu'ils gênent, ralentissent, et sur l'activité vitale qu'ils détruisent rapidement en désagrégeant les éléments.

Nous avons parlé des déformations qui atteignent les lichens dans un air très sec ; aucune ne va jusqu'à l'atrophie de l'appareil fructificateur, qui est constante au contraire pour les espèces transplantées dans une station dont les conditions diffèrent de celles de leur station originaire, sans être opposées à leur développement végétatif, et surtout pour les individus qui naissent dans un habitat obscur, à l'abri de la radiation directe.

Cette atrophie, qui dans le second cas disparaîtrait par le changement des circonstances qui entourent l'organisme, peut devenir dans le cas

des lichens transplantés loin des climats où ils
sont fertiles, une source de modifications morphologiques assez importantes pour transformer
radicalement la physionomie de leur type.

Les exemples de ces modifications ne sont pas
rares ; aucun ne démontre mieux l'enchaînement
des variations successives que celui de *Cladonia
fimbriata* (*fig.* 77), espèce cosmopolite très fré-

Fig. 77. — Formes de *Cladonia fimbriata*.

quente dans les bois, parmi les mousses, au pied
des arbres.

On trouve dans une même touffe un nombre
considérable de formes, pouvant se rapporter à
deux types principaux, que la plupart des lichénologues considèrent comme des espèces distinctes : l'un est représenté par des podéties dilatées
supérieurement en scyphes, l'autre par des expansions allongées cylindriques, dressées, quelquefois simples, plus souvent branchues et digitées.

Si l'on s'en tient aux caractères extérieurs, ces
deux types deviennent deux réalisations divergentes, le fait qu'ils naissent au voisinage l'un
de l'autre n'étant pas suffisant pour autoriser
leur réunion.

Mais la morphologie comparée de leurs représentants, jointe à l'étude des circonstances physiologiques capables de déterminer leur variation, amène à une autre conclusion.

D'abord, toutes les podéties, qu'elles soient cylindriques ou scyphifères, jouissent de la propriété de développer des squamules phylloïdes superficielles ; de plus, leur cortex est pulvérulent, ou, pour employer le terme consacré, déliquescent ; ce double caractère indique entre elles une affinité déjà étroite.

En second lieu, on remarquera qu'il est très facile de passer d'un type à l'autre par toute une série d'états intermédiaires réalisés, tandis qu'on ne saurait indiquer les caractères précis qui appartiennent au premier ou au second. Si nous considérons comme extrêmes la podétie scyphifère à limbe fimbrié crénelé, et la podétie cylindrique répétitodichotome à dernières divisions aiguës, nous trouvons pour les relier les formes suivantes : d'abord le scyphe à bords entiers, mais encore bien dilaté et ouvert ; puis le scyphe à peine renflé, indiqué seulement par une petite dépression apicale ; cette dépression s'oblitère dans un troisième individu, et nous avons une podétie cylindrique obtuse, simple ; une division de l'axe apparaît alors, par un mécanisme très-simple, et nous arrivons au stipe fourchu. Un progrès de plus nous conduit au terme de la transformation.

Cette transformation, quelle cause invoquer pour l'expliquer ? Nous savons qu'à chaque fonction correspond un organe, et que, dès qu'une fonction cesse pour un motif quelconque de s'accomplir, l'organe corespondant est frappé d'atrophie.

Dans certaines contrées, le *Cladonia fim-*

briata ne fructifie pas, et l'on ne trouve sur se
scyphes que des apothécies rudimentaires. Sa re
production par thécaspores est par suite presqu
nulle, et il ne se multiplie que grâce à l'émissio
de ses gonidies jointes à des hyphes thallins o
même épidermiques. Il en résulte que l'organ
ordinaire de la fructification, inactif dans se
représentants inféconds, doit avorter en tout o
en partie.

Or, cet organe a pour base un scyphe, puis
qu'il s'y développe latéralement ; le scyphe ne dif
férenciant pas d'apothécie n'a plus sa raiso
d'être et tend à disparaître. On a ainsi deux sor
tes d'apothécies : les unes scyphifères, les autre
obtuses. Les premières sont celles qui conservent
intacts les caractères spécifiques : les seconde
transforment ces caractères sous l'influence d
la cause modificatrice.

Cette transformation peut se fixer et deveni
héréditaire : elle constitue dès lors l'origine
d'une race très distincte du type ; elle peut
même obéir à son tour à une nouvelle influence,
à savoir la prédominance nécessaire de l'élément
végétatif sur l'élément reproducteur, les fonc
tions nutritives devenant plus actives au détri
ment des fonctions multiplicatrices, qui tendent
à devenir nulles : cette prédominance nous pa
raît expliquer suffisamment la partition unique
ou répétée de la podétie cylindrique.

En résumé, les causes de variabilité nous sem
blent dériver, chez les lichens, et probablement
chez tous les êtres organisés, d'une perturbation
physiologique, les autres agents donnant nais
sance, non pas à des races fécondes, mais à de
simples accidents localisés et non transmis
sibles.

Cette perturbation physiologique, point de dé-

part de toute modification des caractères extérieurs, a souvent pour origine une influence dont
la nature ne nous échappe pas, mais dont le
mode d'action nous est inconnu. Chez les lichens,
cette influence réside surtout dans les conditions
caloriques et hygrométriques du climat. Elle
détermine l'apparition d'une tendance particulière, divergente de la tendance normale, et
crée ainsi deux séries de types, suivant que les
individus issus d'un même être obéissent à l'une
ou à l'autre.

Les caracteres nouvellement acquis se transmettent en s'accusant, sous l'action prolongée
de la cause qui les a produits; toutefois, les individus d'une même génération, étant plus ou
moins rebelles à cette action, offrent les caractères de la variété à un degré divers, ce qui détermine, comme dans l'exemple que nous avons
choisi, un grand nombre de formes différentes.
Les races ainsi créées peuvent se reproduire avec
tous leurs attributs; mais, comme ces attributs
sont l'œuvre du milieu, elles peuvent retourner
au type dont elles sont issues, la cause initiale
qui leur a donné naissance venant à disparaitre.

**Réalisation lichénique initiale et formes qui en
dérivent**. — Les lichens procèdent des deux
grands groupes dont les phénomènes vitaux servent de principe et comme de modèle aux fonctions de tous les cryptogames : les algues et les
champignons. On a même transformé la similitude en identité absolue, ce qui conduisait à voir
dans l'organisme lichénique le résultat d'un parasitisme ; il nous paraît plus rationnel de nous
en tenir à l'analogie, et de faire des lichens non
pas des réunions d'êtres distincts, mais des formes composées de deux parties constantes dans

leur nature, leurs fonctions et leur situation ;
l'une algoïde, l'autre fungoïde.

Les phénomènes physiologiques empruntés
par les lichens aux champignons et aux algues
ont à peu près une valeur équivalente : les premiers fournissent la respiration fungique, caractérisée par la fixation de l'oxygène, et la formation des thécaspores : les secondes, la reproduction végétative et la respiration phyllochlorienne.

Mais, dans la morphologie, l'influence des
deux groupes formateurs est loin d'être égale.
Bien que les hyphes soient plus développés que
le stratum gonidial, qu'ils soient seuls apparents,
et qu'ils constituent la charpente du thalle, leur
disposition ne procède en aucune manière des
caractères extérieurs ordinaires des champignons.
Ceux-ci, en effet, ne sont pas ordinairement étalés
en plaques contextées ; leur mycélium, qui correspond au thalle, est centrifuge, mais ses fibres
s'accroissent indéfiniment en rayonnant : elles ne
s'unissent pas en expansions munies d'une médulle et d'un cortex.

Sous le rapport de la forme, le seul point de
contact entre les champignons et les lichens réside dans les caractères de l'apothécie. Or, nous
avons démontré qu'en cryptogamie les analogies
de la fructification ne sont pas suffisantes pour
établir des relations entre deux formes ou deux
groupes de formes. Les lichens, unis aux champignons par ces seules analogies, n'en procèdent
donc pas dans toutes leurs propriétés extérieures.

Cette proposition, à laquelle nous arrivons par
le raisonnement, est facilement démontrée par
l'examen des caractères typiques. Un groupe seulement de lichens se rattache aux champignons :
ce sont les pyrénodés, dont la fructification en

nucleus est enclose dans une périthécie. La transformation de la périthécie en apothécie s'explique parfaitement, mais elle ne s'accompagne pas nécessairement de modifications de l'appareil végétatif, et elle est par suite insuffisante pour donner la raison des caractères très divers de cet appareil, qui constituent la base des formes spécifiques.

Les algues au contraire ont avec les lichens des analogies plus générales, qui se retrouvent sans variation importante dans toutes les espèces, et on arrive facilement, en les prenant comme point de départ, à expliquer la dérivation des formes lichéniques. Pour l'intelligence de cette dérivation, nous avons cru utile de réunir dans un tableau synoptique (voir p. 288) les divers types, en indiquant leur origine et le résultat de la réalisation plus complète de leurs tendances, orientées souvent dans des directions divergentes.

Ce tableau contient un double enseignement. Il démontre d'abord que les lichens, bien qu'ils tiennent à deux réalisations, n'ont qu'une seule origine qui explique toutes leurs formes, et en second lieu que leurs types caractéristiques ne s'enchaînent pas suivant une série linéaire, mais s'unissent les uns aux autres comme les mailles d'un réseau, de telle manière que chacun d'eux procède ordinairement de deux formes génératrices, et donne souvent naissance à un certain nombre de séries aberrantes qui, par leur union avec les types voisins, créeront à leur tour d'autres types.

L'unité de constitution est partout sauvegardée, et on retrouve dans tous les lichens la même disposition des mêmes éléments, mais il est impossible de passer de leur représentant le moins par-

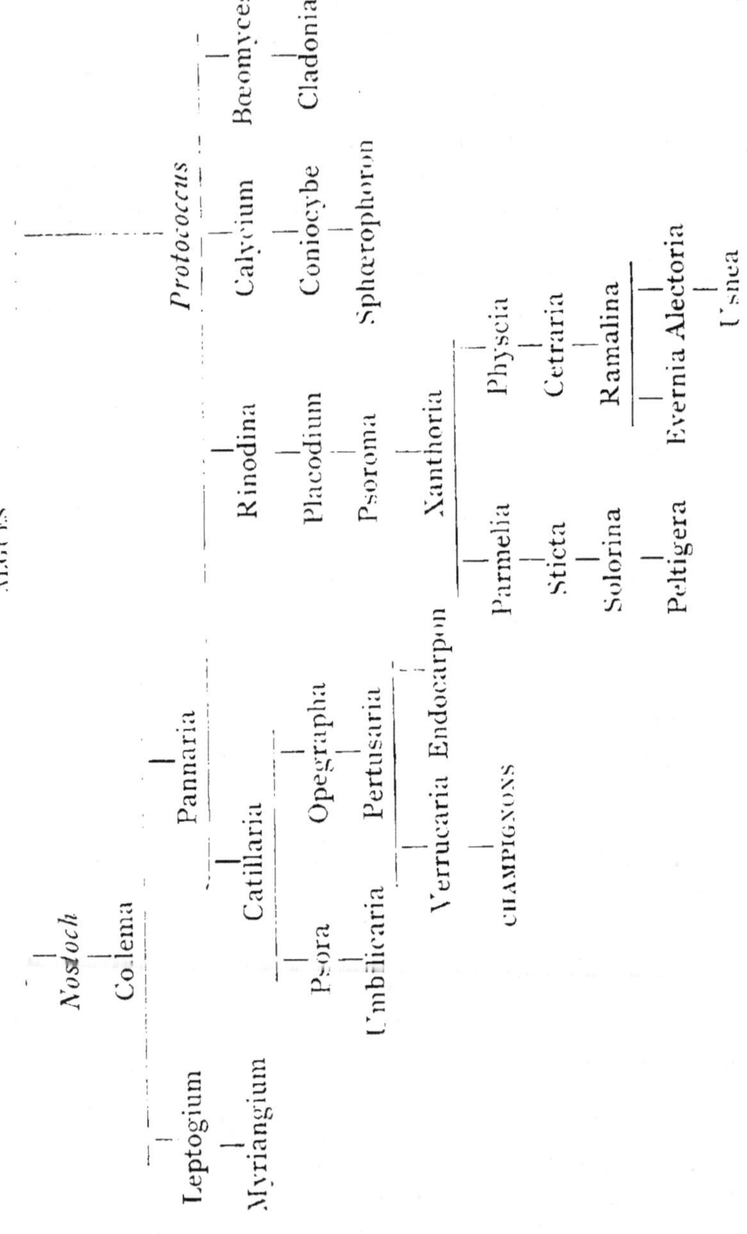

ALGUES
Protococcus
Nostoch
Colema
Leptogium
Myriangium
Pannaria
Catillaria
Psora
Umbilicaria
Opegrapha
Pertusaria
Verrucaria
Endocarpon
CHAMPIGNONS
Rinodina
Placodium
Psoroma
Xanthoria
Parmelia
Sticta
Solorina
Peltigera
Physcia
Cetraria
Ramalina
Evernia
Alectoria
Usnea
Calycium
Coniocybe
Sphærophoron
Bæomyces
Cladonia

fait à leur représentant le plus parfait par une suite non interrompue d'états comprenant leurs divers types. De chaque anneau de la chaîne idéale ainsi formée se détacheraient en effet des ramifications divergentes, qu'on ne saurait expliquer que par une orientation spéciale des tendances ordinaires.

Les champignons n'expliquant qu'une portion très faible des formes lichéniques, quel est le lichen qui se rapproche assez des algues pour servir de point de départ aux autres ? Très évidemment l'état inférieur du colléma, le nostoch.

Il est un fait certain, c'est que la gonimie rappelle parfaitement la forme et les aptitudes d'une algue unicellulaire : sa membrane très mince est un produit de secrétion ; sa respiration est exclusivement phyllochlorienne ; de plus, la mobilité spontanée qu'elle peut acquérir à une époque de son existence semble l'élever au rang de production autonome et individualisée.

Mais comme on ne trouve aucun lichen monogonimien, nous sommes autorisés à penser qu'une gonimie isolée ne constitue pas un être, mais un organe, et, pour nous élever jusqu'à l'individu, nous devons chercher une réunion de gonimies, une syngonimie, dont toutes les parties cohérentes soient solidaires les unes des autres, et, tout en se nourrissant et en respirant d'une manière distincte, contribuent à la vie générale de l'expansion qui les renferme ; cette syngonimie nous est fournie par la nature sous la forme du nostoch.

Le nostoch n'est pas un lichen parfait, et même, pour un grand nombre de savants, il constitue une algue ; toutefois, l'intervention d'une spore en germination le transformant en colléma, nous le considérons comme la transition la plus immédiate entre les algues et les lichens. D'ailleurs, ce fait qu'il peut exister seul est corrélatif d'une certaine intensité de la vitalité végétative, allant jusqu'à une abondante multiplication agame ; cette intensité dirigée vers ce but démontre qu'il est non pas le terme, mais le commencement d'une série ; car, dans le cas contraire, il est probable qu'il produirait constamment des apothécies.

Son dérivé direct, avec lequel il est non en relations de dépendance morphologique, mais en relations d'identité générique, est le colléma.

Celui-ci représente encore une réalisation très rudimentaire, au moins pour l'appareil végétatif, qui consiste simplement en hormogonimies entremêlées sans ordre à quelques rares hyphes, le tout réuni dans une expansion gélatineuse amorphe ou phylloïde. Quant à la fructification, elle est parfaite et typique, et comprend des cellules fécondes disposées en stratum perpendiculaire au sein d'une apothécie, et différenciant intérieurement des thécaspores en nombre pair.

Cette fructification restant invariable, le thalle homœomère se perfectionne dans le *Leptogium*, dont les gonimies moniliformes occupent des cavités tubuleuses creusées dans le thalle, et dont les couches presque régulièrement superposées sont protégées à la partie supérieure par une cuticule formée d'hyphes arrondis assez distincts.

Il est assez difficile de passer des lichens gélatineux aux lichens stratifiés, pour la raison que la forme des gonidies ne dérive pas de la forme des gonimies. Si l'on se place au point de vue purement extérieur, il est certain qu'on peut expliquer les gonidies par une augmentation de l'épaisseur de la paroi des gonimies correspondant à une dilatation de la cavité interne.

Mais les phénomènes physiologiques, le processus de la multiplication, et ce fait surtout que les gonimies libres forment des thalles, tandis que les gonidies libres ne se rencontrent qu'isolées et vivent comme des individus, contredisent cette manière de voir, et établissent entre les deux sortes d'organes une distance difficile à franchir.

Toutefois, comme nous avons admis que les uns et les autres procèdent des algues, il convient de penser que les séries divergentes auxquelles ils appartiennent procèdent d'un type appartenant à la classe des algues, avec quelques-uns de ses dérivés immédiats, la réunion de ces séries ne se faisant pas à la limite exacte qui sépare les algues des lichens, et l'apparition, dans l'une comme dans l'autre, de l'essence lichénique, n'ayant lieu qu'après un certain nombre de tranformations.

Ce nombre pouvant n'être pas égal pour l'une et pour l'autre, il est possible que les gonimies et les gonidies n'aient pas la même valeur ; en tout cas, il nous est acquis que les secondes, qui procèdent des Protococcacées, ne descendent pas en droite ligne des premières, qui procèdent des Schizophycées.

Il nous faut donc, pour expliquer les caractères du stratum gonidial des lichens, remonter directement aux algues : celles de ces plantes qui les présentent au degré nécessaire pour autoriser l'hypothèse de la dérivation sont les *protococcus*, qui pour la plupart sont certainement des gonidies vivant isolément, mais dont les représentants autonomes rappellent absolument la forme de ces organes.

Les gonidies se rattachant donc immédiatement aux algues, nous devons considérer comme formant la limite entre la classe des algues et celle des lichens, le type initial dont la partie verte, abstraction faite du stratum hyphique, se rapprochera le plus du *protococcus*. Dans ces conditions, ce type est impossible à trouver.

En effet, dans la plupart des espèces, les gonidies sont toutes semblables, régulièrement globuleuses, vertes, presque égales en volume : en un mot, l'élément spécifique fait défaut. Il faut, par suite, pour établir un point de départ, faire entrer en ligne de compte la partie filamenteuse qui, unie à la couche gonidique, doit constituer un tout individualisé ayant une vie propre et une.

Au point de vue de la disposition et des relations réciproques des éléments, le *Pannaria* représente le plan général sur lequel sont établies les espèces à gonidies ; il est hétéromère, stratifié, et ne diffère des espèces non gélatineuses que par la présence sous la couche épidermique de cellules vertes munies seulement d'une simple cuticule.

Combinez les caractères extérieurs du *Pannaria* avec la forme des gonidies, et vous arrivez à la réalisation lichénique la plus parfaite, qui donne seule naissance à des séries de types bien diversifiés. Les caractères de la fructification sont moins sensiblement déduits les uns des autres, et il est nécessaire de regarder les apothécies comme appartenant à quatre types différents, sans qu'il soit possible de dire de quelle forme unique ces quatre types procèdent.

Ils établissent d'ailleurs chez les hétéromères autant de séries distinctes caractérisées, la première, par des réceptacles lécanorins, la seconde, par des réceptacles lécidéins, la troisième, par des réceptacles pulvérulents, la quatrième, par des réceptacles tuberculeux fongueux.

A la base de chaque série est un appareil végétatif identique représenté par un thalle crustacé. Parmi les lichens lécidéides, cet appareil appartient au *Catillaria*, section du *Lecidea* : il a les apothécies sessiles, munies d'un excipule propre, et le thalle uniforme. Il donne naissance à deux séries divergentes, la première due à une modification de l'organe de la nutrition, la seconde à une transformation du réceptacle.

Un progrès très simple amène les globules du thalle à s'allonger en squamules, qui, l'expansion étant centrifuge, se disposent suivant des lignes rayonnantes : nous obtenons ainsi les caractères du sous-genre *Psora*. Nous avons fait dériver l'*Umbilicaria* du *Psora*, bien qu'au point de vue morphologique une assez grande distance sépare ces deux types, et cela, parce que nous pensons que son thalle, formé d'écailles foliacées, peut s'expliquer par une plus large dilatation des squamules du *Psora* ; toutefois, les caractères de sa fructification sont très distincts et lui paraissent particuliers.

L'apothécie du *Catillaria* comprimant son thalame en un nucleus allongé et son excipule en une excavation longitudinale nous conduit aux lirelles de l'*Opegrapha*, première étape de la transformation du réceptacle normal des lichens en périthécie. La transformation s'accentue dans *Pertusaria*, qui comprend des nucleus bien arrondis, endogènes, et ne s'épandant au dehors que par une fissure ostiolaire de leur conceptacle : seulement, et cette disposition est particulière aux lichens, les périthécies sont réunies par petits groupes au sein d'excroissances thallines ou verrues.

L'isolement des verrues a lieu dans *Verrucaria*, très analogue aux champignons sphériacés ;

certains de ses représentants pourraient même être confondus avec ces champignons, n'était la présence parmi les hyphes de quelques rares gonidies ; d'ailleurs, au point de vue physiologique, ils se rapprochent des funginés, puisqu'ils sont généralement saprophytes dans leur jeunesse et que pour plusieurs espèces la production des gonidies est facultative.

C'est seulement par les pyrénodés que les lichens se rattachent aux champignons : toutefois, il convient de faire remarquer que si la réalisation fungique ne conduit pas aux formes et aux aptitudes du thalle, qui constituent les attributions individuelles, elle explique parfaitement les caractères des diverses apothécies, résultat auquel on ne peut arriver en prenant pour unique point de départ les algues, puisqu'on ne trouve chez elles aucun organe qui rappelle les thèques.

D'où il suit que les propriétés des algues et les propriétés des champignons interviennent dans la formation des lichens : toutefois, et c'est en ce point que réside la difficulté de définir exactement leur intervention, on ne saurait mettre les premières à une extrémité et les secondes à l'autre extrémité de la série lichénique.

Le thalle uniforme avec les apothécies lécanorines donne naissance à un second groupe de formes, très nombreuses et très différentes les unes des autres. Il suit d'abord dans ses transformations le même processus que le *Lecidea*, mais son évolution est beaucoup plus longue et comprend de plus nombreux états transitoires. Restant toujours centrifuge, il donne en premier lieu, par la division de ses granules périphériques en lobes squamuleux, le *Placodium*, effiguré à la marge et pulvérulent crustacé au centre.

Que les granules se transforment totalement en squames, et nous arrivons au *Psoroma*, origine morphologique du *Xanthoria*, à partir duquel la série se scinde. Ce *Xanthoria*, à thalle rayonnant composé de folioles imbriquées, donne naissance à deux chaînes de types, les uns à tendance centrifuge, les autres à tendance centripète.

Pour les premiers, une fois leurs caractères généraux établis, la filiation est facile à expliquer. Elle nous donne d'abord le *Parmelia*, qui ne s'éloigne du *Xanthoria* que par ses spores simples et ses lobes plus larges. De là nous passons au *Sticta*, composé d'une fronde unique abondamment rhizinifère, et divisée seulement en quelques expansions rétrécies à la base, ondulées, subplanes.

Par le *Sticta*, nous sommes conduits aux trois genres de l'ordre des Peltidés, le *Solorina*, dont les apothécies naissent à la surface supérieure des lobes ; le *Peltigera*, dont les apothécies naissent à l'extrémité des divisions ; le *Nephroma*, qui produit ses réceptacles à la page inférieure.

Ici, les modifications des apothécies ne sont pas corrélatives des transformations du thalle ; car, si ces dernières ont pour origine le thalle du *Xanthoria*, on ne saurait expliquer les premières en prenant pour point de départ le réceptacle de ce genre; toutefois, cette considération ne suffit pas pour renverser la progression que nous avons adoptée, les caractères du fruit étant, au point de vue de la morphologie générale, d'importance secondaire ; d'ailleurs, nous avons établi que les variations ne s'enchaînent pas, mais se combinent.

La seconde série émanée du *Xanthoria* commence au *Physcia*, genre très naturel surtout caractérisé par ses spores uniseptées brunes ; son thalle est, dans les espèces qui se rapprochent le plus du *Xanthoria*, composé de lobes linéaires allongés, divergents, rayonnants en rosette et appliqués au substratum ; dans ce cas, l'évolution obéit encore au mode centrifuge, mais dans quelques espèces se manifeste l'apparition de la tendance centripète par les caractères qu'affectent les lobes, qui se relèvent en buissons cespiteux.

Nous passons ainsi aux espèces nettement centripètes, dont les expansions sont par suite ascendantes et dressées. Le *Cetraria*, encore analogue au *Physcia*, nous offre un thalle fruticuleux, ascendant, à lanières souvent canaliculées et même disposées en tubes creux.

Le *Ramalina*, qui forme la transition aux espèces filamenteuses, procède également du *Physcia*, avec lequel le confondaient les anciens auteurs : il s'en éloigne essentiellement par la disposition entourante du cortex, qui, courant autour de la médulle et ne la protégeant pas seulement à la partie supérieure, donne aux expansions plutôt la forme de tiges que la forme de feuilles : cette disposition s'explique parfaitement par l'enroulement des lanières du *Physcia*, l'hypothalle disparaissant, et le stratum médullaire formant un axe comprimé occupant le centre des lobes.

Du *Ramalina* se détache une petite branche divergente, représentée par l'*Evernia*, chez lequel le cortex inférieur n'est pas apparent, et un rameau direct, réalisant la tendance déjà indiquée dans le *Ramalina*. A la première étape dans ce perfectionnement correspond l'*Alectoria*, à thalle filiforme, d'abord droit, puis étalé ou décombant, avec un cortex cartilagineux, entourant de toutes parts une médulle cylindrique ; son but ultime est atteint dans l'organisation de l'*Usnea*, où les couches superposées s'isolent définitivement et évoluent séparément, de telle sorte que le stratum médullaire forme une nerville distincte du cortex.

La troisième série gonidienne est caractérisée par des apothécies dont le thalame se réduit en poussière, les thèques s'oblitérant de bonne heure et les spores se réunissant en masses sporales pulvérulentes. Dans cette série, le thalle reste crustacé et lépreux ; d'ailleurs les formes qu'elle comprend sont peu nombreuses, et elles procèdent directement les unes des autres, sans former de branches divergentes. A la base est le *Calycium*, dont le thalle poudreux produit des apothécies stipitées, rarement sessiles ; du *Calycium* dérive le *Coniocybe*, qui s'en distingue par ses spores simples et non septées.

Les rapports qui existent dans le *Calycium* et le *Coniocybe* entre les apothécies et le thalle se retrouvent dans la quatrième série des lichens à gonidies, où les réceptacles sont en forme de tubercules fongueux. L'appareil végétatif, dans la forme initiale de cette série, est encore crustacé. Il est centrifuge, et c'est ce qui fait que nous n'avons pas cru devoir, bien qu'il produise des expansions dressées cylindriques, le faire procéder des espèces filamenteuses. Il s'étale d'abord en tapis pulvérulent et donne naissance, chez les Béomycés, à une podétie formée de canaux cohérents et supportant une seule apothécie, et chez les Cladoniés, à des podéties distinctes construites sur le type des thalles filamenteux, mais se dilatant généralement en scyphes qui produisent une couronne d'apothécies.

CHAPITRE X

UTILITÉS DES LICHENS

Rôle des lichens dans la physiologie générale. — Utilités
médicinales. — Utilités alimentaires. — Propriétés tinctoriales.

Rôle des lichens dans la physiologie générale.—
Toutes les formes vivantes comprennent dans
leurs caractères une utilité, un rôle qui les
suit dans leurs modifications, et dont les variations en nature comme en intensité amènent
nécessairement une transformation concomitante
des organes. En montant d'un échelon dans la
série des rapports des êtres, en coordonnant les
tendances des individus qui, par leur forme spécifique, appartiennent à une des divisions qu'on
a établies dans la nature vivante, on arrive à
connaitre la raison d'être générale de cette division par rapport aux autres.

Les champignons ont pour mission de détruire
toute matière organisée qui se corrompt, et d'en
rendre les éléments au circulus: toujours saprophytes, et incapables de se développer sur un
substratum inorganique, ils infiltrent la végéta-
tation qui se meurt de leurs fibres mycéliennes,
ils désagrègent, désunissent, absorbent, et par
cette triple action hâtent la décomposition et pré-
viennent les effets délétères de la putréfaction.

Les lichens, bien que procédant des champignons par la respiration de leurs hyphes, n'absorbent pas comme eux par leurs filaments, par
suite n'ont pas d'action directe sur des éléments
primitivement combinés, et cependant leur rôle
n'est pas moins important. Ils ne décomposent

pas, mais leur décomposition devient une source de vie et l'origine de nouvelles générations.

Sur les granits les plus durs, les rochers les plus arides, leurs expansions lépreuses s'appliquent, minces tapis qui rompent par leurs couleurs variées la monotonie de la pierre. C'est le premier triomphe de la vie sur la matière. A travers les molécules calcaires les rhizines pénètrent ; l'humidité entretenue sous les thalles compactes, les combinaisons chimiques qui résultent de leur végétation amènent à la longue une désagrégation de la roche ; la décomposition, enfin, du lichen lui-même, en mêlant ses éléments organisés aux éléments minéraux, aide à la formation d'un sol déjà riche, d'un humus déjà fertile qui va servir à la nourriture et au développement d'êtres plus élevés.

A un autre point de vue, les lichens offrent encore une utilité générale : le choix qu'ils sont obligés de faire d'une station réunissant diverses conditions déterminées, et la nature de ces conditions, très analogues à celles qui favorisent le mieux l'évolution de l'organisme animal, amènent ce résultat que toute localité habitée par des lichens est également saine pour nous, et que toute localité où les lichens ne se rencontrent pas, ou se rencontrent seulement dans un état imparfait, est malsaine pour nous.

La végétation lichénique deviendrait ainsi une sorte de criterium pour reconnaître la pureté de l'air, et pourrait fournir un hygiomètre impeccable. C'est par ce moyen que M. Nylander a pu établir le degré de salubrité du jardin du Luxembourg : « Les marronniers de l'allée de l'Observatoire y sont surtout remarquables par les nombreux lichens qui couvrent leurs écorces, et ce, en telle abondance qu'il faut aller en de-

hors de la ville pour trouver quelque chose de
semblable. Cette circonstance autorise certainement à affirmer que la partie du Luxembourg
dont nous parlons est le lieu le plus sain de tout
Paris (1). »

Utilités médicinales. — Si nous quittons les
relations générales des lichens avec les autres
êtres, leur rôle de substratum ou leur analogie
physiologique, pour étudier leur action immédiate, par voie d'absorption et de contact intérieur, sur les organismes animaux et plus particulièrement sur le corps humain, nous consta-
terons chez tous l'existence d'une double puissance : ils sont à la fois toniques, grâce à leur
principe amer, et analeptiques, grâce à leur fécule.

Les espèces à thalle crustacé ne sont guère
usitées, quoique sans doute elles aient les mêmes
propriétés que les autres, à cause des dimensions restreintes des individus qui, bien que
s'étendant parfois assez loin, sont extrèmement
minces et ne représentent qu'une somme très petite de matière : ils sont d'ailleurs difficiles à séparer des écorces et des rochers où ils croissent.

On pourrait indistinctement utiliser toutes les
formes à thalle foliacé, l'analogie de leur composition déterminant certainement une analogie
de propriétés : mais on ne se sert plus guère que
du lichen d'Islande, qui possède à un haut degré les aptitudes de la famille, et chez lequel les
divers principes actifs ont été bien étudiés.

Quoique cette espèce soit presque la seule usitée aujourd'hui, nous pensons faire œuvre utile
en étudiant rapidement toutes les formes aux-

(1) Bull. de la Soc. Bot. de France, 1866, t. XIII, p. 365.

quelles on a attribué des vertus plus ou moins importantes, et qui ont eu pour un temps variable des utilités en médecine : plusieurs ont joui d'une réputation usurpée : presque toutes sont tombées dans l'oubli : à l'égard de quelques-unes, cet oubli n'est peut-être pas mérité.

L'absurde doctrine des signatures, qui prétendait voir une corrélation entre les affections de l'organisme animal et la forme des diverses parties des plantes, et qui concluait de cette corrélation à une propriété curative de la plante pour la maladie correspondante, a déterminé dans la lichénologie des attributions au moins fantaisistes.

En vertu de cette singulière homœopathie, le *Peltigera aphthosa*, chargé de sorédies tuberculeuses, devient le spécifique des aphthes ; l'*Usnea barbata* var. *hirta*, à cause des ramifications capillaires de ses filaments, est indiqué pour prévenir et arrêter la chute des cheveux ; l'*U. plicata*, pour guérir la plique polonaise : les espèces jaunes sont recommandées contre l'ictère. Le nom lui-même qui sert à désigner toute cette classe d'êtres, le mot *lichen*, a pour origine la ressemblance des espèces crustacées avec le lichen, ressemblance qui semblait indiquer l'efficacité des lichens contre cette maladie.

Quoique le procédé ne soit guère propre à inspirer la confiance, il paraîtrait que, dans un cas au moins, il s'est trouvé couronné de succès : « L'efficacité du *Sticta pulmonacea* dans les maladies de poitrine, reconnue par ce moyen, est prouvée par le témoignage de Scopoli (1) ».

Cette espèce se reconnaît à son thalle foliacé, lobé, cartilagineux, étalé, sinueux, à divisions

(1. FRIES. *Lichenographia Europæ reformata*, p. CXIV.

rameuses, tronquées terminalement, relevé de côtes anastomosées saillantes, d'un vert fauve ou roussâtre : les concavités ainsi formées produisent ordinairement de courtes rhizines fasciculées en tomentum ; les apothécies ont le disque purpurin ou roussâtre. Les nervures réticulées donnent à cette plante une certaine ressemblance avec le poumon coupé ; on l'appelle (1) pulmonaire de chêne, thé des Vosges.

Elle peut être utile dans les maladies du poumon et les hémorrhagies. Sa saveur est plus amère que celle du lichen d'Islande, et, d'après Gmelin, on l'emploie quelquefois, dans le nord de la France, comme le houblon, pour la préparation de la bière. Débarrassée de sa saveur amère, elle peut remplir le même rôle que le lichen d'Islande : elle faisait autrefois partie du sirop de mou de veau.

La superstition se joignant à la doctrine des signatures fit attribuer pendant longtemps à un petit lichen, *Parmelia saxatilis* Ach., l'Usnée des crânes humains, la vertu de combattre efficacement l'épilepsie. Ce lichen se vendait fort cher, et on le payait jusqu'à mille francs les trente grammes. Ce qui le rendait si rare et si précieux était la condition imposée pour réussir de n'employer que les individus développés sur les crânes humains exposés à l'air.

Ayant fait la part de la légende, nous arrivons aux observations bien définies et contrôlées par la science. — La plus importante espèce de lichen au point de vue économique, et la seule qui soit encore aujourd'hui usitée en médecine est *Cetraria islandica*, ou lichen d'Islande (*fig*. 78.)(2).

1. DE CANDOLLE. *Flore française*, 3ᵉ éd., nº 1090.
2. Nous donnons au chapitre XII les caractères botaniques de toutes ces espèces.

Pour procéder par ordre, nous considérerons successivement la composition du lichen d'Islande, les formes sous lesquelles on le prescrit, et enfin son action thérapeutique.

Le lichen d'Islande n'a pas d'odeur apprécia-

Fig. 78. — *Cetraria islandica.*

ble; sa saveur est très amère. Sur 100 parties, il contient, d'après Berzelius :

Amidon propre ou lichénine....	43. 7254
Principe amer ou cétrarin......	2. 9111
Sucre incristallisable..........	3. 5294
Cire et chlorophylle..	1. 5686
Gomme	3. 6274
Matière extractive colorée.....	6. 8627
Squelette féculacé.............	35. 8823
Surtartrate de potasse	
Tartrate et phosphate de chaux..	1. 8627
	99. 9996

Plongé dans l'eau, le thalle devient membraneux, se gonfle, et laisse dissoudre par le liquide une partie de son principe amer et de son mucilage. Dans l'eau bouillante, il se dissout en grande partie, et, s'il est suffisamment concentré, le liquide se prend en gelée en se refroidissant.

D'après John, l'amidon du lichen d'Islande ne serait que de l'inuline modifiée. D'après des observations plus récentes de M. Payen, la gelée du lichen, traitée par la diastase, se transforme en sucre et en dextrine, comme l'amidon ordinaire, et laisse déposer de l'inuline. La gélatine du lichen se compose donc d'amidon ordinaire, en granulations ténues colorées en bleu par l'iode, de lichénine ou amidon propre, et d'inuline.

Les deux principes essentiels du lichen d'Islande sont le cétrarin et l'amidon ou lichénine. Le premier se présente sous la forme d'aiguilles ténues, blanches, très-amères, inodores, inaltérables à l'air, presque insolubles dans l'eau froide, peu solubles dans l'eau bouillante, l'éther, l'alcool froid. L'acide chlorhydrique le transforme en une matière colorante bleue; les acides le précipitent de ses dissolutions dans l'eau et l'alcool; il se dissout facilement dans l'alcool bouillant, les carbonates alcalins; il forme avec les bases des sels jaunes, solubles, très-amers. MM. Knopp et Schedermann en font un acide sous le nom d'acide cétrarique.

Voici, d'après Herberger, le mode de préparation du cétrarin. On porte à l'ébullition, pendant une demi-heure, de la poudre de lichen d'Islande avec quatre fois son poids d'alcool à 83° centés.; après la cessation des vapeurs, on passe, on exprime; on ajoute de l'acide chlorhydrique étendu; on mêle au liquide quatre fois environ son volume d'eau, et on abandonne le mélange pendant douze heures dans un ballon fermé.

On décante alors, et on recueille le dépôt formé, qu'on divise encore humide en petits fragments; on le lave avec de l'alcool ou de l'éther, et on le traite par deux cents fois son poids d'alcool bouillant; par le refroidissement de la liqueur, le cétrarin se précipite en grande partie, et on peut obtenir le reste en éliminant l'alcool.

La lichénine est inodore, insipide, analogue par sa composition à la fécule ordinaire, insoluble dans l'eau froide, l'alcool, l'éther, soluble dans l'eau chaude et la potasse. L'ébullition prolongée dans l'eau la transforme en dextrine ; les acides étendus en glycose ; l'acide nitrique, en acide oxalique.

Voici, avec quelques rapides indications sur leur préparation, les principales formes sous lesquelles on administre le lichen d'Islande :

Tisane. On fait bouillir dans l'eau 10 grammes de lichen; on jette cette première eau, qui contient en dissolution la plus grande partie du principe amer; on lave avec de l'eau froide; on fait bouillir de nouveau avec une quantité d'eau suffisante pour qu'au bout d'une demi-heure elle soit réduite à un litre; on passe, et on édulcore avec du sucre, du miel, etc.

Saccharure ou gelée sèche. On fait bouillir dans quantité d'eau suffisante 1000 gr. de lichen. On jette l'eau de la première décoction, on lave à l'eau froide, et on porte de nouveau à l'ébullition pendant une heure.

Cela fait, on passe, on exprime, on laisse reposer, puis on décante. On ajoute 1000 gr. de sucre ; on évapore au bain-marie. La matière qui reste doit être de consistance ferme ; on la dessèche à l'étuve et on la réduit en poudre fine.

Gelée. On fait bouillir ensemble : saccharure

de lichen, 75 grammes ; sucre blanc, 75 gr. ; eau, 150 gr. On écume, et on coule la gelée dans un vase contenant 10 gr. d'eau de fleurs d'oranger. — Pour obtenir la gelée amère, on fait bouillir 5 gr. de lichen non lavé dans une quantité d'eau suffisante pour qu'après cinq minutes il en reste 150 gr. qui sont substitués aux 150 gr. d'eau de la formule précédente.

Sirop. On fait bouillir 30 gr. de lichen mondé ; on jette la première eau, et on lave à l'eau froide ; on fait bouillir de nouveau dans un litre d'eau pendant une demi heure. On passe sans expression, on ajoute 1000 gr. de sucre, et on passe lorsque le sirop marque, bouillant, 1,27 au densimètre (31° Baumé). Ce sirop s'altère très-rapidement.

Pâte. On fait bouillir 500 gr. de lichen : on jette l'eau de la première décoction, et on lave à l'eau froide à plusieurs reprises. On fait bouillir de nouveau dans une quantité d'eau suffisante pour obtenir après une heure 3000 gr. de décoction : on fait fondre dans celle-ci, au bain-marie, 2500 gr. de gomme arabique : on passe, on exprime, et on laisse reposer jusqu'au refroidissement. On décante, on ajoute 2000 gr. de sucre, puis 1 gr. 5 d'extrait d'opium dissous dans un peu d'eau. On fait évaporer jusqu'à ce que la masse se prenne en pâte ferme : on la coule alors sur une plaque de marbre huilée ; après solidification, on l'essuie et on l'enferme dans une boîte.

Tablettes. On fait fondre dans 150 gr. d'eau 50 gr. de gomme arabique en poudre avec un peu de sucre : on ajoute à ce mucilage 500 gr. de saccharure et 1000 gr. de sucre blanc. Quand la pâte est d'une consistance ferme et homogène, on la divise en tablettes du poids de 1 gramme.

Poudre. « On prépare encore une poudre de lichen d'Islande, mais pour l'obtenir il faut se servir de lichen non privé de son principe amer. Cette poudre est rarement prescrite, bien qu'elle soit cependant une bonne manière d'administrer le principe amer du lichen. On peut, avec de la poudre de lichen et quelques gouttes de sirop de sucre, préparer un électuaire qui peut être administré chaque jour à la dose de 4 à 10 grammes. (1) »

Le lichen d'Islande a été recommandé dans le traitement de la bronchite chronique, de l'asthme humide, de l'hémoptysie, de la phthisie, de la diarrhée et de la dysenterie chroniques. Il peut être rangé dans la catégorie des remèdes adoucissants et émollients.

Ses vertus pectorales sont problématiques. « Il est inutile d'insister aujourd'hui sur l'impuissance radicale des préparations de lichen, quelles qu'elles soient, en présence de tubercules confirmés. Mais il ne faut pas laisser croire que cette substance ait une efficacité spéciale sur telle autre lésion des bronches ou des poumons, ou sur tel symptôme de leurs maladies ; sans doute elle ne vaut pas moins, mais elle ne vaut pas mieux que diverses substances féculentes, mucilagineuses, et à ce titre émollientes, qui peuvent être indifféremment prescrites pour calmer la toux en atténuant l'action irritante de l'air à l'origine de la muqueuse aérienne ; car l'action béchique des médicaments émollients ne va pas au-delà, ainsi que nous l'avons, il y a bien longtemps, démontré. Une action plus profonde, une action pectorale de la part du lichen, est complètement inadmissible. (2) »

(1) T. Gobley, in *Dictionnaire encyclopédique des sciences médicales*, Série II, Tome II, p. 535.

(2) D. de Savignac, in *Dict. encyc. des sc. médic.*, S. II, T. II, p. 535.

L'action du lichen d'Islande sur l'organisme a une double origine : ses propriétés nutritives et son principe amer. Les premières sont certainement utiles pour les individus débilités, qui doivent leur faiblesse à de longues maladies des bronches ou des poumons. Mais elles sont inférieures en efficacité aux agents reconstituants les plus ordinairement employés, et elles n'auraient de valeur qu'unies au principe amer du lichen.

Or, dans les préparations pharmaceutiques, ce principe n'est presque jamais conservé, et il ne reste au remède que sa vertu alimentaire. Il serait préférable de l'administrer non lavé, et dans ce cas il pourrait être efficace. Mais les malades ne l'acceptent généralement pas ainsi, à cause de son amertume, qui, analogue à celle du *quassia amara*, est plus intense encore et plus désagréable.

Pour combattre la fièvre, le lichen d'Islande ne peut être employé qu'avec son principe amer, et encore, même dans ces conditions, est-il la plupart du temps inefficace ou insuffisant. Des essais tentés avec le cétrarin, qui est tonique et fébrifuge, ont donné de meilleurs résultats ; les doses, qu'il faut régler avec prudence, ne doivent pas dépasser 30 centigrammes.

Le cétrarin exerce une action purgative à laquelle il faut prendre garde ; on devrait diminuer les doses s'il agissait trop vivement sur les intestins. A cette faculté purgative se joint une vertu vermifuge, mieux marquée dans d'autres espèces plus amères.

Cladonia pyxidata, qui a une odeur désagréable, et, comme la plupart des lichens, une saveur amère, a été usité en décoction contre la toux, la coqueluche et même la phthisie. On employait également dans les maladies de poitrine, pour combattre le crachement de sang, la leucorrhée, la diarrhée, *Sticta pulmonacea* (fig. 79), dont la saveur est salée, nauséeuse, amère. On en a

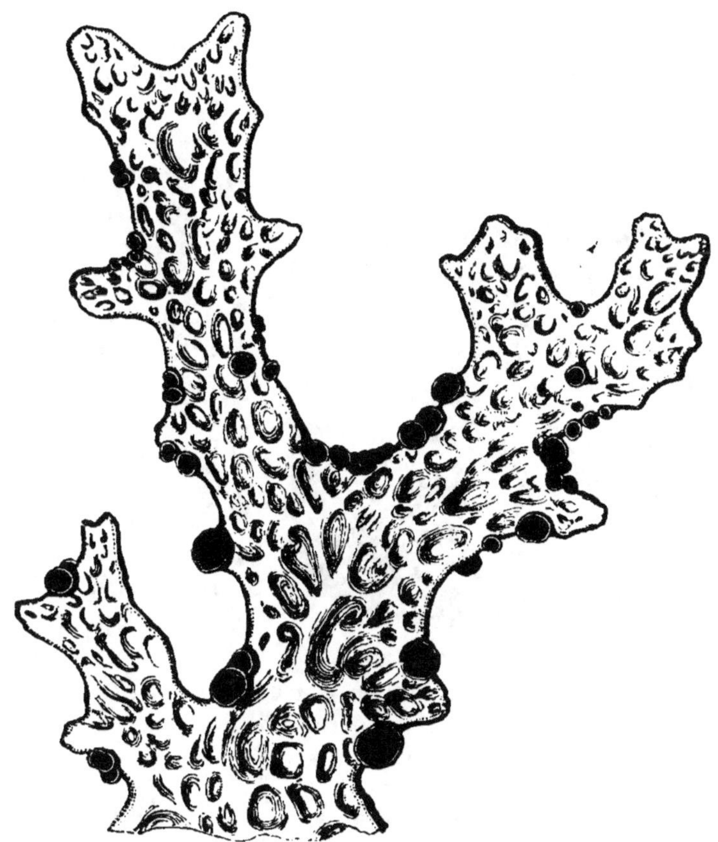

Fig. 79. — *Sticta pulmonacea.*

fait de plus un succédané du houblon dans la fabrication de la bière.

Le *Peltigera canina* a été recommandé dans l'hydropisie, l'asthme convulsif; on l'a considéré longtemps comme un spécifique contre la rage.

Les diverses variétés de l'Usnée barbue avaient leur utilité : la var. *barbata* comme astringent dans la diarrhée, les pertes blanches par atonie ; la var. *plicata*, mousse ou lichen de chêne, contre la coqueluche ; la var. *hirta*, contre la chute des cheveux.

On a utilisé contre la diarrhée et l'ictère le *Xanthoria parietina*, reconnaissable à son thalle d'un beau jaune, étalé en rosette sur les arbres, les parois, les rochers.

La variolaire (*Pertusaria amara*, *fig.* 80), si commune sur les troncs, pourrait être employée comme tonique amer et fébrifuge. « Son amertume est comparable à celle du sulfate de quinine, dont il est le meilleur succédané, suivant quelques médecins. Il s'administre sous la forme pilulaire de préférence à toute autre ; poudre, de 1 gr. à 1 gr. 5. pour combattre les fièvres paludéennes intermittentes (1). »

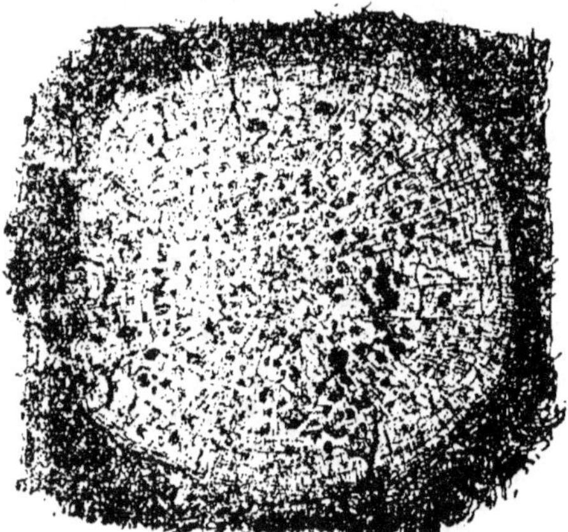
Fig. 80. — *Pertusaria amara.*

Propriétés alimentaires. — Aucun lichen n'est vénéneux : la plupart doivent au contraire à la fécule contenue dans le thalle de pouvoir servir d'aliment. Tous ne sont pas utilisés, soit parce que leur forme ne se prête pas à cet usage, soit parce que leurs vertus ne sont pas connues. Voici les espèces qui servent de nourriture à l'homme ou aux animaux.

(1) A. Bossu. *Botanique et plantes médicinales*, 4ᵉ éd. p. 520.

Cladina rangiferina (fig. 81.) — Quand l'air glacial du sommet des montagnes ou des contrées boréales tue toute autre végétation, cette espèce, grâce à sa vitalité résistante, dresse encore ses digitations que les rennes savent découvrir sous la neige, et qui constituent la base de leur nourriture. Macéré dans l'eau et mêlé avec de

Fig. 81. — *Cladina rangiferina.*

la paille hâchée, ce lichen sert à engraisser les chèvres, les moutons et les bœufs.

Stereocaulon paschale. — Sert de nourriture aux Rennes.

Evernia prunastri. — « Les Turcs préparent leur pain avec de l'eau dans laquelle ils ont fait bouillir ce lichen ; elle donne à la pâte une saveur qui leur plaît. » (Mouton-Fontenille).

Cetraria islandica. — Le lichen d'Islande est employé comme aliment chez les peuples du Nord, qui le réduisent en poudre et le mêlent aux farines des céréales pour la confection de leur pain ; ils le donnent aussi en nourriture à leurs bestiaux.

La pâte devient nutritive après l'ébullition ; mais cette ébullition, qui chasse les principes amers, a l'inconvénient de dissoudre en partie les éléments alimentaires du thalle. Il serait préférable, pour enlever l'amertume qui seule empêche le peuple d'en faire sa nourriture dans les pays pauvres, de faire macérer le lichen dans une faible dissolution alcaline (carbonate de potasse. 1, eau, 300), puis de le laver ; on peut alors l'employer frais, ou le faire sécher pour le conserver.

Lecanora desertorum. Dénomination spécifique imposée par M. de Krempelhuber à plusieurs formes de Lécanore décrites pas Pallas sous le nom de *Lichen esculentus* et par Everssmann sous les noms de *L. esculenta*, *L. affinis* et *L. fruticulosa*. Elles ont toutes pour caractère commun un thalle libre de toute attache, roulé sur lui-même, crustacé, épais, coriace, blanc intérieurement, rugueux et grisâtre extérieurement ; les apothécies sont peu nombreuses, à peine saillantes, immergées.

Les individus se répandent à certains moments sur la terre, avec le nostoch commun. En 1828, d'après une relation de Parrot, une pluie de Lécanore comestible couvrit le sol, dans plusieurs endroits de la Perse, d'une couche de 15 à 20 cent. d'épaisseur. Cette manne inattendue servit à la nourriture des habitants et des bestiaux. D'autres pluies analogues ont été plus récemment signalées. L'espèce paraît avoir des propriétés nutritives, dues surtout à la fécule contenue dans le thalle : les animaux, toutefois, qui en sont nourris, ne prospèrent pas. Il est probable que la lécanore comestible ne se développe pas loin de tout support ; Léveillé et M. de Krempelhuber pensent qu'elle est arrachée par les vents aux rochers où elle croît, et qu'elle est ensuite répandue sous forme de pluie.

Propriétés tinctoriales. — La plupart des lichens contiennent, comme nous l'avons dit, des principes chromogènes représentés par des acides. Sous l'influence de divers réactifs, ces acides donnent des teintures plus ou moins fixes.

Toutes les espèces peuvent être employées à cet usage ; toutefois, on n'utilise plus guère aujourd'hui que quelques formes qui offrent en quantité suffisante les substances colorantes, les Roccelles.

L'ancienne industrie avait fait de nombreuses expériences sur les propriétés tinctoriales des lichens : voici, pour les espèces les plus communes, les résultats que ces expériences avaient donnés : nous les empruntons pour la plupart à Mouton-Fontenille (1).

Cladonia pyxidata. Peut fournir une teinture d'un gris verdâtre.

Cladina rangiferina. Fournit, par sa macération avec le sulfate de fer (Fe O. SO^3) une teinture rubigineuse.

C. uncialis. Macéré quinze jours dans l'urine avec de la chaux vive, ce lichen se change en une pâte qui, par l'addition d'une solution d'étain, donne une teinture d'un gris-cendré.

Stereocaulon paschale. Macéré dans l'eau avec de l'alun et du sulfate de fer, fournit une teinture d'un vert cendré.

Roccella tinctoria. (*fig.* 82) Varech maritime, Rocelle des Teinturiers ; Rocelle ; Orseille des Canaries. — Macéré dans l'urine avec de l'ammoniaque et de la chaux vive, ce lichen fournit une pâte d'un bleu obscur foncé, qu'on appelle Orseille en pâte. « Cette pâte qui a été

____

(1) Mouton-Fontenille, *Système des plantes, extrait et traduit des ouvrages de Linné*, t. IV, p. 377 et seqq.

très anciennement connue, donne une teinture
pourpre, violette, et suivant les réactifs, fauve
pourpre, rouge pourpre. (M.-F.)

On a encore aujourd'hui recours à ce procédé
pour obtenir l'orseille, mais en le modifiant légè-

Fig. 82. — *Roccella*.

rement. On isole et on concentre les substances
colorantes, on les sépare de la charpente du lichen, qui n'en contient qu'une quantité infime,
et on les mêle à de l'ammoniaque ; la réaction
donne naissance à un produit colorant peu fixe.

Usnea barbata. Donne sans réactif une teinture verte, et par l'action d'une solution d'étain
et d'alun, une teinture rouge fauve.

Cornicularia vulpina. Fournit une teinture jaune.

Evernia prunastri. Donne par sa macération dans l'eau avec du sulfate de fer une teinture brune ou rouge.

Ramalina fraxinea. Teint en gris blanc. On en pourrait, étant donné sa consistance coriace, fabriquer un carton très résistant.

Cetraria islandica. Fournit, suivant les réactifs, une teinture jaune, fauve ou brune.

Peltigera canina. Peut donner une teinture ocracée.

Sticta pulmonacea. Fournit une teinture brune ou roussâtre assez fixe.

Parmelia olivacea. Avec l'alun et le sulfate de fer, donne une teinture cendrée, fauve ou rougeâtre.

Xanthoria parietina. Teinture cendrée, passant à l'ocracé sous l'action du sulfate de fer.

Lecanora tinctoria Fée. Thalle diffus, granuleux, rouge, rugueux. Très abondant sur les arbres du Brésil ; on en retire une belle laque violette. On croit que c'est la plante analysée par Vauquelin sous le nom de cochenille végétale.

L. parella. Parelle, orseille d'Auvergne. Fournit une teinture rouge. « On le recueille en râclant les rochers (D. C). »

Comme on peut le voir par ces rapides indications, les lichens occupent une place importante dans l'économie de la nature. Leur rôle physiologique est double ; comme les autres plantes diurnes, ils absorbent l'acide carbonique pour exhaler de l'oxygène, et purifient ainsi l'atmosphère que nous respirons comme eux, mais qui nous fournit l'élément qu'ils rejettent, et de plus, leur décomposition fournit un substratum fertile aux générations de plantes plus élevées qui leur succèdent sur les rochers déserts où la vie ne s'était pas montrée avant eux.

Le double principe que toutes les espèces renferme leur donne des propriétés médicinales et des propriétés nutritives : on a oublié les premières, mais les habitants des pays froids, l'homme comme les animaux qui le servent, connaissent les secondes, et savent que sous la neige, en petites expansions filamenteuses, croît un lichen nutritif, destiné à remplacer les productions qu'une terre ingrate leur refuse.

A la fois aliments et remèdes, n'ont-ils pas droit à notre attention, ne sont-ils pas dignes de notre intérêt, ces petits êtres qui, non contents d'être utiles, se rendent encore agréables en répondant, grâce à leurs propriétés tinctoriales, à un besoin créé par la civilisation, le luxe et l'élégance du vêtement ?

CHAPITRE XI

ÉTUDE DES LICHENS

Récolte. — Culture. — Conservation.

Récolte. — La récolte des lichens pour l'étude se
fait absolument comme une herborisation ordinaire, et l'on n'a même pas besoin, si l'on désire se
borner à l'examen d'un petit nombre d'échantillons, de s'embarrasser des instruments qu'on emporte d'habitude dans les excursions botaniques,
déplantoir, boîte à plantes.

Les seuls outils indispensables sont un bon
couteau et une petite scie de poche, pour détacher les individus des arbres, leur substratum
ordinaire. Les espèces qui viennent à terre n'y
adhèrent que par quelques radicules, et il est en
général facile de les en séparer, surtout si l'on
prend la précaution d'enlever avec le thalle les
brindilles superficielles, menues branches, débris
de mousses ou de feuilles sur lesquels il s'est développé, et qu'il faut ensuite détacher avec précaution, sous peine de le déchirer.

Il est plus malaisé de se procurer de bons specimens des espèces qui croissent sur les rochers,
parce que leurs expansions, en général crustacées, y sont si intimement appliquées qu'on les
croirait une simple efflorescence de la pierre.

On arrive quelquefois, en glissant entre la
pierre et le thalle une lame mince, à en enlever
une portion suffisante ; le plus sûr moyen de réussir à se procurer les individus entiers, si on veut
les transporter, est de détacher avec eux une partie de la pierre qui les porte : pour les conserver,
on enlève ensuite le plus qu'on peut de cette por-

tion de pierre, les maladresses étant alors faciles à réparer, puisqu'on peut réunir dans leur situation normale les fragments du thalle.

Même pour les espèces corticoles, je conseille d'ailleurs d'employer également ce procédé de récolte; les thalles étant le plus souvent orbiculaires, une incision circulaire oblique permet de détacher la portion d'écorce sur laquelle ils se développent: le ligneux enlevé, il est avantageux de fixer dans l'herbier cette portion d'écorce avec l'individu qu'elle porte, puisque souvent la forme des variétés dépend de la nature du substratum et ici en particulier de l'état lisse ou crevassé de la cuticule, et de la direction des fibres corticales.

Il est utile d'emporter dans les herborisations une petite trousse à réactifs, contenant surtout des solutions de potasse caustique et de chlorure de chaux, qui, par la coloration qu'elles donnent à la médulle de certains thalles, permettent de distinguer les espèces ayant de la valeur de leurs congénères très communes.

Pour transporter les specimens, on peut avoir une boîte spéciale à cryptogames; si l'on ne récolte que des lichens, il est plus simple de les placer dans un portefeuille ou dans la poche de l'habit.

La récolte des lichens peut se faire en toute saison, puisqu'on les trouve en fructification à toutes les époques de l'année.

On devra préférer cependant un temps humide à un temps sec, parcequ'alors la couleur du thalle est plus vive, attire davantage le regard, et de plus, qu'elle se montre diverse pour des espèces qui, en temps de sécheresse, apparaîtraient uniformes, et risqueraient ainsi, à une simple inspection, d'être confondues.

La connaissance des habitats ne peut pas être

d'un grand secours pour la recherche des lichens.

Nous avons vu, en effet, que de nombreuses espèces sont indifférentes sur le choix de leur substratum, et qu'on les trouve soit à terre, soit sur les rochers, soit sur les arbres, sans distinction d'essence.

Il y a cependant des stations générales où l'on ne rencontre jamais de lichens normalement évolués : c'est ainsi qu'il est inutile de s'approcher des arbres très jeunes, des murailles neuves, des terrains souvent remués, des champs cultivés, et de visiter les bois très touffus, les cryptes, les caves, les carrières fermées : ces stations sont réservées aux champignons.

Les lichens préfèrent les vieux arbres, le bord des routes, les allées et les lisières des bois, les vieux murs, les toits, les rochers durs et de formation ancienne.

Quelques-uns ont des habitats constants ou presque constants, et qu'il est utile de connaître si l'on veut s'en procurer des échantillons ; comme nous les avons indiqués au premier chapitre de ce livre, nous n'y reviendrons pas ici.

Culture. — La science lichénographique comprend deux parties assez distinctes, mais cependant dans une complète dépendance l'une de l'autre, l'étude des formes, soit au point de vue des caractères des organes, soit au point de vue de leur relation, et l'étude des phénomènes vitaux dont ces formes sont le théâtre.

Nous avons réduit à deux les fonctions générales des lichens : la nutrition renfermant à la fois la respiration, l'absorption, l'assimilation, l'élaboration, d'où dérivent la composition et les réactions chimiques, et la reproduction qui comprend deux étapes nettement séparées, la formation des germes et l'évolution des individus qui en sont le résultat.

Il est évident que la nutrition ne peut utilement s'étudier que sur les spécimens encore placés dans le milieu normal où ils se sont développés : ce milieu est une résultante de circonstances caloriques et hygrométriques qu'on ne peut pas modifier sans risquer de transformer en même temps les aptitudes physiologiques, soit en les paralysant, soit en leur imprimant une plus grande activité : d'où il suit qu'on ne peut jamais affirmer que les phénomènes vitaux observés sur un lichen transporté loin de son lieu d'origine sont bien ceux qu'on constaterait sur le même lichen dans sa station habituelle.

La connaissance des circonstances extérieures qui s'adaptent le mieux au développement des lichens doit par conséquent s'acquérir sur place, c'est-à-dire, dans la nature telle qu'elle se manifeste spontanément ; cette connaissance doit être le fruit de nombreuses observations particulières, car il est bien certain que toutes les espèces de lichens n'ont pas les mêmes habitudes, ne sont pas susceptibles de se plier au même genre de vie, et cela pour la seule raison que leurs formes sont très diverses.

Il en résulte qu'on ne peut donner, pour l'accomplissement de la nutrition, d'indication générale, sauf pour les conditions élémentaires sans lesquelles la vitalité est absolument impossible chez les lichens, la lumière plus ou moins vive, par exemple, et une température qui s'élève au moins par intervalles au dessus de zéro.

Si l'étude des conditions générales de la vie des lichens ne peut se faire que dans les lieux où ils naissent, il n'en est pas de même des phénomènes ou actes successifs de la nutrition, qui

ne se trouvent nullement influencés par les
agents extérieurs, et qui, les circonstances nécessaires se trouvant réunies, sont sous la seule
dépendance des forces physicochimiques, orientées dans une direction donnée par le principe
vital inhérent aux organismes, et particulier à
chacun d'eux.

Par le fait même qu'un lichen vit, dans quelque milieu qu'on le suppose, il absorbera constamment ses aliments selon le mode qui lui est
propre, et de plus, le résultat de l'élaboration de
ces aliments au sein de ses tissus sera toujours
la production des éléments qui le constituent
et dans la proportion spéciale à son espèce.

Il peut se faire cependant que cette proportion
varie accidentellement, sous une influence qu'il
appartient à la science de définir, et crée ainsi
des races physiologiques, différant de leurs types non par la forme mais par les aptitudes ; ces
variations s'obtiennent artificiellement en modifiant la nature des éléments véhiculés par l'eau
dans la charpente hyphique ; c'est ainsi que l'introduction dans l'organisme de certains oxydes mé-
talliques suffit à altérer et à transformer la couleur de la cuticule du thalle et des apothécies.

La composition chimique ne dépend pas sensiblement des circonstances ambiantes ; elle se
révèle par l'analyse. Quant à la respiration, il
est indispensable pour l'étudier de faire varier
l'intensité de la lumière, puisque nous avons vu
que la prédominance de l'acte phyllochlorien sur
la respiration animale est en raison directe de
cette intensité ; on ne peut arriver à un résultat
utile que par une culture des individus adultes,
puisque dans les stations normales le degré d'intensité de la lumière est nécessairement invariable.

On arrive parfaitement, étant donné leur vitalité très résistante et leur grande faculté d'adaptation, à cultiver pendant un temps suffisant les lichens qu'on veut étudier, en les maintenant artificiellement dans les conditions que réunit le milieu où ils se développent spontanément.

Quoiqu'ils n'empruntent rien à leur substratum, et qu'ils n'aient avec lui aucune relation physiologique, il est nécessaire de ne pas détruire leurs attaches avec ce substratum, probablement parce que leur organisme lésé par l'effort souvent violent qu'il faudrait employer pour les en détacher, les prédisposerait à se désagréger.

Il convient par suite, si l'on veut conserver aux individus leur activité vitale, d'enlever avec eux une large portion de leur substratum ; les lichens terrestres ne font pas exception.

Une fois récoltés, on les exposera de préférence vers l'ouest et dans la situation qu'ils occupaient normalement, et on leur fournira une humidité modérée ; il ne faut jamais les plonger dans l'eau, car ils ont besoin pour vivre d'être en contact direct avec l'oxygène de l'air.

L'étude des fonctions de reproduction nécessite une culture plus directe, prenant l'individu à son point de départ, dans son germe, pour le suivre dans son évolution complète, dans la différenciation successive de ses organes jusqu'à la formation des thécaspores qui deviendront l'origine d'une répétition multipliée des mêmes phénomènes.

La germination des spores des lichens s'obtient beaucoup plus facilement que celle des spores des champignons, et elle n'exige pas ordinairement l'emploi de préparations spéciales ; l'eau pure suffit généralement.

Si l'on veut s'arrêter à l'étude des premiers

phénomènes, de la formation du tube-germe, et des entrecroisements rudimentaires de ses ramifications, deux méthodes s'offrent pour obtenir la germination.

La première consiste à déposer la spore entre deux lames de verre, dans une goutte d'eau : on lute la préparation de manière à empêcher l'évaporation et l'introduction de corpuscules étrangers : il faut avoir soin de laisser autour de la goutte d'eau contenant la spore une petite quantité d'air.

La seconde consiste, comme pour l'étude du même phénomène chez les champignons, à suspendre à la face inférieure d'une lamelle de verre très mince, une goutte d'eau contenant la spore à étudier : on place cette lamelle sur un petit tube de verre, haut de 4 à 5 millim., et scellé avec de la cire ou de la poix sur un porte-objet ordinaire; pour éviter l'évaporation trop rapide, on dépose au fond du tube quelques gouttes d'eau destinées à saturer l'appareil.

La principale difficulté consiste à isoler la spore, et surtout à ne pas laisser s'introduire des spores d'une autre espèce : ce dernier accident aurait cependant moins d'inconvénient que pour les champignons, où le développement primitif est très analogue à ce qui se passe chez une foule d'êtres inférieurs, schizomycètes, saccharomycètes, ce qui pourrait faire croire à un polymorphisme : chez les lichens, la marche générale de la germination étant connue, l'erreur serait vite réparée, et en tout cas on ne serait pas exposé à prendre le résultat d'une maladresse pour un phénomène normal.

Si l'on veut suivre le développement de l'individu au delà de la production des hyphes germinatifs, on pourra semer les spores sur un substratum poli, où il soit facile de les retrouver avec la loupe : car sous le microscope on ne pourrait guère suivre le développement du thalle ; toutefois, dans cette méthode d'observation, le succès est moins certain, parce que, si la germination de la spore ne réclame qu'un peu d'humidité, les circonstances qui doivent entourer normalement l'évolution de l'appareil végétatif entier, dans sa forme spécifique, sont assez nombreuses et assez complexes pour n'être que difficilement réunies.

Pour arriver à une formation complète et rapide de l'individu lichénique, il est indispensable de mettre au voisinage de la spore des gonidies de la même espèce ; c'est cette méthode qui est employée dans la synthèse des lichens, et elle donne généralement de bons résultats.

Peut-être même ne serait-il pas absolument nécessaire de faire intervenir des gonidies de la même espèce, mais simplement des gonidies analogues ; la grande similitude morphologique de ces organes leur donne certainement des propriétés très analogues, et il n'est pas impossible que la charpente hyphique d'un type se développe avec tous ses caractères sur le stratum gonidial d'un type voisin, de même que, dans un autre ordre d'idées, nous voyons, chez les phanérogames, le pollen d'une espèce féconder les ovules d'une espèce alliée.

D'après MM. de Krempelhuber, Nylander, Tulasne et les homœogonidistes, l'introduction des gonidies ne serait qu'accidentelle, et la seule formation normale serait la production directe d'essaims de gonidies dans les hyphes uniques du cortex, production difficile à voir en raison de l'épaisseur déjà considérable de la zone corticale à l'époque où elle a lieu.

Les essais synthétiques nous paraissent démontrer que le développement régulier des lichens est dû à la réunion, à la fusion des deux éléments ; il est donc plus sûr, pour provoquer ce développement, de mettre les gonidies au voisinage de la spore ; il est probable cependant, quand même cette condition ne pourrait pas être remplie, que le thalle, en vertu de ses aptitudes particulières, différencierait un stratum vert.

Pour l'étude de la différenciation des organes, de la fécondation, de la formation et de l'évolution de l'ébauche apothécienne, elle ne nécessite pas une culture directe ; la marche progressive des phénomènes peut très bien être vue sur des échantillons du même type pris à différents âges, partant, à différents degrés de développement.

Conservation. — Deux méthodes s'offrent pour l'établissement des collections de spécimens destinés à l'étude. La première consiste à les conserver simplement tels qu'on les récolte, en rognant toute la partie inutile du substratum ; ils demeurent ainsi parfaitement intacts, comme les insectes, et ne s'altèrent en aucune manière ni dans leurs formes, ni dans leurs couleurs.

La seconde, qui est la seule pratique pour former un herbier, consiste à comprimer les échantillons et à les fixer sur des feuilles de papier.

Nous conseillons d'employer à cet usage, comme pour les champignons, des feuilles blanches doubles formant chemise, et d'un format plutôt petit.

Pour les espèces crustacées ou appliquées, on enlève simplement avec un instrument tranchant le plus qu'il est possible du substratum, et on fixe sur le papier la portion de ce substratum restée adhérente au lichen ; on soumet le tout à une pression modérée.

Quant aux espèces foliacées, on pourrait les dessécher comme les plantes phanérogames, entre des doubles de papier buvard, et les coller alors sur le papier.

Toutefois, comme les lichens sont réviviscents, ce travail préparatoire devient généralement inutile, la colle liquide pénétrant dans les tissus, les distendant, gonflant les gonidies, et redressant les lobes, de telle manière que tout est à recommencer.

Il nous paraît plus avantageux de comprimer d'abord légèrement les échantillons, puis d'étendre sur leur page inférieure une couche de gomme arabique dissoute dans l'eau, cela fait, de les fixer sur le papier, de les recouvrir d'une feuille de papier buvard et de les mettre sous presse.

Le tout sèche en même temps, et si l'on a soin de changer fréquemment le papier buvard, on obtient par cette méthode de très beaux spécimens.

Il est utile de joindre à ces spécimens le dessin à la chambre claire de leurs hyphes, de leurs gonidies, de leurs paraphyses, de leurs thèques et surtout de leurs spores, avec l'indication de leurs dimensions et de la couleur qu'elles prennent sous l'influence de la solution iodée ; la nature du substratum, la couleur du thalle à l'état sec et à l'état humide, la nuance du thalame, la station, la localité, et la date de la découverte.

Pour l'étude anatomique, on peut établir des coupes du thalle et de l'apothécie, que l'on conserve soit à sec, soit dans une goutte de glycérine, entre deux plaques de verre lutées avec le ciment spécial ordinairement employé pour ces préparations.

Toutefois, si l'on emploie les réactifs pour les colorer, les spécimens conservés s'altèrent souvent rapidement, et ne forment plus bientôt que des linéaments indistincts ; dans ce cas, on fera bien d'isoler par l'acide sulfurique, et de conserver à part quelques spores, ces éléments étant indispensables pour la détermination.

CHAPITRE XII

TAXONOMIE LICHÉNOLOGIQUE

Divers systèmes de classification. — Description des principales espèces françaises.

Le nom de *lichen* (λειχήν) remonte à Dioscorides : il se trouve également dans Pline, où il désigne à la fois les mousses, les algues et les lichens. Tournefort en fit le premier un terme générique, et l'appliqua à toute la classe des lichens. La physiologie lichénique date de Micheli, qui réfuta l'hypothèse de l'hétérogénie, admise jusque là pour expliquer la naissance de ces êtres, et découvrit la reproduction végétative par les gonidies.

Linné, tout en conservant le genre unique établi par Tournefort, le subdivisa en neuf sections : *Lichenes leprosi tuberculati*, à thalle lépreux et à réceptacles en tubercules ; *leprosi scutellati*, lépreux à apothécies scutellœformes ; *imbricati*, à lobes thallins imbriqués ; *foliacei*, à thalle en fronde ; *coriacei*, à expansions coriaces ; *umbilicati*, à thalle ombiliqué ; *scyphiferi*, à podéties dilatées en scyphes ; *fruticulosi*, fruticuleux ; *filamentosi*, filamenteux.

La première distinction des genres remonte à Hill (1751) et à Adanson (1763). Elle fut continuée par Hoffmann, qui n'utilisa que des caractères tirés du thalle ; l'emploi des caractères de la fructification doit être attribué à Persoon et Schrader.

Classification de de Candolle. — La classification de de Candolle, parue au commencement de ce siècle, résume et combine judicieusement les éléments fournis par ses prédécesseurs ; beaucoup de ses genres, très naturels, sont restés dans la science ; la plupart n'ont subi que peu de modifications.

Voici son système dans ses traits principaux :

1° Thalle crustacé. Apothécies s'ouvrant par une fente ou un pore.

Opegrapha. Thalle lichénoïde très mince, portant des réceptacles oblongs ou linéaires, marqués en dessus d'une fente longitudinale simple ou rameuse.

Verrucaria. Thalle mince ; réceptacles subglobuleux, enfoncés ou proéminents, d'abord fermés, puis ouverts par un pore.

Pertusaria. Thalle mince ; verrues thallines s'ouvrant par plusieurs pores.

2° Thalle peu adhérent, pulvérulent. Apothécies nulles ou pulvérulentes.

Lepra. Croûte étalée ; réceptacles nuls.

Coniocarpon. Croûte à peine sensible. Couleur de la poussière des réceptacles différant de celle du thalle.

Variolaria. Croûte solide. Poussière des réceptacles concolore à la croûte.

3° Réceptacles insérés sur des tiges.

Isidium. Tiges très courtes, à bases confluentes, formant une croûte épaisse ; apothécies en tubercules terminaux.

Sphærophorus. Tiges distinctes, solides ; réceptacles contenant une poussière noirâtre.

Stereocaulon. Tiges arborescentes, solides, pulvérulentes ; apothécies éparses, d'abord planes, puis convexes et ridées.

Cornicularia. Tiges solides, lisses ou à peine pulvérulentes ; apothécies terminales, membraneuses.

Usnea. Tiges très rameuses, pleines, contenant une nerville distincte du cortex ; apothécies éparses.

Roccella. Tiges pleines, sans nerville, couvertes d'une poussière glauque ; apothécies éparses.

Cladonia. Tiges fistuleuses, simples ou rameuses, non dilatées au sommet.

Scyphophorus. Tiges fistuleuses, dilatées au sommet en entonnoir (scyphe) pourvu d'un diaphragme.

Helopodium. Tiges fistuleuses percées au sommet.

4° Réceptacles sessiles ou pédonculés, insérés sur une simple croûte grenue.

Bæomyces. Réceptacles en tubercules fongueux, subglobuleux, rougeâtres, souvent stipités.

Calycium. Réceptacles souvent stipités, subéreux, noirs.

Patellaria. Réceptacles coriaces, toujours sessiles, concaves ou convexes, à excipule propre (*margo*) ou thallin (*cinctura*).

5° Réceptacles en écussons placés sur ou entre des écailles foliacées appliquées.

Rhizocarpon. Hypothalle noir, formant des linéoles entre les écailles ; réceptacles insérés entre les lobes.

Psora. Thalle à lobes tuberculeux ou squameux portant des apothécies latérales.

Urceolaria. Réceptacles d'abord innés, concaves, rebordés.

Volvaria. Réceptacles d'abord innés, globuleux, caducs.

Squammaria. Réceptacles adnés ; écailles foliacées en rosette.

6° Réceptacles insérés sur des feuilles.

Placodium. Thalle non gélatineux ; rosette poudreuse au centre, effigurée à la marge.

Collema. Thalle gélatineux homœomère.

Imbricaria. Thalle non gélatineux ; rosette

formée de lobes imbriqués, divergents, souvent rhiziniféres.

Physcia. Thalle non gélatineux ; lobes libres subascendants, cespiteux, glabres, souvent ciliés.

Lobaria. Thalle non gélatineux : lobes membraneux, coriaces, à divisions larges, arrondies, rhiziniféres; apothécies éparses à la face supérieure, subsessiles.

Sticta. Thalle non gélatineux ; lobes membraneux, larges, à surface inférieure souvent garnie de nervures, et offrant des cyphelles : apothécies superficielles.

Peltigera. Thalle non gélatineux : lobes grands, arrondis, rhiziniféres : apothécies peltées, marginales, souvent voilées dans leur jeune âge.

Umbilicaria. Thalle non gélatineux, monophylle ou polyphylle à lobes attachés par le centre ; apothécies superficielles, noires, à thalame ordinairement marqué de rides concentriques ou disposées en spirale.

Endocarpon. Thalle non gélatineux, subcartilagineux, attaché par le centre : apothécies enchâssées dans la substance même de la feuille, protubérantes à la superficie ; pore ostiolaire peu distinct.

Ce système repose sur les véritables bases de la classification lichénologique, à savoir la forme du thalle en combinaison avec les caractères de la fructification. Toutefois ces considérations sont encore superficielles, et les éléments de détermination ne sont empruntés qu'aux détails extérieurs de l'organisme ; ces détails, qui constituent d'excellents signes spécifiques, puisqu'ils sont les corrélatifs obligés des aptitudes, de leur orientation et de leur mode d'accomplissement, n'ont qu'une importance secondaire dans l'établissement des genres.

Classification de Fries. — C'est encore à eux qu'ont eu recours Fries et Schærer pour créer leurs systèmes ; mais l'emploi qu'ils en ont fait a été plus judicieux, et témoigne d'une idée plus complète de l'adaptation de la forme aux propriétés physiologiques dont elle est douée, aux lois qui la régissent ; bien qu'ils aient rarement fait intervenir le microscope, ils sont arrivés, par la seule étude de la structure externe, aux conclusions admises par la science moderne sur les révélations de la micrographie ; en outre, ils s'en sont servis, non plus, comme de Candolle, pour définir les caractères spécifiques, mais surtout pour donner aux genres des limites précises.

La classification de Fries date de 1831 (1). Sa base fondamentale est la forme des apothécies dans ses rapports avec leur développement ; les considérations secondaires sont empruntées à la nature et à l'aspect du thalle. Voici le tableau de ses ordres et de ses genres :

I. GYMNOCARPI.

Apothécies ouvertes, discifères.

1. — Parmeliaceæ. — Disque arrondi, persistant, bordé par un excipule thallin.

A. Usneaceæ. Disque ouvert. Thalle subvertical ou pendant sarmenteux, centripète, dépourvu d'hypothalle.

1. *Usnea*. Apothécies orbiculaires, peltées ; disque ouvert, reposant sur une couche médullaire filamenteuse. Couche corticale du thalle séparable de la couche médullaire.

2. *Evernia*. Ap. orbiculaires, scutellæformes ; disque ouvert, coloré, reposant sur une couche

(1) E. FRIES. *Lichenographia europæa reformata, Lundæ*, 1831.

médullaire, filamenteuse. Thalle stuppeux fistuleux ou contenant des filaments médullaires.

α. *Cornicularia*. — Sarmenteuses ; ap. latérales.

β. *Dufourea*. — Sarmenteuses : ap. terminales.

γ. *Physcia*. — Foliacées.

3. *Ramalina*. Ap. orbiculaires, scutellæformes ; disque concolore, reposant sur une couche gonidiale verte. Thalle subcartilagineux uniforme.

4. *Roccella*. Ap. orbiculaires, scutellæformes ; disque noir pruineux reposant sur une couche charbonneuse. Thalle cartilagineux coriace.

5. *Cetraria*. Ap. obliquement bordées, peltæformes, nues. Thalle ascendant, glabre en dessous.

B. Parmelieæ. Disque d'abord fermé. Thalle horizontal, centrifuge, muni d'un hypothalle.

6. *Peltigera*. Ap. peltæformes, innées, souvent couvertes d'un velum membraneux. Thalle foliacé, coriace, velu en dessous, souvent veiné. Cyphelles nulles.

α. *Nephroma*. — Ap. inférieures.

β. *Peltidea*. — Ap. supérieures terminales.

γ. *Solorina*. — Ap. supérieures superficielles.

7. *Sticta*. Ap. naissant en forme de nucleus sous la couche gonidiale, puis paraissant au dehors en disques nus, à marge thalline subdiscolore. Thalle foliacé, coriace, velu en dessous, souvent muni de cyphelles.

8. *Parmelia*. Ap. scutellæformes, d'abord fermées, à marge thalline concolore. Pas de couche charbonneuse sous le disque. Thalle foliacé ou crustacé, en dessous discolore ou adhérent.

I. — Thalle foliacé, distinct. adhérent à l'hypothalle.

α. *Imbricaria*. — Disque membraneux, nu, posé sur une couche gonidiale. Thalle foliacé, membraneux, imbriqué.

β. *Physcia*. — Disque céracé, pruineux subvoilé, reposant sur une couche médullaire. Thalle foliacé, étalé, quelquefois ascendant.

II. — Thalle rapidement granuleux squamuleux. Hypothalle fibrilleux.

γ. *Amphiloma*. — Thalle largement foliacé. Excipule thallin.

δ. *Psoroma*. — Thalle étroitement squamuleux. Ap. dimorphes : celles du thalle à excipule thallin, celles de l'hypothalle à excipule propre.

III. — Thalle crustacé, effiguré à la marge. Hypothalle glabre.

ε. *Placodium*. — Ap. planes, scutellœformes, à disque immarginé nu.

ζ. *Psora*. — Ap. scutellœformes suburcéolées, à disque bordé ordinairement couvert d'une pruine bleuâtre.

IV. — Thalle crustacé uniforme.

η. *Patellaria*. — Ap. planes, scutellœformes, à disque immarginé non pruineux.

θ. *Urceolaria*. — Ap. tuberculeuses ou urcéolées, à disque submarginé pruineux.

9. *Dirina*. Ap. scutellœformes, d'abord tuberculeuses, à marge concolore au thalle. Disque reposant sur une couche charbonneuse. Thalle crustacé.

10. *Gyalecta*. Ap. urcéolées, d'abord fermées, puis diversement déhiscentes, à limbe libre coloré et à disque subgélatineux. Thalle crustacé.

2. — *Lecidineæ*. — Disque subarrondi, persistant : excipule propre d'abord découvert, puis recouvert ; disque en tête.

11. *Stereocaulon.* Ap. turbinées, puis en tête, pleines, portées sur des podéties intérieurement filamenteuses.

12. *Cladonia.* Ap. en coupe, bientôt renflées en tête, nues, souvent confluentes, difformes, portées sur des stipes creux. Thalle d'abord crustacé ou squamuleux.

13. *Bœomyces.* Ap. globuleuses, immarginées, creuses, voilées, embrassant à la base le stipe. Thalle horizontal crustacé.

14. *Biatora.* Ap. discoïdes, pleines, céracées, nues, à marge propre céracée plus pâle, souvent en tête. Thalle crustacé.

15. *Lecidea.* Ap. d'abord ouvertes, patelliformes ou hémisphériques, bordées par un excipule propre charbonneux, noir. Disque contigu, égal, rarement papilleux, corné ou céracé. Thalle crustacé.

3. — Graphideæ. — Disque difforme, souvent lirellæforme; excipule propre.

16. *Umbilicaria.* Ap. variables, d'abord fermées, puis ouvertes: excipule charbonneux. Disque fendillé ou se partageant en lirelles déhiscentes ou en sphères.

17. *Opegrapha.* Ap. lirellæformes: excipule propre subcharbonneux, noir, libre, d'abord connivent et fermé, à disque canaliculé fendu longitudinalement. Thalle crustacé.

18. *Lecanactis.* Ap. difformes, allongées; excipule charbonneux souvent confluent avec le thalle; disque plan pruineux subvoilé.

19. *Coniocarpon.* Ap. adhérentes apprimées, difformes, en lirelles, se divisant en sores composés de spores colorées.

4. — Calicieæ. — Disque globuleux ou orbiculaire, tombant en spores nues. Excipule propre.

20. *Coniocybe.* Ap. sphériques, stipitées, im-

marginées, tombant en poussière du sommet.

21. *Calycium*. Ap. cratériformes, à disque tombant en spores nues.

II. Angiocarpi.

Apothécies fermées, nucléifères.

5. — Sphærophoreæ. — Excipule thallin ; ap. fermées, lacérodéhiscentes. Thalle vertical.

22. *Sphærophoron*. Ap. terminales, sphériques, lacérodéhiscentes, à nucleus noir pulvérulent.

23. *Siphula*. Ap. dilatées, terminales, lacérodéhiscentes, à nucleus céraceogélatineux discolore.

6. — Endocarpeæ. — Excipule thallin, d'abord fermé, puis ouvert par un pore ostiolaire. Thalle horizontal, le plus souvent crustacé.

24. *Endocarpon*. Ap. enfermées dans le thalle ; excipule thallin membraneux pâle. Nucleus gélatineux coloré. Thalle foliacé.

25. *Sagedia*. Ap. immergées. Excipule thallin membraneux. Nucleus gélatineux noir.

26. *Chiodecton*. Ap. verrucœformes, formées de la couche médullaire venant faire saillie au dehors, et entourant des nucleus céracéogélatineux noirâtres.

27. *Pertusaria*. Ap. thallines, verrucœformes. Nucleus nus céracéogélatineux colorés.

7. — Verrucarieæ. — Périthécies à excipule propre fermé, à ostiole contigu ; nucleus subdéliquescent hyalin. Thalle crustacé.

28. *Segestria*. Pas de stroma thallin. Périthécies dénudées, céracéomembraneuses, colorées, à ostiole simple.

29. *Verrucaria*. Pas de stroma thallin. Péri-

thécies solitaires, proéminentes, charbonnées, très noires; ostiole simple.

8. — Limborieæ. — Excipule propre charbonneux d'abord clos, puis irrégulièrement déhiscent.

30. *Pyrenothea*. Périthécies charbonnées, fermées, ostiolées, à nucleus subgélatineux fatiscent, puis déhiscentes.

31. *Cliostomum*. Périthécies charbonnées, fermées, puis plissées, ridées, à rides enfin déhiscentes.

32. *Limboria*. Périthécies charbonnées, d'abord fermées, puis déchirées en lanières étalées rayonnantes.

33. *Strigula*. Périthécies charbonnées, fermées. Plante subépiphylle.

Classification de Schærer.— Ces divers genres, établis sur des caractères purement extérieurs, vérifiés par l'étude anatomique des éléments, se sont trouvés pour la plupart très naturels; ils n'ont guère subi que des modifications de détail. Ils ont été repris par Schærer (1), dont la classification n'est originale que par la disposition donnée aux groupes généraux, disposition qui témoigne d'une notion plus juste des rapports et des affinités des types. Nous nous contenterons par suite d'indiquer les ordres adoptés dans ce système, leurs caractères et leur enchaînement.

1. *Usneacei*. Thalle filamenteux, à filaments cylindriques, coriaces, formés d'une nerville entourée d'un cortex facile à détacher. Thalame pelté, souvent bordé de fibrilles thallines, reposant sans excipule particulier aux extrémités des ramuscules du thalle, dilatées en disque.

---

(1). L. E. SCHÆRER, *Enumeratio critica lichenum europæorum*, Bernœ, 1850.

2. *Cornicularii*. Thalle filamenteux, ou linéaire lacinié, ascendant ou décombant. Excipule thallin, orbiculaire, terminal ou latéral; thalame de couleur variable.

3. *Cetrariacei*. Thalle foliacé ou subfistuleux, ascendant ou dressé, la plupart du temps réticulatolacuneux. Excipule particulier nul; thalame pelté adhérant obliquement aux lobules du thalle.

4. *Peltidei*. Thalle foliacé, coriace ou membraneux, étalé ou ascendant, laciniélobé, en dessous tomenteux ou veiné, adhérant au substratum par de rares rhizines fibrilleuses. Excipule propre nul; thalame pelté, adhérant horizontalement ou verticalement aux lobes du thalle.

5. *Umbilicarii*. Thalle foliacé, étalé, en dessous fibrilleux ou nu, adhérent par un seul point central, monophylle, lobé, ou polyphylle et dans ce cas embriqué. Apothécies toujours noires. Excipule propre charbonné, orbiculaire, marginé; thalame quelquefois lisse ou papilleux, normalement marqué de sillons qui délimitent par la rupture de l'excipule des lirelles rayonnantes.

6. *Parmeliacei*. Thalle foliacé, lacinié ou squamuleux, étalé ou ascendant, discolore en dessous. Excipule thallin, orbiculaire, le plus souvent attaché seulement par le centre; thalame concave ou plan, quelquefois convexe; couleur variable.

7. *Lecanorini*. Thalle crustacé, effiguré ou uniforme. Excipule thallin, orbiculaire, normalement adhérent par toute sa face inférieure: thalame plan, concave ou convexe; couleur variable.

8. *Lecidini*. Thalle crustacé. Excipule propre, toujours orbiculaire; thalame concave, plan ou convexe, plein.

9. *Graphidei*. Thalle crustacé, uniforme. Excipule propre, charbonneux, d'abord orbiculaire,

puis allongé : thalame comme fendu par la réflexion de la marge.

10. *Calicioïdei*. Thalle crustacé, normalement formé de tubes solides cohérents. Thalame pulvérulent, tantôt reposant sur un excipule particulier, propre, charbonné, turbiné, tantôt fixé à l'extrémité du stipe.

11. *Sphærophorei*. Thalle fruticuleux, d'un glauque cendré, puis roussâtre, plein. Thalame pulvérulent, ramassé, noir. Excipule thallin sphérique, lacérodéhiscent, reposant sur les extrémités des ramuscules du thalle.

12. *Cladoniacei*. Thalle crustacé ou formé de petites squamules phylloïdes, portant des stipes creux ou pleins, simples ou rameux. Thalame solide, turbiné ou sphérique, régulièrement inséré sur un stipe, et manquant le plus souvent de réceptacle excipulaire.

13. *Verrucarii*. Thalle crustacé. Excipule propre, sphérique, reposant soit sur le thalle, soit sur une verrue thalline, et renfermant un thalame (nucleus) gélatineux.

14. *Pertusarii*. Thalle crustacé. Excipule thallin, verrucœforme, comprenant plusieurs loges ou périthécies renfermant chacune un nucleus gélatineux ou céracé.

15. *Endocarpei*. Thalle foliacé ou squamuleux. Apothécie renfermée dans le thalle : excipule sphérique, propre, membraneux, s'ouvrant à la fin, à la page inférieure, par un ostiole allongé ayant un pore central ; nucleus gélatineux, rougeâtre, puis noir.

16. *Crustacei*. Apothécies inconnues. Thalle crustacé lépreux.

17. *Collemacei*. Lichens discifères, scutellifères, à cellules gonimiques mélangées aux autres (hyphes).

Classifications de Nägeli, de Nylander et de Th. Fries. — Les systèmes modernes basés sur l'étude microscopique des éléments sont ceux de Nageli, où n'interviennent guère que les caractères des spores; de M. Nylander, qui a établi ses grandes divisions sur la considération des rapports des couches du thalle, et de M. Th. Fries, dont les ordres reposent sur la forme des gonidies.

Nous ne les suivrons pas dans leurs détails, pour la raison que nous reprenons dans notre classification les familles établies dans ces trois systèmes, en n'en modifiant, pour ainsi dire, que la disposition taxonomique, nous basant sur l'enchainement des formes tel que nous l'avons établi dans un précédent chapitre.

La grande préoccupation des classificateurs semble être d'établir une série linéaire de familles, procédant directement les unes des autres, d'où il résulte nécessairement que pour un grand nombre d'entre elles les analogies sont forcées, arbitraires, peu conformes à la réalité naturelle.

Nous prévenons nos lecteurs que nous n'avons eu aucunement en vue d'arriver à ce résultat, pour la raison qu'il nous paraît impossible.

Classification de l'auteur. — Nous avons dû disposer nos familles à la suite les unes des autres, mais il ne s'ensuit pas de là que la forme qui termine l'une d'entre elles serve de passage, de transition à la forme qui commence la famille suivante. Nous avons, au contraire, autant que nous l'avons pu, indiqué le parallélisme des groupes et leur origine morphologique, de telle manière qu'il soit possible de reconnaître si deux familles consécutives s'expliquent l'une par l'autre, ou si elles procèdent d'un type commun.

Le point de départ de notre classification repose sur la forme des cellules vertes : les groupes généraux sont établis sur le mode d'évolution du thalle et les formes qui en résultent : quant aux caractères anatomiques nous ne les avons fait intervenir que d'une manière secondaire, persuadé qu'ils sont toujours en rapport avec l'organisation extérieure.

A. — Gonimiés.

Cellules vertes représentées par des gonimies solitaires ou en glomérules, et caractérisées par une pellicule enveloppante très mince.

I. — FAMILLE DES COLLÉMACÉS.

Procède des Algues par le Nostoch. Thalle homœomère, gélatineux à l'état humide, submembraneux à l'état sec, lobé, lacinié, rarement subfruticuleux. Apothécies lécanorines ou biatorines par le développement imparfait de la marge thalline. — État inférieur représenté par des expansions composées d'hormogonies flexueuses renfermées dans une gangue gélatineuse.

Collemopsis Nyl.

Thalle cartilagineux, granuleux, fendillé, lâchement celluleux. Apothécies innées, concaves. Spores simples.

C. cæsia N. Thalle bleuâtre. Apothécies roussâtres. Gélatine hyméniale bleuissant sous l'action de l'iode, les thèques devenant fauves. — Rochers calcaires.

Collema Ach.

Thalle granuleux, membraneux ou gélatineux, comprenant des syngonimies filamenteuses disposées sans ordre. Apothécies brunes ou rougeâtres, lécanorines ou biatorines. Spores le plus souvent multiloculaires moniliformes.

C. microphyllum Ach. Thalle subcrustacé arrondi ou irrégulier, formé de très nombreux lobes squamuleux, divergents, entiers ou déchiquetés. Apothécies brunes, d'abord concaves, puis convexes et presque noirâtres. Spores ovoïdes elliptiques. — Troncs.

C. nigrescens Ach. Thalle orbiculaire, à lobes arrondis divergents, verdâtres à l'état frais, noirs à l'état sec. Apothécies turbinées roussâtres. Spores étroites fusiformes. — Troncs, presque toujours stérile.

C. mœlenum Nyl. Thalle membraneux, d'un vert foncé, déchiqueté, crépu ; apothécies d'un brun pourpre, lécanorines, orbiculaires, planes. Spores ovoïdes elliptiques. — Sur la terre et les rochers humides.

Leptogium Nyl.

Thalle crustacé ou foliacé, homœomère, mais à éléments internes protégés par un cortex formé d'hyphes arrondis. Apothécies lécanorines. Spores multiloculaires, plus rarement simples. Gélatine hyméniale bleuissant par l'iode.

L. lacerum Fr. Thalle d'un vert glauque, grisâtre à l'état sec, membraneux, mince, à lobes denticulés ou déchiquetés, crépus sur les bords. Apothécies éparses, peu nombreuses, petites, rouges. — Sur les mousses.

II. — FAMILLE DES PANNARIÉS.

Procède des Algues par le Colléma. Thalle hétéromère, mais à stratum vert composé d'hormogonimies. Apothécies lécanorines ou biatorines. Spores simples.

Pannaria Del.

Caractères de la Famille.

P. nigra Huds. Thalle d'un noir bleuâtre, à lobes très petits convexes, opaques, gélatineux. Apothécies convexes, noires, d'abord lécidéines. puis biatorines. — Sur les pierres calcaires.

B. — Gonidiés.

Cellules vertes représentées par des gonidies solitaires ou en glomérules, et caractérisées par une membrane enveloppante assez épaisse.

III. — FAMILLE DES LÉCIDÉINÉS.

Procède des Algues par le *Protococcus* et du *Pannaria* par la disposition stratifiée des éléments du thalle. Thalle variable, le plus souvent crustacé, quelquefois effiguré à la marge. Apothécies lécidéines. Excipule propre, quelquefois oblitéré ou atrophié. Thalame ordinairement convexe, de couleur diverse, noir, brun, rougeâtre, rose, orangé. Gélatine hyméniale devenant, sous l'action de l'iode, bleue, jaune, ou d'un rouge vineux, plus rarement restant incolore; thèques se colorant souvent à leur partie terminale. Spores le plus souvent ellipsoïdes, simples, sporoblastées, cloisonnées ou murales. Spermogonies globuleuses ou ovalaires, noires ou rougeâtres. solitaires ou en petits groupes et alors mêlées aux apothécies. Pycnides très rares, éparses ou occupant des points d'insertion constants.

Gyalecta Ach. ex parte.

Thalle crustacé subtartareux, obscur ou coloré.

Apothécies urcéolées ; excipule d'abord fermé, puis déhiscent, à limbe élevé distinct. Thalame d'abord convexe subglobuleux, puis étalé plan.

G. cupularis Ach. Thalle mince, glabre, rouge. Apothécies éparses, cupuliformes, concaves, assez grandes ; thalame d'un rose vif ; excipule épais, blanchâtre, subcrénelé. Spores parenchymateuses. — Sur les pierres calcaires.

G. Prevostii Fr. Thalle crustacé. Apothécies innées, lirellœformes, à limbe ondulé très entier, blanchâtre ; thalame d'un rose incarnat. — Roches calcaires.

G. exanthematica DC. Thalle grisâtre, mince, irrégulier. Apothécies incrustées dans la pierre, petites, d'abord tuberculeuses et fermées, puis ouvertes en une coupe à excipule épais, proéminent, blanchâtre : thalame plan, couleur chair. — Sur les pierres calcaires.

G. Acharii Fr. Thalle d'un testacé pâle ou ocracé ferrugineux, fendillé. Apothécies innées, urcéolées, rouges. — Sur le granit.

Psora DC. ex p.

Thalle obscur, crustacé, effiguré à la marge ou entièrement radié plissé. Apothécies concaves ou subplanes, à thalame noir, rarement coloré ; excipule propre.

P. canescens Ach. Thalle blanchâtre, pulvérulent, orbiculaire, à lobes adhérents, soudés, visibles seulement à la marge ; apothécies centrales, d'abord planes, puis convexes, orbiculaires, de 1 mm. de diamètre ; excipule blanchâtre ; thalame d'un noir glauque. — Troncs.

P. mamillaris Fr. Thalle aréolé verruqueux, d'un blanc glauque, lobé à la marge ; apothécies nues, excipule très mince. — Rochers.

P. candida DC. Thalle formé de tubercules

squameux, recouvert d'une poussière blanche adhérente, et ne changeant pas de couleur quand on l'humecte. Apothécies planes ; excipule mince ; thalame d'abord couvert d'une pruine glauque. — Terrestre.

P. cinereovirens Fr. Thalle aréolé squameux, à squames réniformes lisses, d'un vert cendré obscur, glabres en dessous et blanches à la marge ; apothécies marginées couvertes d'une pruine bleuâtre. — Sur les rochers.

P. vesicularis Ach. Thalle à tubercules rhizinifères, divisés en lobes obtus, renflés, d'un gris sale, passant au vert quand on les humecte. Apothécies noires ou légèrement bleuâtres, latérales, d'abord arrondies et excipulées, puis irrégulières et sans excipule. — Terrestre, parmi les mousses.

P. opuntioïdes Vill. Thalle non rhizinifère ; tubercules foliacés convexes, renflés, obtus, sinueux, entremêlés et redressés, d'un gris sale à l'état sec, d'un beau vert à l'état humide. Apothécies terminales, puis latérales, petites, excipulées, d'un noir glauque. Spores disporoblastées. — Terrestre.

P. squalida Ach. Thalle rugueux, plissé, squamuleux, roussâtre. Apothécies adhérentes, convexes, intérieurement blanches. — Terrestre.

P. opaca Dufour. Thalle orbiculaire, noirâtre, à tubercules renflés, à marge radiée plissée. Apothécies adhérentes, nues ; thalame noir, excipule très mince. — Rochers.

P. epigœa Fr. Thalle rugueux, plissé, à marge laciniée lobée, d'un jaune verdâtre, rapidement déliquescent pulvérulent. Apothécies à thalame noir et à excipule mince. — Sur la terre stérile.

Xanthopsis

Thalle crustacé, jaune, composé de tubercules confluents, mais distincts. Apothécies latérales, à excipule propre s'oblitérant souvent.

X. Wahlenbergii Fr. Thalle d'un beau jaune, à folioles tuberculeuses renflées, lobées, épaisses, arrondies. Apothécies entièrement noires, planes ; excipule mince, d'abord régulier, puis irrégulier. — Terrestre.

Lecidea Ach. exp.

Hypothalle noir. Thalle d'abord aréolé, obscur ou coloré, jamais jaune, adhérent, crustacé, uniforme. Apothécies le plus souvent noires, céracées ou coriaces, lécidéines. Spores simples ou cloisonnées. Thèques ordinairement à 8, quelquefois à 1, 2, 4, 20, 100 spores.

L. albocœrulescens Ach. Thalle aréolé blanchâtre ou rubigineux, mince, lisse, irrégulier, quelquefois à peine visible. Apothécies proéminentes, planes, d'un noir glauque ; excipule très noir, quelquefois prolifère et irrégulier. — Rochers.

L. immersa Ach. Thalle aréolé blanchâtre, mince, peu apparent. Apothécies orbiculaires, planes ou convexes, enfoncées dans la pierre et caduques ; thalame noir ; excipule noir proéminent. Sur les pierres calcaires.

L. clavus Ramond. Thalle aréolé mince, blanc, subpulvérulent. Apothécies noires, d'abord sessiles, puis fortement proéminentes, presque pédicellées, convexes, larges de 5 à 6 mm. — Roches calcaires, Pyrénées.

L. contigua Fr. Thalle aréolé-uniforme étalé, d'un blanc de lait. Apothécies éparses, planes, d'un gris glaucescent, recouvertes d'une pruine glauque ; excipule proéminent, épais, couvert dans sa jeunesse d'une poussière blanche. — Roches calcaires.

L. platycarpa Fr. Thalle aréolé très mince, d'un rubigineux grisâtre. Apothécies larges de 4 mm., éparses, très noires, d'abord hémisphériques, concaves; excipule d'abord bien apparent, puis disparaissant progressivement. — Rochers.

L. lapicida Ach. Thalle aréolé, gris, cendré ou glauque, quelquefois très épais. Apothécies nombreuses, innées, souvent confluentes, quelquefois réunies par bandes concentriques ; thalame noir : excipule très mince, orbiculaire ou angulé. — Rochers.

L. fuscoatra L. Thalle aréolé mince, d'un brun foncé. Apothécies noires, très petites, convexes. — Rochers et murs.

L. confluens Fr. Thalle aréolé mince, d'un gris sombre. Apothécies noires, convexes, inégales, d'abord orbiculaires et excipulées, puis irrégulières et à excipule oblitéré. — Rochers.

L. atrobrunnea Ramond. Thalle aréolé, à squamules blanches intérieurement, noirâtres extérieurement, non confluentes. Apothécies latérales, arrondies ou irrégulières, noires; excipule noir luisant. — Rochers.

L. biformis D C. Thalle aréolé, fendillé, jaunâtre. Apothécies noires en dehors, blanches en dedans, d'abord orbiculaires et innées, puis irrégulières et proéminentes, convexes ; excipule très mince. — Rochers.

L. leucoplaca D C, (non Fr.) Thalle aréolé, d'un blanc de lait, sans périthalle, mince, orbiculaire. Apothécies noires, orbiculaires, concaves ; excipule entier, puis crénelé. Spores brunes à trois cloisons. — Sur l'écorce lisse des peupliers.

L. parasema Ach. Thalle aréolé mince, verdâtre, grisâtre ou blanchâtre, très adhérent, presque toujours bordé par un périthalle noir ; apothécies noires, d'abord planes et excipulées, puis convexes et sans excipule. Spores hyalines, simples. — Ecorces.

L. albozonaria D C. Thalle aréolé jaunâtre, rarement muni d'un périthalle. Apothécies à nucleus noir entouré d'une zône blanche. — Ecorces.

L. enteroleuca Fr. Thalle aréolé, d'abord contigu et glaucescent, pulvérulent, à périthalle noir. Apothécies adnées : excipule mince ; thalame blanc intérieurement. — Troncs.

L. sanguinaria L. Thalle pulvérulent granuleux, mince, cendré, glauque à l'état humide. Apothécies éparses, hémisphériques, noires, marquées au centre d'une tache d'un rouge vif ; thèques monospores. — Ecorces et rochers.

L. alboatra Fr. Thalle pulvérulent granuleux, un peu fendillé, plus ou moins épais ; apothécies éparses, concaves, d'abord noirâtres, puis glaucescentes et convexes. — Sur les écorces.

L. sabuletorum Ach. Thalle cendré ou roussâtre, cartilagineux, fendillé aréolé. Apothécies noires, à thalame nu et à excipule caduc. Spores fusiformes, 1-5 septées. — Sur les rochers, la terre et les arbres.

L. milliaria Fr. Thalle d'un cendré blanchâtre ou roussâtre, souvent lépreux pulvérulent. Apothécies subimmarginées nues, noirâtres intérieurement. Excipule creusé en coupe.

L. myriocarpa D C. Thalle granuleux gris à l'état sec, verdâtre à l'état humide. Apothécies extrêmement nombreuses, très petites, noires, biatorines, ridées dans un âge avancé, larges de 0, 5 mm. — Dans l'intérieur des saules creux.

Rhizocarpon Ramond ex p.

Thalle uniforme jaune, à squamules souvent limitées par des linéoles hypothallins noirs. Apothécies lécidéines noires.

R. morio D C. Thalle lisse, à aréoles polygones, d'un jaune cuivré ; hypothalle noir. Apothécies hypothallines, planes, excipule mince. — Granit.

R. armeniacum D C. Squamules d'un jaune abricot, peu convexes, ridées. Ap. noires, hypothallines, planes, subsillonnées. — Roches calcaires.

R. geographicum D C. Hypothalle noir. Squamules arrondies ou irrégulières, d'un jaune verdâtre. Apothécies hypothallines, planes, d'un noir mat, arrondies ou lirellœformes. Excipule mince, concolore. Spores parenchymateuses. — Rochers de quartz.

Biatora Fr.

Thalle crustacé uniforme ou effiguré à la marge. Apothécies à thalame souvent coloré et à excipule oblitéré. Spores simples ou septées.

B. glebulosa Fr. Thalle squamuleux d'un blanc glauque ; squamules crustacées imbriquées, arrondies, crénelées ; apothécies sessiles, rougeâtres ; excipule très mince, plus pâle, rapidement caduc.

B. decipiens Hedw. Squamules distinctes, appliquées, concaves, rouges ; apothécies biatorines, noires, convexes, latérales. Spores simples ovoïdes, elliptiques. Terrestre, sur les côtes.

B. tabacina D C. Thalle grumeleux, blanc intérieurement, couleur tabac extérieurement ; squamules convexes, bosselées ; apothécies noires, planes ou un peu convexes, à excipule rapidement oblitéré. — Rochers schisteux.

B. lurida Ach. Thalle d'un brun bronzé ; squamules arrondies, puis lobées et irrégulièrement imbriquées, à page inférieure blanche ; apothécies latérales, noires, éparses, convexes ; excipule nul. — Rochers.

B. olivacea Fr. Thalle crustacé adhérent, d'un vert olivâtre ; squamules appliquées, blanches en dessous ; apothécies sessiles, planes, puis convexes, rougeâtres, blanches à l'intérieur ; excipule nul. — Rochers calcaires.

B. pachycarpa Fr. Thalle uniforme tartareux, glaucescent ; hypothalle blanc ; thalame rougeâtre ; excipule cupuliforme. — Sur la terre et les troncs pourris.

B. rosella Pers. Thalle d'un gris verdâtre, granuleux, mince. Apothécies nombreuses, proéminentes, couleur chair, d'abord cupuliformes, puis à excipule oblitéré. — Écorces.

B. vernalis Hoffm. Thalle granuleux, mince, d'un vert grisâtre. Apothécies sessiles, charnues orbiculaires, d'abord concaves, puis planes, enfin convexes. Excipule rapidement caduc. Thalame d'un rouge fauve. Spores ordinairement simples. — Écorces.

B. campestris Fr. Thalle très mince, granuleux pulvérulent, d'un verdâtre pâle ; hypothalle membraneux. Apothécies testacées ; excipule cupuliforme substipité, à marge déchirée pruineuse.

B. decolorans Fr. Thalle granuleux, mince, verdâtre ; apothécies biatorines, d'abord lisses, enfin ridées, noirâtres. — Vieux troncs.

B. Mougeotiana DC. Thalle mince, verdâtre ou grisâtre, granuleux. Apothécies à excipule mince ; thalame brun rougeâtre. — Terrestre.

B. mixta Fr. Thalle cartilagineux crustacé, d'un glauque blanchâtre ; apothécies adnées ; excipule annulaire bientôt oblitéré. Thalame d'abord

rosé ou livide, enfin fauve rougeâtre ou noirâtre.
— Écorces.

B. erysibe Fr. Thalle tartareux spongieux d'un
vert olivâtre : ap. d'un jaune brun, blanches intérieurement. — Murs.

B. rivulosa Fr. Thalle tartareux gris pâle : ap.
brunâtres, puis noirâtres, blanches intérieurement. — Écorces et rochers.

B. panœola Fr. Thalle aréolé verruqueux d'un
brun cendré. Hypothalle noir. Ap. hypothallines, d'abord rougeâtres ou livides, puis brunes
et noirâtres. — Rochers.

B. uliginosa Ach. Thalle granuleux, subspon-
gieux, brun. Ap. concaves, à excipule concolore,
puis convexes et sans excipule : thalame noir.
— Terre et mousses, dans les lieux humides,
les tourbières.

B. exigua Fr. Thalame granuleux ocracé pâle
à linéoles noires. Ap. presque sans excipule, d'un
brun jaunâtre pâle. — Écorces.

B. quernea Fr. Thalle pulvérulent ocracé
blanchâtre : hypothalle noir. Ap. innées convexes brunes, sans excipule. — Chênes.

Chrysomma.

Thalle jaunâtre ou verdâtre crustacé. Apothécies biatorines d'un orangé rougeâtre. Spores
ordinairement simples.

C. ochraceum Sch. Thalle tartareux lisse ocracé. Ap. innées, d'un jaune doré. — Rochers.

C. testaceum DC. Thalle squamuleux verdâtre glaucescent ; squamules subimbriquées ondu-
latolobées, blanches à la marge et en dessous. Ap.
sessiles, convexes, orangées, intérieurement blanches. — Rochers.

C. aurantiacum Fr. Thalle granuleux d'un
jaune verdâtre. Ap. sessiles, d'un fauve orangé,

planes ou un peu convexes, à excipule presque nul. — Arbres et rochers.

C ferrugineum Fr. Thalle cendré, orbiculaire, granuleux. Ap. d'un brun rouge ferrugineux, concaves et munies d'un excipule pâle, puis planes ou irrégulièrement convexes, sans excipule. — Écorces.

IV. — FAMILLE DES UMBILICARIÉS.

Procède, pour l'appareil végétatif, des Lécidéinés. — Thalle foliacé, étalé, rhizinifère ou glabre inférieurement, adhérent par un seul point central, monophylle ou polyphylle à lobes imbriqués. Apothécies noires, lécidéines; thalame plissé ou papilleux. Spores simples ou parenchymateuses.

Umbilicaria Ach.

Thalle foliacé, ombiliqué. Apothécies d'abord fermées, puis ouvertes; excipule charbonneux; thalame fendillé.

U. pustulata Fr. Thalle d'un vert brun à l'état humide, ombiliqué, orbiculaire, bosselé, à rhizines noires souvent très rameuses. Ap. éparses, d'abord concaves et lisses, puis planes et ridées. — Rochers.

U. atropruinosa Sch. Thalle coriace, d'un noir fuligineux, lisse et atropruineux en dessous. Apothécies élevées, excipulées, très lisses.

U. polyphylla Hoffm. Thalle membraneux, lisse et glabre, souvent abondamment lobé, noir ou bronzé en dessus, noir en dessous, vert à l'état humide. Ap. subglobuleuses; thalame marqué de spires concentriques. — Rochers.

U. hyperborea Hffm. Thalle d'un brun foncé, arrondi, à marge déchiquetée; surface inférieure papilleuse; ap. grandes, noires, irrégulières, très ridées. — Rochers.

U. erosa Hffm. Thalle membraneux noir, lacinié en dentelle à la marge. Ap. noires, d'abord ombiliquées, puis irrégulièrement ridées. — Rochers.

U. proboscidea D C. Thalle rhizinifère glauque en dessus, jaunâtre en dessous. Ap. turbinées ou inversement coniques, marquées de sillons concentriques. — Rochers.

U. vellea Fr. Thalle lobé, gris, blanchâtre en dessous, à rhizines piliformes; ap. sillonnées, enfoncées, saillantes en dessous. — Rochers.

U. hirsuta D C. Thalle à rhizines partant de nervures anastomosées rayonnantes. Ap. non enfoncées. — Rochers.

U. polyrrhizos St. Thalle arrondi lobé, crispé, d'un brun bronzé; page inférieure noire, couverte d'un duvet court, épais, entrelacé. Ap. sub globuleuses, convexes, marquées de rides spirales.

V. — FAMILLE DES GRAPHIDÉS

Procède des Lécidéinés selon une direction divergente de celle des Umbilicariés. Thalle homogène uniforme souvent indéterminé, mince, épiphléode ou hypophléode. Apothécies lirellœformes allongées, simples ou rameuses. Spores le plus souvent cloisonnées, quelquefois simples.

Graphis Ach.

Thalle mince ou très mince, épiphléode ou hypophléode; apothécies noires, linéaires, innées; excipule propre. Spores incolores ou brunes, oblongues, multiseptées, se colorant ordinairement en bleu, à l'état adulte, sous l'influence de l'iode; gélatine hyméniale insensible à l'action de ce réactif. Paraphyses grêles, allongées, distinctes. Spermaties droites ou un peu courbées, très petites.

G. *elegans* Fr. Thalle mince, blanchâtre, lisse ou ridé ; ap. proéminentes, linéaires, sinueuses, ordinairement simples, noires, offrant un sillon central correspondant au thalame et deux sillons latéraux sur l'excipule. — Sur le houx.

G. *scripta* Ach. Assez variable et très commun. Thalle pulvérulent ou crustacé, blanc, gris glaucescent ou jaunâtre ; apothécies enfoncées, linéaires, simples ou rameuses, à sillon recouvert d'une pruine glauque. — Sur presque toutes les écorces.

G. *Medusula* Pers. Thalle blanc, très mince ; apothécies rameuses, à rameaux rayonnants en étoile ; disque à peine concave. — Écorces.

G. *dendritica* Fr. Thalle hypophléode. Ap. innées, souvent rayonnantes, à marge thalline très mince ; disque plan nu. — Écorces.

Opegrapha Pers.

Thalle mince ou presque nul. Apothécies noires, superficielles, non innées, linéaires, lancéolées ou ovales, arrondies ou linéaires, allongées droites ou flexueuses ; excipule propre ; disque plan ou plus souvent canaliculé ; thèques 8-spores ; spores incolores, ovales subfusiformes, pauciseptées, insensibles à l'action de l'iode, tandis que, sous l'influence de ce réactif, la gélatine hyméniale se colore en rouge.

O. *petræa* Fr. Thalle d'un blanc rubigineux épais, aréolé, à périthalle noir. Apothécies noires, nombreuses, canaliculées, simples ou fourchues. — Rochers.

O. *cerebrina* D C. Thalle d'un beau blanc, pulvérulent, épais. Ap. noires, ovales ou oblongues, protubérantes, profondément canaliculées. — Rochers calcaires.

O. varia Pers. Thalle sublépreux, indéterminé. Apothécies superficielles noires, renflées, disque subplan, d'abord pruineux. — Écorces.

O. atra Pers. Thalle blanc, hypophléode, extrèmement mince. Ap. noires, luisantes, sinueuses, simples ou rameuses, profondément sillonnées. — Écorces lisses.

O. siderella Ach. Thalle très mince, d'un roux verdâtre. Ap. linéaires noires, proéminentes, à peine sillonnées. — Écorces lisses.

O. herpetica L. Thalle d'un brun olivâtre, rose ou rouge. Ap. subproéminentes, linéaires, flexueuses, noires, sillonnées. — Écorces.

VI — FAMILLE DES THÉLOTRÉMÉS

Procède, pour l'appareil reproducteur, de la précédente. Thalle crustacé. Excipule formé d'une verrue thalline, comprenant une ou plusieurs périthécies propres. Thalame subnucleiforme, gélatineux, le plus souvent coloré. Spores variables.

Thelotrema Ach.

Apothécies verrucœformes, thallines, d'abord fermées, puis ouvertes au sommet, excipulées, renfermant un nucleus bientôt déprimé en disque; excipule intérieur propre, membraneux. — Thalle crustacé.

T. lepadinum Fr. Thalle blanchâtre, boursouflé. Apothécies mastoïdes d'abord fermées, puis ouvertes au sommet, à disque bientôt déprimé en thalame d'un blanc jaunâtre ou rosé. Excipule épais, thallin. — Écorces.

Chiodecton Fr.

Apothécies verrucœformes;excipule subpulvérulent ; nucleus céracéogélatineux noirâtre ; ostiole distinct.

C. myrticola Fr. Thalle blanc, subhypophléode.
Apothécies arrondies difformes planes ; ostioles
subquadrangulaires, roussâtres.

Pertusaria DC.

Apothécies verrucœformes ; excipule thallin,
renfermant des périthécies propres contenant
chacune un nucleus subgélatineux coloré. Asques
ordinairement très grands. Thalle crustacé. Thalame souvent transformé en sorédies.

P. communis DC. Thalle épais crustacé, souvent bordé d'une zone verdâtre. Apothécies verrucœformes assez grandes, très rapprochées, à 1-
5 périthécies ; ostiole noirâtre ; thèques 1-3 spores.
Spores très grandes. — Ecorces.

P. amara Ach. Thalle étalé subpulvérulent,
presque illimité. Thèques monospores. Apothécies
presque toujours transformées en capitules sorédifères.

P. Wulfenii DC. Thalle grisâtre ou jaunâtre,
illimité, compact. Apothécies fermées de toutes
parts ; périthécies 1-4, rapidement confluentes. —
Sur les troncs.

Phlyctis Wallr.

Thalle crustacé, semblable aux expansions des
opégraphes, fendillé, crevassé, en taches irrégulières, hypophléodes. Apothécies maculœformes,
à excipule mince, propre, innées dans des verrues
thallines peu saillantes. Epithécie noirâtre. Paraphyses filiformes, quelquefois dilatées en massue,
distinctes ; thèques claviformes, contenant 1-2

spores grandes, elliptiques, acuminées, mucronées aux deux extrémités, et divisées transversalement en 12-15 étages pluriloculaires.

P. agelœa Wallr. Thalle indéterminé, d'un blanc cendré. Thalame d'abord inclus, puis découvert, noirâtre. — Troncs.

Urceolaria Ach.

Thalle crustacé, grenu ou crevassé en aréoles polygones, tantôt confluent et non visible, tantôt distinct et rayonnant à la périphérie. Apothécies innées, urcéolées, d'abord fermées. Excipule double, l'un propre charbonneux, l'autre thallin. Thèques claviformes, 4-8 spores : spores ovoïdes elliptiques, murales, à 3-5 cloisons transversales et 1-2 cloisons longitudinales ; paraphyses capillaires ou dilatées, brunâtres terminalement. Gélatine hyméniale devenant jaune sous l'action de l'iode. Stérigmates simples, courts, supportant des spermaties subglobuleuses ovoïdes.

1. — Apothécies scutellœformes, à disque plan subinné, enfin protubérant.

U. sordida Wallr. Thalle blanchâtre, fendillé, presque lisse ; apothécies nombreuses, d'abord planes, arrondies, à excipule crénelé, puis difformes et confluentes ; thalame d'abord bleu glauque, enfin noir luisant. — Rochers.

2. — Apothécies suburcéolées, innées dans des verrues thallines élevées subdistinctes.

U. cœsioalba Fr. Thalle cartilagineux, rugueux, plissé, glaucescent ; thalame subplan roussâtre ; excipule thallin irrégulier. — Rochers.

U. calcarea Fr. Thalle d'un blanc jaunâtre, ou gris, ou verdâtre, aréolé ; apothécies arrondies, à rebord saillant. — Rochers.

3. — Apothécies d'abord innées dans un thalle

lisse, puis émergentes et couronnées par une marge élevée.

U. ocellata D C. Thalle blanc épais, verruqueux. Apothécies atteignant 3-4 mm. de diamètre, étalées, aplaties ; excipule blanc très proéminent. — Rochers calcaires.

U. scruposa D C. Thalle d'un gris cendré, blanchâtre ou jaunâtre, grenu, fendillé, quelquefois subfoliolé. Apothécies éparses, d'un noir bleuâtre ; excipule crénelé. — Sur les rochers, la terre, les mousses et les grandes espèces de lichens.

VII. — FAMILLE DES VERRUCARIÉS

Procède de la précédente et forme la transition aux champignons. Offre une direction divergente représentée par l'*Endocarpon*. — Thalle variable, pelté, squameux, squamuleux, aréolé ou uniforme, quelquefois oblitéré ou nul dès la naissance. Périthécies propres ostiolées, renfermant un nucleus jaunâtre ou blanc ; excipule inné ou émergé.

Verrucaria Pers.

Thalle squamuleux, aréolé, uniforme ou lépreux, épiphléode ou hypophléode, rarement nul. Apothécies tantôt superficielles, tantôt innées, le plus souvent subglobuleuses ou coniques arrondies ; ostiole ou épithécie noirâtre. Spores variables le plus souvent septées. Spermogonies très abondantes. Stérigmates simples.

1. — Espèces saxicoles.

V. Dufourei DC. Thalle d'un gris blanchâtre, fendillé, mamelonné ; apothécies noires. — Murailles.

V. muralis Ach. Thalle d'un blanc bleuâtre, mince, lisse ; apothécies noires, globuleuses ou irrégulières ; ostiole prolongé en col. — Vieux mortiers.

V. rupestris Schrad. Thalle gris, blanchâtre, quelquefois rose, mince, lisse ; apothécies noires, globuleuses, ombiliquées, enfoncées. — Rochers.

V. nigrescens P. — Thalle mince, d'un brun noirâtre irrégulier. Apothécies noires coniques, luisantes. — Rochers.

V. macrostoma DC. — Thalle épais, fendillé, brun ; apothécies noires, nombreuses, enfoncées, déhiscentes par un col saillant ; ostiole large. — Murs.

2. — Espèces corticoles.

V. nitida Ach. — Thalle d'un blanc jaunâtre ou olivâtre, hypophléode ; apothécies bleuâtres ou noires, ostiolées ou fermées, hémisphériques, éparses, assez larges. Spores à 3-5 cloisons. — Commune sur le charme.

V. alba Schrad. Thalle blanc, très mince, irrégulier. Apothécies noires, protubérantes, hémisphériques, quelquefois ostiolées. — Saule.

V. epidermidis Ach. Thalle blanc, lisse, hypophléode. Apothécies noires, à peine visibles, convexes suboblongues. — Bouleau.

V. punctiformis Fr. Thalle grisâtre hypophléode. Ap. noires, protubérantes, coniques, obtuses, éparses. — Jeunes marronniers.

Segestria Fr.

Thalle crustacé ; apothécies solitaires, céracéomembraneuses, colorées, à ostiole simple et à nucleus gélatineux.

S. rubra Fr. Thalle muqueux gélatineux très lisse d'un rouge de sang ; périthécies rouges ; nucleus hyalin. — Rochers maritimes.

Endocarpon Hedw.

Thalle squamuleux ou foliacé. Perithéciespâles, quelquefois d'un brun noirâtre ; paraphyses nulles ; thecium constitué par une abondante gélatine hyméniale colorée en rouge vineux par la solution aqueuse d'iode ; spores simples, petites, incolores, oblongues, ellipsoïdes. Thèques 8-spores.

E. pusillum Hedw. Thalle cartilagineux arrondi plan, lobé ou effiguré à la marge, brun : apothécies noirâtres. — Terre humide.

E. miniatum Ach. Thalle cartilagineux pelté, entier ou ondulé à la marge, large de 3-5 cent., d'un blanc cendré. Ap. rougeâtres. — Rochers.

VIII. — FAMILLE DES LÉCANORINÉS.

Parallèle aux Lécidinés. — Thalle variable, le plus souvent crustacé. Apothécies lécanorines, orbiculaires, à excipule thallin, quelquefois biatorines par l'atrophie du rebord.

Placodium Fr.

Thalle crustacé, effiguré à la marge. Apothécies élevées. Disque immarginé, nu ; marge thalline.

P. melaloma Fr. Thalle cartilagineux, à folioles lobées, imbriquées, toutes adhérentes au rocher, noires en dessous et sur les bords, d'un jaune verdâtre pâle en dessus. Ap. noires, planes, à excipule entier peu saillant, blanchâtre. — Rochers.

P. gypsaceum Fr. Thalle épais d'un vert glauque pâle, à écailles foliacées, concaves ; ap. orbiculaires, larges de 5-6 mm. ; excipule blanchâtre tendant à décrire plusieurs tours de spire autour du disque : thalame d'un brun clair. — Terre et rochers calcaires.

P. saxicola Ach. Thalle arrondi, lobé, d'un vert jaunâtre pâle, effiguré à la marge, à lobes imbriqués, obtus. Apothécies d'abord arrondies et concaves, puis un peu convexes et irrégulières, d'un brun clair ; excipule crénelé. — Rochers.

P. elegans Ach. Thalle orangé rougeâtre ; lobes étroits, divergents. Apothécies éparses, petites, concolores, planes. — Rochers calcaires.

P. murorum D C. D'un beau jaune brillant, arrondi, grenu, adhérent ; lobes marginaux étroits, convexes. Thalame jaune. — Commun sur les murs.

Lecanora Ach. ex parte

Thalle crustacé, adhérent à l'hypothalle. Apothécies lécanorines, rarement biatorines. Spores variables.

L. tartarea Ach. Thalle irrégulier, grenu, subverruqueux, blanchâtre, aréolé fendillé. Thalame plan, roussâtre ; excipule calleux, épais.

L. subfusca L. Très variable et très commun. Thalle d'un blanc grisâtre, lisse ou grenu verruqueux ; ap. tantôt éparses, tantôt rapprochées, d'abord concaves et excipulées, puis convexes et sans rebord. Thalame rouge, roux, brun, fauve ou noir. — Troncs et rochers.

L. atra Ach. Thalle d'un gris blanchâtre, orbiculaire, grenu. Ap. à excipule blanc proéminent et à thalame noir. — Troncs et rochers.

L. ventosa L. Thalle épais, jaunâtre, bosselé, aréolé subverruqueux, crustacé. Ap. un peu convexes, arrondies ou irrégulières, d'un rouge brun. — Rochers.

L. hœmatomma Ach. Thalle d'un jaune pâle,

pulvérulent. Excipule thallin concolore. Thalame d'un rouge sanguin très vif. — Rochers calcaires.

IX. — FAMILLE DES XANTHORIÉS

Dérive de la précédente et s'explique par une différenciation plus grande des lobes du thalle. — Thalle le plus souvent orbiculaire dans sa circonscription, à lobes dilatés en petites frondes qui s'emmêlent et s'imbriquent en une rosette centrifuge. Epithalle luisant, jaune, blanc, gris, cendré, olivâtre ou brun. Hyphes médullaires allongés filamenteux, rameux. Gonidies vertes, globuleuses. Ap. lécanorines, éparses, superficielles, à disque concolore. Thèques le plus souvent 8-spores. Spores ovoïdes, incolores, simples ou polaribiloculaires. Gélatine hyméniale devenant ordinairement bleue sous l'influence de l'iode. Spermogonies innées, contenant des stérigmates simples ou des arthrostérigmates. Spermaties aciculaires, fusiformes ou cylindriques.

Borrera Ach.

Thalle ascendant, lobé, subfruticuleux, lacinié, canaliculé, cilié. Ap. lécanorines scutellœformes, subpédicellées. Spores ovoïdes, polaribiloculaires. Arthrostérigmates à articulations nombreuses. Spermaties linéaires droites.

B. chrysophthalma Ach. Thalle membraneux, d'un jaune orangé, à lobes nombreux, linéaires droits, cespiteux; apothécies subterminales d'un fauve orangé brillant, quelquefois très larges; excipule souvent muni de cils rayonnants. —Troncs.

Xanthoria Th. Fr.

Thalle foliacé, lobé, lacinié. Apothécies scutellœformes, à excipule un peu rétréci. Thèques renflées. Spores elliptiques, polaribiloculaires, à loges apicales souvent réunies par un canal capillaire. Des arthrostérigmates. Spermaties cylindriques ou ellipsoïdes.

X. parietina L. Très commun partout. Thalle d'un beau jaune doré, membraneux, lobé, à lobes imbriqués, blancs en dessous, divisés vers la marge en folioles crépues. Ap. à excipule concolore au thalle, à thalame souvent un peu orangé. Murs, rochers, troncs.

Parmelia Ach. ex parte.

Thalle orbiculaire, rotundatolobé à lobes imbriqués larges. Ap. lécanorines discolores ou concolores. Spores ordinairement simples.

P. perforata Ach. Thalle foliacé imbriqué, membraneux, d'un vert glauque, noir et rhizinifère en dessous ; lobes ciliés. Thalame roussâtre, troué à la fin de sa vie. — Troncs.

P. perlata Ach. Thalle foliacé imbriqué, membraneux, lisse, d'un vert glauque, en dessous noirâtre ; lobes arrondis nus. Thalame rouge. — Troncs.

P. Borreri Turn. Thalle foliacé cartilagineux, d'un glauque cendré ; rhizines noires ; excipule entier ; thalame d'un rouge bai. — Écorces.

P. saxatilis Ach. Thalle foliacé imbriqué cartilagineux, glauque, à page supérieure marquée de nervures anastomosées ; rhizines noires formant un tomentum serré. Ap. brunes, grandes, éparses, concaves. — Rochers et troncs.

P. physodes L. Thalle imbriqué, glauque, d'un brun noir en dessous : page supérieure quelquefois pulvérulente. Ap. planes, d'un rouge brun.

P. acetabulum L. Thalle membraneux, glabre, d'un vert glauque ; ap. irrégulières, éparses, grandes, concaves ; excipule crénelé ; thalame rougeâtre à l'état sec. — Troncs.

P. olivacea L. Thalle membraneux, imbriqué,

d'un brun olivâtre ; ap. concolores ou brunâtres, orbiculaires, concaves : excipule crénelé.— Ecorces.

P. caperata L. Thalle membraneux coriace imbriqué ; lobes arrondis, d'un jaune pâle, souvent pulvérulents ; ap. concaves, rouges. — Arbres.

P. conspersa Ach. Thalle orbiculaire, membraneux, d'un jaune verdâtre glauque ; lanières découpées crénelées ; ap. éparses, brunes. — Rochers.

P. incurva Ach. Thalle en rosette : lobes rameux, linéaires, convexes, courbés en dessous à l'extrémité, d'un gris jaunâtre. Excipule blanc ; thalame d'un roux brun.

X. — FAMILLE DES STICTÉS

Dérive, pour l'appareil végétatif, de la précédente. — Thalle foliacé, dilaté en fronde large, lobée ou laciniée, formant de larges rosettes à peine adhérentes au substratum, vertes, grisâtres, brunes ou glauques, plus rarement roussâtres ; rhizines simples ou rameuses : page inférieure offrant souvent des cyphelles. Apothécies d'abord sublécanorines. Thèques 6-8-spores. Spores septées fusiformes. Paraphyses libres. Spermogonies entièrement innées. Odeur très fétide.

Sticta Ach.

Caractères de la famille.

S. aurata Fr. Thalle arrondi membraneux, glabre, d'un glauque brunâtre en dessus ; lobes arrondis irréguliers ; cyphelles d'un jaune vif, pulvérulentes ; rhizines tomenteuses. — Troncs.

S. sylvatica L. Thalle membraneux, sinué, d'un brun verdâtre en dessus, d'un fauve noirâtre en dessous ; rhizines fasciculées en tomentum : cyphelles blanches. Ap. latérales. scutellœformes. brunes. — Terre et rochers, dans les bois montagneux.

S. pulmonacea Ach. Thalle cartilagineux. large, étalé, nervé en dessous : cyphelles nulles : ap. latérales, d'un roux marron. — Vieux troncs.

XI. — FAMILLE DES PELTIGÉRÉS

Procéde de la précédente. Thalle foliacé, dilaté en fronde. Hypothalle souvent représenté par un tomentum fibrilleux. Apothécies peltœformes marginales ou superficielles. Spores hyalines ou brunes.

Nephroma Ach.

Thalle membraneux, coriace, foliacé, étalé, veiné ou non en dessous. Ap. peltœformes, latérales et postérieures.

N. resupinatum Ach. Thalle coriace, subascendant, verdâtre ou grisâtre, presque sans nervures : ap. rousses, situées à la page inférieure.

Peltigera Hffm.

Thalle membraneux, lisse, rhizinifère et veiné en dessous, cendré, glauque ou livide. Ap. marginales, adnées, fixées à la partie supérieure du thalle, roussâtres. Spores fusiformes, aciculaires, pluriseptées : gélatine hyméniale devenant bleue par l'iode ; spores restant incolores. Spermogonies tuberculeuses latérales.

1. Apothécies plus ou moins ascendantes ; spores très longues.

P. rufescens Hffm. Thalle coriace, mou, lisse, subtomenteux. cendré, couvert en dessous de

veines noirâtres ; ap. rougeâtres, verticales.
— Troncs.

P. canina Hffm. Thalle coriace, d'un gris cendré ; page inférieure blanche ; nervures rousses, anastomosées, rhizinifères. Ap. verticales, d'un brun roux. — Terrestre.

P. polydactyla Ach. Thalle coriace, étalé, glabre, d'un glauque cendré, blanchâtre. Ap. verticales, d'un beau noir. — Terrestre.

2. Apothécies horizontales ; spores relativement courtes.

P. horizontalis Hffm. Thalle coriace, étalé, d'un vert glauque ; page inférieure blanchâtre ; nervures rousses. Ap. horizontales, d'un rouge brun, orbiculaires. — Rochers.

Solorina Ach.

Diffère des genres précédents par ses apothécies superficielles.

S. crocea Ach. Thalle roux supérieurement, d'un jaune orangé inférieurement ; apothécies sessiles, planes, brunes, orbiculaires. — Terrestre.

XII. — FAMILLE DES PHYSCIÉS

Dérive du *Xanthoria*. Thalle membraneux, adhérent, lacinié, rhizinifère. Ap. scutellœformes, sessiles ou substipitées. Thèques 8-spores. Spores ovoïdes ou oblongues, brunes, 1-septées. Spermogonies innées. Spermaties cylindriques ou subcylindriques.

Physcia Hepp.

Caractères de la famille.

P. tenella Ach. Thalle membraneux cendré, à lobes distincts, rameux, canaliculés, un peu ciliés. Ap. latéralés, d'un noir bleuâtre. — Ecorces, en petites touffes.

P. ciliaris L. Plus robuste. Thalle membraneux, grisâtre, à lanières étroites, allongées, rameuses, canaliculées, bordées de cils noirâtres. Ap. dorsales, noirâtres ou d'un brun glauque. Excipule souvent frangé prolifère. — Troncs.

P. aquila Ach. Thalle à lobes imbriqués en rosette, d'un brun foncé. Apothécies noires; excipule dentelé. — Rochers.

P. pulverulenta Ach. Thalle d'un gris cendré ou roux, devenant d'un beau vert quand on l'humecte, couvert en dessus de petits grains blanchâtres. Ap. brunâtres, couvertes d'une pruine glauque; excipule entier, puis crénelé. — Troncs.

P. stellaris Ach. Thalle d'un gris cendré, à lobes appliqués, rhizinifères, souvent convexes, rayonnants. Apothécies noires. — Troncs.

XIII. — FAMILLE DES CÉTRARIÉS

Dérive de la précédente. Thalle brun, rougeâtre ou jaunâtre, tubuleux, presque tubuleux ou foliacé, subplan ou canaliculé, cilié. Ap. lécanorines, marginales; thèques 8-spores. Spores petites, ellipsoïdes, incolores, simples; gélatine hyméniale passant au bleu sous l'influence de l'iode.

Cetraria Ach.

Thalle fruticuleux, dressé ou ascendant, lacinié. Apothécies brunes. Spermogonies renfermées dans les épines du thalle.

C. islandica L. Thalle membraneux, coriace, sec, ferme, droit, divisé en lobes nombreux, obtus, ciliés, canaliculés en dessus. Ap. sessiles, planes, orbiculaires, concolores; excipule cilié, terminal. — Terrestre, cespiteux.

C. aculeata Ach. Thalle en tige raide, à rameaux en buisson, comprimée aux aisselles des ramifications; ap. terminales, concolores. — Terrestre.

XIV. — FAMILLE DES RAMALINÉS

Thalle subcylindrique ou plan, dressé, puis pendant. Apothécies scutellœformes à excipule thallin ; spores simples ou à deux loges ; spermogonies latérales superficielles.

Ramalina Ach.

Thalle fruticuleux, dressé ou ascendant, lacinié divisé, concolore et semblable sur les deux faces. Apothécies éparses. Gélatine hyméniale devenant bleue sous l'action de l'iode ; spermaties cylindriques.

R. calicaris Westr. Thalle foliacé plan ou cylindrique, cartilagineux, glauque, lacuneux. Ap. pédicellées, concolores, superficielles ou terminales. — Très variable. Commune sur les troncs.

XV. — FAMILLE DES ÉVERNIÉS.

Thalle fruticuleux, dressé, pendant ou couché, lacinié rameux, sans hypothalle. Spores elliptiques, simples, petites, hyalines. Ap. latérales ; disque d'un roux brunâtre. Spermaties aciculaires subfusiformes.

Evernia Ach.

Caractères de la famille.

E. prunastri Ach. Thalle pendant très mou, flasque, vert cendré en dessus, blanc en dessous, subplan, rameux, bifurqué, à rameaux obtus ; sorédies latérales blanchâtres. Apothécies brunes, latérales. — Troncs, presque toujours stérile.

XVI. — FAMILLE DES ALECTORIÉS

Thalle filiforme rameux, d'abord droit, puis pendant, cortiqué. Apothécies lécanorines ; excipule thallin saillant souvent discolore. Spores elliptiques. Spermogonies terminales innées.

Alectoria Ach.

Caractères de la famille.

A. jubata Sch. Thalle cylindrique lisse noirâtre; extrémités entières ; apothécies innées, sessiles, très entières: thalame noirâtre.

XVII. — FAMILLE DES USNÉACÉS

Thalle blanchâtre ou pâle, quelquefois verdâtre, cylindrique, simple ou rameux, composé d'un cortex et d'une nerville interne distincte. Ap. peltées, ciliées. Spores simples ellipsoïdes.

Usnea Hffm.

Thalle allongé filiforme, d'abord dressé, puis pendant, rameux. Ap. grandes, concolores, terminales.

U. barbata Hffm. Thalle pendant, cylindrique, rameux, glauque ; ap. à disque pâle, à excipule souvent cilié. — Troncs, dans les forêts.

XVIII. — FAMILLE DES CALYCIÉS

Parallèle aux Lécidéinés et aux Lécanorés. Thalle crustacé pulvérulent, indéterminé. Apothécies ayant un subiculum propre ou thallin. Spores petites, libres à la maturité, réunies en masses sporales sur l'hymenium.

Calycium Ach.

Thalle crustacé pulvérulent, très mince ou oblitéré, quelquefois subpulvérulent. Ap. stipitées, noires, en capitules globuleux ou turbinés. Spores arrondies, elliptiques ou oblongues, simples ou cloisonnées.

C. viride Fr. Thalle mince, grenu, jaune; ap. convexes, noires, portées sur des stipes longs de 5 mm. — _corces.

C. subtile Fr. Thalle très mince, d'un glauque blanchâtre; ap. globuleuses, d'abord pruineuses, blanches; stipes filiformes. — Écorces.

C. trachelinum Ach. Thalle mince, blanchâtre. Ap. cupuliformes rubigineuses; stipes longs de 4-6 mm. — Bois pourri.

Coniocybe Ach.

Thalle pulvérulent indéterminé lépreux; ap. pâles, livides ou jaunâtres; longuement stipitées, en capitules cupuliformes. Masse sporale globuleuse pulvérulente. Spores globuleuses simples incolores.

C. furfuracea Ach. Thalle granuleux, d'un jaune vif. Stipes grêles, concolores, longs de 5-6 mm. Ap. jaunâtres, puis brunes.—Écorce demi pourrie.

XIX. — Famille des Béomycés

Parallèle aux Lécidéinés, aux Lécanorés et aux Calyciés. — Thalle lépreux, granuleux ou pulvérulent, rarement squamuleux. Podéties formées de filaments courts, simples. Ap. pâles ou rougeâtres, sessiles ou stipitées. Spores incolores, elliptiques ou fusiformes, simples ou 2-3 septées. Spermaties courtes linéaires.

Bœomyces Pers.

Thalle crustacé. Ap. biatorines, convexes, non excipulées, portées sur des podéties stipitiformes.

B. rufus DC. Thalle pulvérulent. Podéties courtes. Ap. couleur chair ou brunâtres. — Terre, rochers.

B. roseus Pers. Thalle pulvérulent. Podéties

épaisses, longues. Ap. grandes, roses. — Mêmes habitats.

XX. — FAMILLE DES CLADONIÉS.

Thalle horizontal squameux, émettant des podéties obtuses ou dilatées en scyphes. Ap. biatorines, convexes, rouges ou brunes. Spores simples, ellipsoïdes ou oblongues. Gélatine hyméniale insensible à l'action de l'iode.

Cladonia Hffm.

Caractères de la famille.

1. Apothécies brunes ou roussâtres. Podéties scyphifères.

C. endiviæfolia Fr. Squamules cespiteuses, d'un vert jaunâtre ou glauques. Podéties très courtes souvent presques nulles. — Terrestre.

C. pyxidata Fr. Thalle vert, squameux ; podéties bien développées, cortiquées. — Terrestre.

C. fimbriata Ach. Thalle verdâtre, squameux ; podéties bien développées, à cortex pulvérulent. — Terrestre, au pied des arbres.

2. Apothécies brunes ou roussâtres. Podéties non scyphifères.

C. rangiferina Hffm. Thalle blanchâtre, cendré ou brun ; podéties hautes de 6-8-cent., perforées aux aisselles des ramifications. — Terrestre.

3. Apothécies rouges.

C. cornucopioïdes L. Thalle cartilagineux, à squamules crénelées souvent oblitérées ; podéties scyphifères ; scyphes à bords entiers, dentelés ou digités. Ap. d'un rouge vif, en tubercules. — Terrestre.

FIN

INDEX ALPHABÉTIQUE

Orléans. — Imp. G. Morand, 47, rue Bannier.

Orléans. — Imp. G. Morand, 47, rue Bannier.